清华开发者书库

PYTHON ALGORITHM GUIDE：ANALYSIS AND IMPLEMENTATION OF CLASSICAL ALGORITHMS

Python算法指南

程序员经典算法分析与实现

李永华◎编著

LI YONGHUA

清华大学出版社

北京

内容简介

本书以人工智能发展为时代背景，通过实际案例应用描述算法，提供了较为详细的实战方案，以便深度学习。

本书内容从算法上分为数学、搜索、回溯、递归、排序、迭代、贪心、分治和动态规划等；从数据结构上分为字符串、数组、指针、区间、队列、矩阵、堆栈、链表、哈希表、线段树、二叉树、二叉搜索树和图结构等。本书针对经典算法，结合相关的数据结构，将描述问题、问题示例、代码实现以及运行结果相结合，语言简洁，深入浅出，通俗易懂，不仅适合对 Python 编程有兴趣的科研人员，也适合作为高等院校的参考教材。

图书在版编目(CIP)数据

Python 算法指南：程序员经典算法分析与实现/李永华编著. —北京：清华大学出版社，2019(2022.3重印)
(清华开发者书库)
ISBN 978-7-302-53135-7

Ⅰ. ①P… Ⅱ. ①李… Ⅲ. ①软件工具—程序设计 Ⅳ. ①TP311.561

中国版本图书馆 CIP 数据核字(2019)第 110197 号

责任编辑：盛东亮
封面设计：李召霞
责任校对：白　蕾
责任印制：杨　艳

出版发行：清华大学出版社
网　　址：http://www.tup.com.cn，http://www.wqbook.com
地　　址：北京清华大学学研大厦 A 座　　**邮　　编**：100084
社 总 机：010-83470000　　**邮　　购**：010-83470235
投稿与读者服务：010-62776969，c-service@tup.tsinghua.edu.cn
质量反馈：010-62772015，zhiliang@tup.tsinghua.edu.cn
课件下载：http://www.tup.com.cn，010-83470236
印 装 者：三河市龙大印装有限公司
经　　销：全国新华书店
开　　本：186mm×240mm　　**印　　张**：37　　**字　　数**：829 千字
版　　次：2019 年 8 月第 1 版　　**印　　次**：2022 年 3 月第 2 次印刷
定　　价：119.00 元

产品编号：083466-01

前言

PREFACE

Python 是国内外广泛使用的计算机程序设计语言，是高等院校相关专业重要的基础语言课程。由于 Python 语言功能丰富、表达能力强、使用灵活方便、应用面广、目标程序效率高、可移植性好等许多特点，20 世纪 90 年代以来，Python 语言迅速在全世界普及推广。目前，Python 仍然是全世界最优秀的程序设计语言之一。

本书是为适应当前教育教学改革的创新要求，更好地践行语言类课程，注重实践教学与创新能力培养的需要，组织编写的教材。本书融合了同类教材的优点，采取了创新方式，精选了 300 个趣味性、实用性强的应用实例，从不同难度、不同算法、不同类型和不同数据结构，将实际算法进行总结，希望对教育教学及工业界起到抛砖引玉的作用。

本书的主要内容和素材来自网络流行的各大互联网公司面试算法、LintCode、Leetcode、九章算法和作者所在学校近几年承担的科研项目成果。作者所指导的研究生，在研究过程中对学习和应用的算法进行了总结，通过人工智能科研项目的实施，同学们完成了整个科研项目，不仅学到了知识，提高了能力，而且为本书提供了第一手素材和相关资料。

本书从总到分、先思考后实践、算法描述与代码实现相结合，适合从事网络开发、机器学习和算法实现的专业技术人员阅读，既可以作为主要的技术参考书、大学信息与通信工程及相关领域的 Python 算法实现的本科生教材、程序员算法提高使用手册，也可以为人工智能算法分析、算法设计、算法实现提供帮助。

本书的编写得到了教育部电子信息类专业教学指导委员会、信息工程专业国家第一类、第二类特色专业建设项目、教育部 CDIO 工程教育模式研究与实践项目、教育部本科教学工程项目、信息工程专业北京市特色专业建设、北京市教育教学改革项目、北京邮电大学教育教学改革项目（2019TD01）的大力支持，在此表示感谢！

由于作者经验与水平有限，书中疏漏及不当之处在所难免，衷心地希望各位读者多提宝贵意见及具体的改进建议，以便作者进一步修改和完善。

李永华于北京邮电大学

2019 年 4 月

目录

CONTENTS

例 1

完 美 平 方

1. 问题描述

给定一个正整数 n,找到若干个完全平方数(例如: 1,4,9,…),使得它们的和等于 n,完全平方数的个数最少。

2. 问题示例

给出 $n=12$,返回 3,因为 $12=4+4+4$;给出 $n=13$,返回 2,因为 $13=4+9$。

3. 代码实现

```
#参数 n 是一个正整数
#返回一个整数
class Solution:
    def numSquares(self, n):
        while n % 4 == 0:
            n //= 4
        if n % 8 == 7:
            return 4
        for i in range(n + 1):
            temp = i * i
            if temp <= n:
                if int((n - temp) ** 0.5) ** 2 + temp == n:
                    return 1 + (0 if temp == 0 else 1)
            else:
                break
        return 3
#主函数
if __name__ == '__main__':
```

```
n = 12
print("初始值: ", n)
solution = Solution()
print("结果: ", solution.numSquares(n))
```

4. 运行结果

初始值：12
结果：3

例 2

判断平方数

1. 问题描述

给定一个正整数 *num*，判断是否为完全平方数，要求当 *num* 为完全平方数时返回 True，否则返回 False。

2. 问题示例

输入 *num*=16，输出 True，*sqrt*(16)=4；输入 *num*=15，输出 False，*sqrt*(15)=3.87。

3. 代码实现

```
#参数 num 是一个正整数
#返回值是一个布尔值，如果 num 是完全平方数就返回 True，否则返回 False
class Solution:
    def isPerfectSquare(self, num):
        l = 0
        r = num
        while (r - l > 1):
            mid = (l + r) / 2
            if (mid * mid <= num):
                l = mid
            else:
                r = mid
        ans = l
        if (l * l < num):
            ans = r
        return ans * ans == num
#主函数
if __name__ == '__main__':
```

```
num = 16
print("初始值: ", num)
solution = Solution()
print("结果: ", solution.isPerfectSquare(num))
```

4. 运行结果

初始值：16

结果：True

例 3

检测 2 的幂次

1. 问题描述

检测一个整数 n 是否为 2 的幂次。

2. 问题示例

$n=4$,返回 True; $n=5$,返回 False。

3. 代码实现

```
#采用 UTF-8 编码格式
#参数 n 是一个整数
#返回 True 或者 False
class Solution:
    def checkPowerOf2(self, n):
        ans = 1
        for i in range(31):
            if ans == n:
                return True
            ans = ans << 1
        return False
if __name__ == '__main__':
    temp = Solution()
    nums1 = 16
    nums2 = 17
    print(("输入: " + str(nums1)))
    print(("输出: " + str(temp.checkPowerOf2(nums1))))
    print(("输入: " + str(nums2)))
    print(("输出: " + str(temp.checkPowerOf2(nums2))))
```

4. 运行结果

输入: 16

输出: True

输入: 17

输出: False

例 4

求平方根

1. 问题描述

实现 int $sqrt$(int x)函数，计算并返回 x 的平方根。

2. 问题示例

$sqrt(3)=1$；$sqrt(4)=2$；$sqrt(5)=2$；$sqrt(10)=3$。

3. 代码实现

```
#采用 UTF-8 编码格式
#参数 x 是一个整数
#返回值是 x 的平方根
class Solution:
    def sqrt(self, x):
        l, r = 0, x
        while l + 1 < r:
            m = (r + l) // 2
            if m * m == x:
                return m
            elif m * m > x:
                r = m
            else:
                l = m
        if l * l == x:
            return l
        if r * r == x:
            return r
        return l
if __name__ == '__main__':
    temp = Solution()
```

```
x1 = 5
x2 = 10
print(("输入:" + str(x1)))
print(("输出:" + str(temp.sqrt(x1))))
print(("输入:" + str(x2)))
print(("输出:" + str(temp.sqrt(x2))))
```

4. 运行结果

输入：5

输出：2

输入：10

输出：3

例 5

x 的 n 次幂

1. 问题描述

实现函数 $Pow(x,n)$，计算并返回 x 的 n 次幂。

2. 问题示例

$Pow(2.1, 3)=9.261$；$Pow(0, 1)=0$；$Pow(1, 0)=1$。

3. 代码实现

```
#采用 UTF-8 编码格式
#参数 x 是一个 double 型的底数
#参数 n 是一个整数型的指数
#返回值是一个 double 类型的结果
class Solution:
    def myPow(self, x, n):                    #在 Python3 中整除需使用"//"
        if n < 0 :
            x = 1 // x
            n = -n
        ans = 1
        tmp = x
        while n != 0:
            if n % 2 == 1:
                ans *= tmp
            tmp *= tmp
            n //= 2
        return ans
if __name__ == '__main__':
    temp = Solution()
    num1 = 123
```

```
num2 = 3
print(("输入:" + str(num1) + " " + str(num2)))
print(("输出:" + str(temp.myPow(num1,num2))))
```

4. 运行结果

输入：123　3
输出：1860867

例 6

快 速 幂

1. 问题描述

计算 $a^n\%b$,其中 a、b 和 n 都是 32 位的非负整数。

2. 问题示例

例如：$2^{31}\% 3=2$。

3. 代码实现

```
#参数 a、b、n 是 32 位的非负整数
#返回值是一个整数
class Solution:
    def fastPower(self, a, b, n):
        ans = 1
        while n > 0:
            if n % 2 == 1:
                ans = ans * a % b
            a = a * a % b
            n = n / 2
        return ans % b
if __name__ == '__main__':
    a = int(input("请输入 a:"))
    n = int(input("请输入 n:"))
    b = int(input("请输入 b:"))
    solution = Solution()
    print("输出:", solution.fastPower(a, n, b))
```

4. 运行结果

请输入 a：2

请输入 n：31

请输入 b：3

输出：2

例 7

四数乘积

1. 问题描述

给定一个长度为 n 的数组 $\boldsymbol{a}$ 和一个正整数 k，从数组中选择四个数，要求四个数的乘积小于等于 k，求方案总数。

2. 问题示例

给定 $n=5$，$\boldsymbol{a}=[1,1,1,2,2]$，$k=3$，返回 2。

3. 代码实现

```
#参数 n 是数组的长度
#参数 a 是已知的数组
#参数 k 是选择的四个数乘积小于等于 k 的乘积值
#返回方案总数
class Solution:
    def numofplan(self, n, a, k):
        sum = [0] * 1000010
        cnt = [0] * 1000010
        for i in range(n):
            if a[i] > k:
                continue
            cnt[a[i]] += 1
        for i in range(n):
            for j in range(i + 1, n):
                if a[i] * a[j] > k:
                    continue
                sum[a[i] * a[j]] += 1
        for i in range(1, k + 1):
            cnt[i] += cnt[i - 1]
            sum[i] += sum[i - 1]
        ans = 0
        for i in range(n):
```

```
            for j in range(i + 1, n):
                res = a[i] * a[j]
                if res > k:
                    continue
                res = k // res
                ans += sum[res]
                if a[i] <= res:
                    ans -= cnt[res // a[i]]
                    if a[i] <= res // a[i]:
                        ans += 1
                if a[j] <= res:
                    ans -= cnt[res // a[j]]
                    if a[j] <= res // a[j]:
                        ans += 1
                if a[i] * a[j] <= res:
                    ans += 1
        return ans // 6
#主函数
if __name__ == '__main__':
    n = 5
    a = [1,1,1,2,2]
    k = 3
    solution = Solution()
    print("方案总数为:", solution.numofplan(n, a, k))
```

4. 运行结果

方案总数为：2

例 8

将整数 *A* 转换为 *B*

1. 问题描述

给定整数 A 和 B，求出将整数 A 转换为 B，需要改变 bit 的位数。

2. 问题示例

把 31 转换为 14，需要改变 2 个 bit 位，即：(31)10=(11111)2，(14)10=(01110)2。

3. 代码实现

```
#采用 UTF-8 编码格式
#参数 a、b 是两个整数
#返回一个整数
class Solution:
    def bitSwapRequired(self, a, b):
        c = a ^ b
        cnt = 0
        for i in range(32):
            if c & (1 << i) != 0:
                cnt += 1
        return cnt
if __name__ == '__main__':
    temp = Solution()
    a1 = 4; b1 = 45
    a2 = 10; b2 = 26
    print(("输入:" + str(a1) + " " + str(b1)))
    print(("输出:" + str(temp.bitSwapRequired(a1,b1))))
    print(("输入:" + str(a2) + " " + str(b2)))
    print(("输出:" + str(temp.bitSwapRequired(a2,b2))))
```

4. 运行结果

输入：4　45

输出：3

输入：10　26

输出：1

例 9

罗马数字转换为整数

1. 问题描述

给定一个罗马数字,将其转换为整数,要求返回结果的取值为 1～3999。

2. 问题示例

Ⅳ→4,Ⅻ→12,ⅩⅪ→21,XCVI→99。

3. 代码实现

```
#采用 UTF-8 编码格式
#参数 s 是一个字符串
#返回一个整数值
class Solution:
    def romanToInt(self, s):
        ROMAN = {
            'I': 1,
            'V': 5,
            'X': 10,
            'L': 50,
            'C': 100,
            'D': 500,
            'M': 1000
        }
        if s == "":
            return 0

        index = len(s) - 2
        sum = ROMAN[s[-1]]
        while index >= 0:
            if ROMAN[s[index]] < ROMAN[s[index + 1]]:
                sum -= ROMAN[s[index]]
            else:
```

```
                sum += ROMAN[s[index]]
            index -= 1
        return sum
if __name__ == '__main__':
    temp = Solution()
    string1 = "DCXXI"
    string2 = "XX"
    print(("输入:" + string1))
    print(("输出:" + str(temp.romanToInt(string1))))
    print(("输入:" + string2))
    print(("输出:" + str(temp.romanToInt(string2))))
```

4. 运行结果

输入：DCXXI

输出：621

输入：XX

输出：20

例 10

整数转换为罗马数字

1. 问题描述

给定一个整数，将其转换为罗马数字，要求返回结果的取值范围为 1～3999。

2. 问题示例

4→Ⅳ，12→Ⅻ，21→ⅩⅪ，99→ⅩCⅨ。

3. 代码实现

```
#采用 UTF-8 编码格式
#参数 num 是一个整数
#返回值是一个字符串
class Solution:
    def parse(self, digit, index):
        NUMS = {
            1: 'Ⅰ',
            2: 'Ⅱ',
            3: 'Ⅲ',
            4: 'Ⅳ',
            5: 'Ⅴ',
            6: 'Ⅵ',
            7: 'Ⅶ',
            8: 'Ⅷ',
            9: 'Ⅸ',
        }
        ROMAN = {
            'I': ['I', 'X', 'C', 'M'],
            'V': ['V', 'L', 'D', '?'],
            'X': ['X', 'C', 'M', '?']
        }
        s = NUMS[digit]
        return s.replace('X', ROMAN['X'][index]).replace('I', ROMAN['I'][index]).replace('V'
```

```
, ROMAN['V'][index])
    def intToRoman(self, num):
        s = ''
        index = 0
        while num != 0:
            digit = num % 10
            if digit != 0:
                s = self.parse(digit, index) + s
            num = num // 10
            index += 1
        return s
if __name__ == '__main__':
    temp = Solution()
    int1 = 56
    int2 = 99
    print(("输入:" + str(int1)))
    print(("输出:" + str(temp.intToRoman(int1))))
    print(("输入:" + str(int2)))
    print(("输出:" + str(temp.intToRoman(int2))))
```

4. 运行结果

输入：56

输出：LVI

输入：99

输出：XCIX

例 11

整数排序

1. 问题描述

给出一组整数,将其按照升序排列。

2. 问题示例

给出[3, 2, 1, 4, 5],排序后的结果为[1, 2, 3, 4, 5]。

3. 代码实现

```
#参数 A 是一个整数数组
#返回一个整数数组
class Solution:
    def sortIntegers2(self, A):
        self.quickSort(A, 0, len(A) - 1)
    def quickSort(self, A, start, end):
        if start >= end:
            return
        left, right = start, end
        pivot = A[int((start + end) / 2)]
        while left <= right:
            while left <= right and A[left] < pivot:
                left += 1
            while left <= right and A[right] > pivot:
                right -= 1
            if left <= right:
                A[left], A[right] = A[right], A[left]
                left += 1
                right -= 1
        self.quickSort(A, start, right)
        self.quickSort(A, left, end)
```

```
# 主函数
if __name__ == '__main__':
    A = [3, 2, 1, 4, 5]
    print('初始数组:', A)
    solution = Solution()
    solution.sortIntegers2(A)
    print('快速排序:', A)
```

4. 运行结果

初始数组：[3,2,1,4,5]
快速排序：[1,2,3,4,5]

例 12

整数替换

1. 问题描述

给定一个正整数 n,如果 n 为偶数,将 n 替换为 $n/2$;如果 n 为奇数,将 n 替换为 $n+1$ 或 $n-1$,那么将 n 转换为 1,最少的替换次数为多少?

2. 问题示例

输入 8,输出 3,即 8 → 4 → 2→1;输入 7,输出 4,即 7→8→4→2→1,或者 7→6→3→2→1。

3. 代码实现

```
#采用 UTF-8 编码格式
#参数 n 是一个正整数
#返回值是最少的替换次数
#直接使用 DFS 算法
#这类似于因式分解
class Solution:
    def integerReplacement(self, n):
        memo = {}
        #if n == 1:
        #  return 0
        self.dfs(n, memo)
        print(memo[n])
        return len(memo[n]) - 1
    def dfs(self, n, memo):
        temp = []
        if n in memo:
            return memo[n]
        if n == 1:
            temp.append(1)
            memo[1] = temp
            return temp
        if n % 2 == 0:
```

```
            temp.append(n)
            cur = self.dfs(n // 2, memo)
            temp.extend(cur)
            memo[n] = temp
            return temp
            #temp.pop()
        else:
            temp2 = temp.copy()
            n2 = n
            temp.append(n)
            cur = self.dfs((n + 1), memo)
            temp.extend(cur)
            temp2.append(n2)
            cur2 = self.dfs((n2 - 1), memo)
            temp2.extend(cur2)
            if len(temp) < len(temp2):
                memo[n] = temp
                return temp
            else:
                memo[n] = temp2
                return temp2
if __name__ == '__main__':
    temp = Solution()
    nums1 = 8
    nums2 = 18
    print(("输入:" + str(nums1)))
    print(("输出:" + str(temp.integerReplacement(nums1))))
    print(("输入:" + str(nums2)))
    print(("输出:" + str(temp.integerReplacement(nums2))))
```

4. 运行结果

输入：8

[8,4,2,1]

输出：3

输入：18

[18,9,8,4,2,1]

输出：5

例 13

两个整数相除

1. 问题描述

要求不使用乘法、除法和 mod 运算符，实现两个整数相除，如果溢出，返回 2147483647。

2. 问题示例

给定被除数 100，除数 9，返回 11。

3. 代码实现

```
#采用 UTF-8 编码格式
class Solution(object):
    def divide(self, dividend, divisor):
        INT_MAX = 2147483647
        if divisor == 0:
            return INT_MAX
        neg = dividend > 0 and divisor < 0 or dividend < 0 and divisor > 0
        a, b = abs(dividend), abs(divisor)
        ans, shift = 0, 31
        while shift >= 0:
            if a >= b << shift:
                a -= b << shift
                ans += 1 << shift
            shift -= 1
        if neg:
            ans = - ans
        if ans > INT_MAX:
            return INT_MAX
        return ans
if __name__ == '__main__':
```

```
temp = Solution()
x1 = 100
x2 = 10
print(("输入:" + str(x1) + " " + str(x2)))
print(("输出:" + str(temp.divide(x1,x2))))
```

4. 运行结果

输入：100　10

输出：10

例 14

整数加法

1. 问题描述

给定两个整数 a 和 b，求它们的和。

2. 问题示例

输入 $a=1,b=2$，输出 3；输入 $a=-1,b=1$，输出 0。

3. 代码实现

```
#采用 UTF-8 编码格式
#参数 a 是一个整数
#参数 b 是一个整数
#返回值是 a 和 b 的和
class Solution:
    def aplusb(self, a, b):
        while b!= 0:
            a,b = (a ^ b)&0xffffffff,(a&b)<<1
        return a
if __name__ == '__main__':
    temp = Solution()
    nums1 = 8
    nums2 = 18
    print(("输入:" + str(nums1) + " " + str(nums2)))
    print(("输出:" + str(temp.aplusb(nums1,nums2))))
```

4. 运行结果

输入：8　18

输出：26

例 15

合并数字

1. 问题描述

给出 n 个数，将这 n 个数合并成一个数，每次只能选择两个数 a、b 合并，合并需要消耗的能量为 $a+b$，输出将 n 个数合并成一个数后消耗的最小能量。

2. 问题示例

给出[1,2,3,4]，返回 19，即选择 1、2 合并，消耗 3 能量；现在为[3,4,3]，选择 3、3 合并，消耗 6；现在为[6,4]，剩下两个数合并，消耗 10，一共消耗 19。给出[2,8,4,1]，返回 25，即选择 1、2 合并，消耗 3 能量；现在为[8,4,3]，选择 3、4 合并，消耗 7，现在为[7,8]，剩下两个数合并，消耗 15，一共消耗 25 能量。

3. 代码实现

```
#采用 UTF-8 编码格式
#参数 numbers 代表了数字数量
#返回值是最小的能量消耗
import heapq
class Solution:
    def mergeNumber(self, numbers):
        Q = []
        ans = 0
        for i in numbers:
            heapq.heappush(Q, i)
        while(len(Q) > 1):
            a = heapq.heappop(Q)
            b = heapq.heappop(Q)
            ans = ans + a + b
            heapq.heappush(Q, a + b)
        return ans
if __name__ == '__main__':
    temp = Solution()
```

```
List1 = [1,2,3,4,5]
List2 = [6,7,8,9,10]
print(("输入:" + str(List1)))
print(("输出:" + str(temp.mergeNumber(List1))))
print(("输入:" + str(List2)))
print(("输出:" + str(temp.mergeNumber(List2))))
```

4. 运行结果

输入：[1,2,3,4,5]
输出：33
输入：[6,7,8,9,10]
输出：93

例 16

数 字 判 断

1. 问题描述

给定一个字符串,验证其是否为数字。

2. 问题示例

"0"判断为 True," 0.1 "判断为 True,"abc"判断为 False,"1 a"判断为 False,"2e10"判断为 True。

3. 代码实现

```
#采用 UTF-8 编码格式
#参数 s 是一个字符串
#返回一个布尔值
#有限的自动化
class Solution:
    def isNumber(self, s):
        INVALID = 0; SPACE = 1; SIGN = 2; DIGIT = 3; DOT = 4; EXPONENT = 5;
        #0 是无效的,1 空格,2 符号,3 数字,4 小数点,5 指数,6 输入的数字
        transitionTable = [[-1, 0, 3, 1, 2, -1],      #状态 0 代表没有输入或者是空格
                          [-1, 8, -1, 1, 4, 5],        #状态 1 输入是数字
                          [-1, -1, -1, 4, -1, -1],     #状态 2 代表前面没有数字只有小数点
                          [-1, -1, -1, 1, 2, -1],      #状态 3 代表符号
                          [-1, 8, -1, 4, -1, 5],       #状态 4 代表数字其前方有小数点
                          [-1, -1, 6, 7, -1, -1],      #状态 5 代表输入是'e'或者'E'
                          [-1, -1, -1, 7, -1, -1],     #状态 6 代表在符号之后输入'e'
                          [-1, 8, -1, 7, -1, -1],      #状态 7 代表在数字之后输入'e'
                          [-1, 8, -1, -1, -1, -1]]     #状态 8 代表在输入有限输入后输入空格
        state = 0; i = 0
        while i < len(s):
            inputtype = INVALID
            if s[i] == ' ': inputtype = SPACE
            elif s[i] == '-' or s[i] == '+': inputtype = SIGN
```

```
                elif s[i] in '0123456789': inputtype = DIGIT
                elif s[i] == '.': inputtype = DOT
                elif s[i] == 'e' or s[i] == 'E': inputtype = EXPONENT
                state = transitionTable[state][inputtype]
                if state == -1: return False
                else: i += 1
            return state == 1 or state == 4 or state == 7 or state == 8
if __name__ == '__main__':
    temp = Solution()
    string1 = "1"
    string2 = "23"
    print(("输入:" + string1))
    print(("输出:" + str(temp.isNumber(string1))))
    print(("输入:" + string2))
    print(("输出:" + str(temp.isNumber(string2))))
```

4. 运行结果

输入：1

输出：True

输入：23

输出：True

例 17

下一个稀疏数

1. 问题描述

如果一个数是稀疏数,则它的二进制表示中没有相邻的1,例如5(二进制表示为101)是稀疏数,但是6(二进制表示为110)不是稀疏数,本例将给出一个 n,找出大于或等于 n 的最小稀疏数。

2. 问题示例

给出 $n=6$,返回8,即下一个稀疏数是8;给出 $n=4$,返回4,即下一个稀疏数是4;给出 $n=38$,返回40,即下一个稀疏数是40;给出 $n=44$,返回64,即下一个稀疏数是64。

3. 代码实现

```
#采用 UTF-8 编码格式
#参数 x 是一个数字
#返回 x 后面的下一个稀疏数
class Solution:
    def nextSparseNum(self, x):
        b_x = bin(x)[2:]
        pos = self.find_highest_continue_one(b_x)
        while pos != -1:
            if pos == 0:
                b_x = "1" + "0" * len(b_x)
            else:
                b_x = b_x[:pos - 1] + "1" + (len(b_x) - pos) * "0"
            pos = self.find_highest_continue_one(b_x)
        return int(b_x, 2)
    def find_highest_continue_one(self, s):
        n = len(s)
        for i in range(n - 1):
            if s[i] == s[i + 1] == "1":
                return i
```

```
        return - 1
if __name__ == '__main__':
    temp = Solution()
    nums1 = 16
    nums2 = 50
    print(("输入:" + str(nums1)))
    print(("输出:" + str(temp.nextSparseNum(nums1))))
    print(("输入:" + str(nums2)))
    print(("输出:" + str(temp.nextSparseNum(nums2))))
```

4. 运行结果

输入：16

输出：16

输入：50

输出：64

例 18

滑动窗口的最大值

1. 问题描述

给定一个可能包含重复整数的数组和一个大小为 k 的滑动窗口，从左到右在数组中滑动这个窗口，找到数组中每个窗口内的最大值。

2. 问题示例

给出数组[1,2,7,7,8]，滑动窗口大小为 $k=3$，返回[7,7,8]。

3. 代码实现

```
#采用 UTF-8 编码格式
#参数 nums 是一个整数数组
#参数 k 是一个整数
#返回值是数组中每个窗口内的最大值
from collections import deque
class Solution:
    def maxSlidingWindow(self, nums, k):
        if not nums or not k:
            return []
        dq = deque([])
        for i in range(k - 1):
            self.push(dq, nums, i)
        result = []
        for i in range(k - 1, len(nums)):
            self.push(dq, nums, i)
            result.append(nums[dq[0]])
            if dq[0] == i - k + 1:
                dq.popleft()
        return result
    def push(self, dq, nums, i):
```

```
            while dq and nums[dq[-1]] < nums[i]:
                dq.pop()
            dq.append(i)
if __name__ == '__main__':
    temp = Solution()
    List1 = [2,6,5,3,1,8]
    nums1 = 2
    print(("输入:" + str(List1) + " " + str(nums1)))
    print(("输出:" + str(temp.maxSlidingWindow(List1,nums1))))
```

4. 运行结果

输入：[2,6,5,3,1,8] 2
输出：[6,6,5,3,8]

例 19

创建最大数

1. 问题描述

给定两个长度分别是 m 和 n 的数组，数组的每个元素都是数字 0～9，从这两个数组当中选出 k 个数字来创建一个最大数，其中 k 满足 $k<=m+n$，选出来的数字在创建最大数里的位置必须与在原数组内的相对位置一致。返回 k 个元素的整数数组，尽可能优化算法的时间复杂度和空间复杂度。

2. 问题示例

给出 ***nums1*** =[3, 4, 6, 5]，***nums2*** =[9, 1, 2, 5, 8, 3]，k = 5，返回[9, 8, 6, 5, 3]；给出 ***nums1*** =[6, 7]，***nums2*** =[6, 0, 4]，k = 5，返回[6, 7, 6, 0, 4]；给出 ***nums1*** =[3, 9]，***nums2*** =[8, 9]，k = 3，返回[9, 8, 9]。

3. 代码实现

```
#采用 UTF-8 编码格式
#参数 nums1 是一个长度为 m,数字是 0～9 的整数数组
#参数 nums2 是一个长度为 n,数字是 0～9 的整数数组
#参数 k 是一个整数,且 k<=m+n
#返回值是一个整数数组
class Solution:
    def maxNumber(self, nums1, nums2, k):
        len1, len2 = len(nums1), len(nums2)
        res = []
        for x in range(max(0, k - len2), min(k, len1) + 1):
            tmp = self.merge(self.getMax(nums1, x), self.getMax(nums2, k - x))
            res = max(tmp, res)
        return res
    def getMax(self, nums, t):
        ans = []
        size = len(nums)
        for x in range(size):
```

```
            while ans and len(ans) + size - x > t and ans[-1] < nums[x]:
                ans.pop()
            if len(ans) < t:
                ans.append(nums[x])
        return ans
    def merge(self, nums1, nums2):
        return [max(nums1, nums2).pop(0) for _ in nums1 + nums2]
if __name__ == '__main__':
    temp = Solution()
    List1 = [1,-1,-2,1]
    List2 = [3,-2,2,1]
    k = 3
    print("输入:" + str(List1))
    print("输入:" + str(List2))
    print("输入:" + str(k))
    print(("输出:" + str(temp.maxNumber(List1,List2,k))))
```

4. 运行结果

输入：[1,−1,−2,1]
输入：[3,−2,2,1]
输入：3
输出：[3,2,1]

例 20

最接近的 k 个数

1. 问题描述

给定一个目标数 *target*，一个非负整数 k，一个按照升序排列的数组 $\boldsymbol{A}$。在 $\boldsymbol{A}$ 中找出与 *target* 最接近的 k 个整数，返回这 k 个数并按照与 *target* 的接近程度从小到大排序，如果接近程度相当，那么值小的排在前面。

2. 问题示例

如果 $\boldsymbol{A}=[1, 2, 3]$，$target=2$，$k=3$，那么返回[2, 1, 3]；如果 $\boldsymbol{A}=[1, 4, 6, 8]$，$target=3$，$k=3$，那么返回[4, 1, 6]。

3. 代码实现

```
#采用 UTF-8 编码格式
#参数 A 是一个整数数组
#参数 target 是一个整数
#参数 k 是一个整数
#返回值是一个整数数组
class Solution:
    def kClosestNumbers(self, A, target, k):
        #找到 A[left] < target, A[right] >= target
        #最接近 target 的两个数,肯定是相邻的
        right = self.find_upper_closest(A, target)
        left = right - 1
        # 两个指针从中间往两边扩展,依次找到最接近 k 个数
        results = []
        for _ in range(k):
            if self.is_left_closer(A, target, left, right):
                results.append(A[left])
                left -= 1
            else:
                results.append(A[right])
```

```
                right += 1
        return results
    def find_upper_closest(self, A, target):
        # 找到 A 中第一个大于等于 target 的数字
        start, end = 0, len(A) - 1
        while start + 1 < end:
            mid = (start + end) // 2
            if A[mid] >= target:
                end = mid
            else:
                start = mid
        if A[start] >= target:
            return start
        if A[end] >= target:
            return end
        # 找不到的情况
        return end + 1
    def is_left_closer(self, A, target, left, right):
        if left < 0:
            return False
        if right >= len(A):
            return True
        return target - A[left] <= A[right] - target
if __name__ == '__main__':
    temp = Solution()
    A = [1,2,3]
    target = 2
    k = 3
    print(("输出:" + str(temp.kClosestNumbers(A,target,k))))
```

4. 运行结果

输出：[2,1,3]

例 21 交错正负数

1. 问题描述

给出一个含有正整数和负整数的数组，将其重新排列成一个正负数交错的数组。

2. 问题示例

给出数组[－1，－2，－3，4，5，6]，重新排序之后，变成[－1，5，－2，4，－3，6]或者其他任何满足要求的答案。

3. 代码实现

```
#采用 UTF-8 编码格式
#参数 A 是一个整数数组
#没有返回值
class Solution:
    def subfun(self, A, B):
        ans = []
        for i in range(len(B)):
            ans.append(A[i])
            ans.append(B[i])
        if(len(A) > len(B)):
            ans.append(A[-1])
        return ans
    def rerange(self, A):
        Ap = [i for i in A if i > 0]
        Am = [i for i in A if i < 0]
        if(len(Ap) > len(Am)):
            tmp = self.subfun(Ap, Am)
        else:
            tmp = self.subfun(Am, Ap)
        for i in range(len(tmp)):
            A[i] = tmp[i];
if __name__ == '__main__':
```

```
temp = Solution()
List1 = [-1, -2, -3, 4, 5, 6]
List2 = [2,-4,6,8,-10]
print(("输入:" + str(List1)))
temp.rerange(List1)
print(("输出:" + str(List1)))
print(("输入:" + str(List2)))
temp.rerange(List2)
print(("输出:" + str(List2)))
```

4. 运行结果

输入：[−1,−2,−3,4,5,6]
输出：[−1,4,−2,5,−3,6]
输入：[2,−4,6,8,−10]
输出：[2,−4,6,−10,8]

例 22

下一个更大的数

1. 问题描述

给定一个环形数组(最后一个元素的下一个元素是数组的第一个元素),为每个元素打印下一个更大的元素。数字 x 的下一个更大的数,是遍历数组的过程中出现的第一个更大的数字,这意味着可以循环搜索以查找其下一个更大的数字;如果它不存在,则为此数字输出−1。注意给定数组的长度不超过 10000。

2. 问题示例

输入[1,2,1],输出[2,−1,2],第一个 1 的下一个更大的数字是 2;数字 2 找不到下一个更大的数字;第二个 1 的下一个更大的数字需要循环搜索,答案也是 2。

3. 代码实现

```
#参数为一个数组
#返回一个数组
class Solution:
    def nextGreaterElements(self, nums):
        if not nums:
            return []
        stack, res = [], [-1 for i in range(len(nums))]
        for i in range(len(nums)):
            if stack and nums[i] > nums[stack[-1]]:
                while stack and nums[i] > nums[stack[-1]]:
                    pop_index = stack.pop()
                    res[pop_index] = nums[i]
            stack.append(i)
        for i in range(len(nums)):
            if stack and nums[i] > nums[stack[-1]]:
                while stack and nums[i] > nums[stack[-1]]:
                    pop_index = stack.pop()
                    res[pop_index] = nums[i]
```

```
                stack.append(i)
                if nums[stack[0]] == nums[stack[-1]]:
                    break
        return res
#主函数
if __name__ == "__main__":
    nums = [1,2,1]
    #创建对象
    solution = Solution()
    print("输入的数组是:",nums)
    print("计算后的结果:",solution.nextGreaterElements(nums))
```

4. 运行结果

输入的数组是：[1,2,1]

计算后的结果：[2,−1,2]

例 23

落单的数 I

1. 问题描述

给出 $2n+1$ 个非负整数元素的数组，除其中一个数字之外，其他每个数字均出现两次，找到这个数字。

2. 问题示例

给出[1,2,2,1,3,4,3]，返回 4。

3. 代码实现

```
#采用 UTF-8 编码格式
#参数 A 是一个整数数组
#返回一个整数
class Solution:
    def singleNumber(self, A):
        ans = 0;
        for x in A:
            ans = ans ^ x
        return ans
if __name__ == '__main__':
    temp = Solution()
    List1 = [4,6,4,6,3]
    List2 = [2,1,1,1,1]
    print(("输入:" + str(List1)))
    print(("输出:" + str(temp.singleNumber(List1))))
    print(("输入:" + str(List2)))
    print(("输出:" + str(temp.singleNumber(List2))))
```

4. 运行结果

输入：[4,6,4,6,3]

输出：3

输入：[2,1,1,1,1]

输出：2

例 24

落单的数Ⅱ

1. 问题描述

给出 $3n+1$ 个非负整数元素的数组，除其中一个数字之外，其他每个数字均出现三次，找到这个数字。

2. 问题示例

给出[1,1,2,3,3,3,2,2,4,1]，返回 4。

3. 代码实现

```
#采用 UTF-8 编码格式
#参数 A 是一个整数数组
#返回一个整数
class Solution:
    def singleNumberII(self, A):
        n = len(A)
        d = [0 for i in range(32)]
        for x in A:
            for j in range(32):
                if ( ((1 << j) & x) > 0):
                    d[j] += 1
        ans = 0
        for j in range(32):
            t = d[j] % 3
            if (t == 1):
                ans = ans + (1 << j)
            elif (t != 0):
                return -1
        return ans
if __name__ == '__main__':
    temp = Solution()
    List1 = [4,6,4,6,3,4,6]
```

```
List2 = [2,1,1,1,1,1,1]
print(("输入:" + str(List1)))
print(("输出:" + str(temp.singleNumberII(List1))))
print(("输入:" + str(List2)))
print(("输出:" + str(temp.singleNumberII(List2))))
```

4. 运行结果

输入：[4,6,4,6,3,4,6]
输出：3
输入：[2,1,1,1,1,1,1]
输出：2

例 25

落单的数Ⅲ

1. 问题描述

给出 $2n+2$ 个非负整数元素的数组，除其中两个数字之外，其他每个数字均出现两次，找到这两个数字。

2. 问题示例

给出[1,2,2,3,4,4,5,3]，返回 1 和 5。

3. 代码实现

```
#采用 UTF-8 编码格式
#参数 A 是一个整数数组
#返回两个整数
class Solution:
    def singleNumberIII(self, A):
        s = 0
        for x in A:
            s ^= x
        y = s & (-s)
        ans = [0,0]
        for x in A:
            if (x & y) != 0:
                ans[0] ^= x
            else:
                ans[1] ^= x
        return ans
if __name__ == '__main__':
    temp = Solution()
    List1 = [2,3,1,1,4]
    List2 = [1,4,2,2,3]
```

```
print(("输入:" + str(List1)))
print(("输出:" + str(temp.singleNumberIII(List1))))
print(("输入:" + str(str(List2))))
print(("输出:" + str(temp.singleNumberIII(List2))))
```

4. 运行结果

输入：[2,3,1,1,4]
输出：[3,6]
输入：[1,4,2,2,3]
输出：[3,5]

例 26

落单的数Ⅳ

1. 问题描述

给定数组，除了一个数出现一次外，所有数都出现两次，并且所有出现两次的数都挨着，找出出现一次的数。

2. 问题示例

给出 ***nums***=[3,3,2,2,4,5,5]，返回 4，4 只出现了一次；给出 ***nums***=[2,1,1,3,3]，返回 2，2 只出现了一次。

3. 代码实现

```
#采用 UTF-8 编码格式
#参数 nums 是一个数字数组
#返回值:返回一个单一数字
class Solution:
    def getSingleNumber(self, nums):
        left = 0
        right = len(nums) - 1
        while left < right:
            mid = (left + right) // 2
            if nums[mid] == nums[mid - 1]:
                if (mid - left + 1) % 2 == 1:
                    right = mid - 2
                else:
                    left = mid + 1
            elif nums[mid] == nums[mid + 1]:
                if (right - mid + 1) % 2 == 1:
                    left = mid + 2
                else:
```

```
                    right = mid - 1
                else:
                    return nums[mid]
            return nums[left]
if __name__ == '__main__':
    temp = Solution()
    nums = [1,1,2,2,3,4,4,5,5]
    print(("输入:" + str(nums)))
    print(("输出:" + str(temp.getSingleNumber(nums))))
```

4. 运行结果

输入：[1,1,2,2,3,4,4,5,5]
输出：3

例 27

对 称 数

1. 问题描述

对称数是一个旋转 180°后(倒过来)看起来与原数相同的数,找到所有长度为 n 的对称数。

2. 问题示例

给出 $n=2$,返回["11","69","88","96"]。

3. 代码实现

```
#n的类型是整数
#返回值的类型是字符串数组
import collections
class Solution:
    def findStrobogrammatic(self, n):
        ROTATE = {}
        ROTATE["0"] = "0"
        ROTATE["1"] = "1"
        ROTATE["6"] = "9"
        ROTATE["8"] = "8"
        ROTATE["9"] = "6"
        queue = collections.deque()
        if n % 2 == 0:
            queue.append("")
        else:
            queue.append("0")
            queue.append("1")
            queue.append("8")
        result = []
        while queue:
            num = queue.popleft()
            if len(num) == n:
                result += [num] if num[0] != "0" or n == 1 else []
```

```
            else:
                for key, val in ROTATE.items():
                    queue.append(key + num + val)
        return result
#主函数
if __name__ == '__main__':
    n = 2
    print("初始值:", n)
    solution = Solution()
    print("结果:", solution.findStrobogrammatic(n))
```

4. 运行结果

初始值：2

结果：['11', '69', '88', '96']

例 28

镜像数字

1. 问题描述

镜像数字是指一个数字旋转 180°以后和原来一样(倒过来),例如,数字"69""88",和"818"都是镜像数字,判断数字是不是镜像的,数字用字符串来表示。

2. 问题示例

给出数字 num="69",返回 True;给出数字 num="68",返回 False。

3. 代码实现

```
#参数 num 是一个字符串
#返回一个布尔值,判断这个数字是不是镜像的
class Solution:
    def isStrobogrammatic(self, num):
        map = {'0': '0', '1': '1', '6': '9', '8': '8', '9': '6'}
        i, j = 0, len(num) - 1
        while i <= j:
            if not num[i] in map or map[num[i]] != num[j]:
                return False
            i, j = i + 1, j - 1
        return True
#主函数
if __name__ == "__main__":
    num = "68"
    #创建对象
    solution = Solution()
    print("初始值是:", num)
    print(" 结果是:", solution.isStrobogrammatic(num))
```

4. 运行结果

初始值是:68

结果是:False

例 29

统计比给定整数小的数

1. 问题描述

给定一个整数数组(数组长度为 n,元素的取值范围为 0~10000),以及一个查询列表。每一个查询都会给出一个整数,本例将返回数组中小于该给定整数的元素数量。

2. 问题示例

对于数组[1,2,7,8,5],查询[1,8,5],返回[0,4,2]。

3. 代码实现

```
#参数A是一个整数数组
#返回值是该数组中小于给定整数的元素数量
class Solution:
    def countOfSmallerNumber(self, A, queries):
        A = sorted(A)
        results = []
        for q in queries:
            results.append(self.countSmaller(A, q))
        return results
    def countSmaller(self, A, q):
#找到A >= q的第一个数字
        if len(A) == 0 or A[-1] < q:
            return len(A)
        start, end = 0, len(A) - 1
        while start + 1 < end:
            mid = (start + end) // 2
            if A[mid] < q:
                start = mid
            else:
                end = mid
        if A[start] >= q:
            return start
```

```
        if A[end] >= q:
            return end
        return end + 1
if __name__ == '__main__':
    A = [1, 2, 7, 8, 5]
    print("输入的数组是:", A)
    solution = Solution()
    print("数组中小于给定整数[1,8,5]的元素的数量是:", solution.countOfSmallerNumber(A,
[1, 8, 5]))
```

4. 运行结果

输入的数组是：[1,2,7,8,5]
数组中小于给定整数[1,8,5]的元素数量是：[0, 4, 2]

例 30

统计前面比自己小的数

1. 问题描述

给定一个整数数组(数组大小为 n,元素的取值范围为 0～10000),对于数组中的每个元素,计算其前面元素中比它小的元素数量。

2. 问题示例

对于数组[1,2,7,8,5],返回[0,1,2,3,2]。

3. 代码实现

```
#采用 UTF-8 编码格式
class SegTree:
    def __init__(self, start, end):
        self.start = start
        self.end = end
        self.left = None
        self.right = None
        self.count = 0
        if start != end:
            self.left = SegTree(start, (start + end) // 2)
            self.right = SegTree((start + end) // 2 + 1, end)
    def sum(self, start, end):
        if start <= self.start and end >= self.end:
            return self.count
        if self.start == self.end:
            return 0
        if end <= self.left.end:
            return self.left.sum(start, end)
          if start >= self.right.start:
            return self.right.sum(start, end)
        return (self.left.sum(start, self.left.end) +
                self.right.sum(self.right.start, end))
```

```
    def inc(self, index):
        if self.start == self.end:
            self.count += 1
            return
        if index <= self.left.end:
            self.left.inc(index)
        else:
            self.right.inc(index)
        self.count = self.left.count + self.right.count
class Solution:
    #参数 A 是一个整数数组
    #返回当前元素之前小于自己的个数
    def countOfSmallerNumberII(self, A):
        if len(A) == 0:
            return []
        root = SegTree(0, max(A))
        results = []
        for a in A:
            results.append(root.sum(0, a - 1))
            root.inc(a)
        return results
if __name__ == '__main__':
    temp = Solution()
    nums = [6,4,7,2,3]
    print(("输入:" + str(nums)))
    print(("输出:" + str(temp.countOfSmallerNumberII(nums))))
```

4. 运行结果

输入：[6,4,7,2,3]

输出：[0,0,2,0,1]

例 31

阶乘尾部零的个数

1. 问题描述

计算 n 的阶乘中尾部零的个数。

2. 问题示例

输入 11,输出 2,11! = 39916800,结尾有 2 个 0;输入 5,输出 1,5! =120,结尾有 1 个 0。

3. 代码实现

```
#参数 n 是一个整数
#输出是一个整数
class Solution:
    def trailingZeros(self, n):
        sum = 0
        while n != 0:
            n //= 5
            sum += n
        return sum
#主函数
if __name__ == '__main__':
    n = 11
    print("初始值:", n)
    solution = Solution()
    print("结果:", solution.trailingZeros(n))
```

4. 运行结果

初始值:11
结果:2

例 32

统 计 数 字

1. 问题描述

计算数字 k 在 $0\sim n$ 中出现的次数，k 可能是 $0\sim9$ 中的一个数字。

2. 问题示例

$n=12,k=1$，在[0,1,2,3,4,5,6,7,8,9,10,11,12]中，1 出现了 5 次(1,10,11,12)。

3. 代码实现

```
#采用 UTF-8 编码格式
#参数 k、n 为两个整数
#返回值是一个整数
class Solution:
    def digitCounts(self, k, n):
        assert(n >= 0 and 0 <= k <= 9)
        count = 0
        for i in range(n + 1):
            j = i
            while True:
                if j % 10 == k:
                    count += 1
                j /= 10
                if j == 0:
                    break
        return count
if __name__ == '__main__':
    temp = Solution()
    k1 = 1
    n1 = 11
    k2 = 2
```

```
n2 = 22
print(("输入:" + str(k1) + " " + str(n1)))
print(("输出:" + str(temp.digitCounts(k1,n1))))
print(("输入:" + str(k2) + " " + str(n2)))
print(("输出:" + str(temp.digitCounts(k2,n2))))
```

4. 运行结果

输入：1 11

输出：4

输入：2 22

输出：6

例 33

删 除 数 字

1. 问题描述

给出一个字符串 A，表示一个 n 位的正整数，删除其中 k 位数字，使得剩余的数字仍然按照原来的顺序排列产生一个新的正整数，本例将找到删除 k 个数字之后的最小正整数，其中 $n \leqslant 240, k \leqslant n$。

2. 问题示例

给出一个用字符串表示的正整数 A 和一个整数 k，其中 $A=178542, k=4$，返回一个字符串"12"。

3. 代码实现

```
#采用 UTF-8 编码格式
#参数 A 是一个正整数，有 n 个数字，A 是字符串类型
#参数 k 是删除 k 个数字
#返回值是字符串
class Solution:
    def DeleteDigits(self, A, k):
        A = list(A)
        while k > 0:
            f = True
            for i in range(len(A) - 1):
                if A[i] > A[i + 1]:
                    del A[i]
                    f = False
                    break
            if f and len(A)> 1:
                A.pop()
            k -= 1
        while len(A)> 1 and A[0] == '0':
            del A[0]
```

```
        return ''.join(A)
if __name__ == '__main__':
    temp = Solution()
    num_str = "123456789"
    k = 5
    print(("输入:" + num_str + " " + str(k)))
    print(("输出:" + str(temp.DeleteDigits(num_str,k))))
```

4. 运行结果

输入：123456789　5

输出：1234

例 34

寻找丢失的数

1. 问题描述

给一个由 1～n 的整数随机组成的一个字符串序列，其中丢失了一个整数，本例将找到它。

2. 问题示例

给出 n=20，str=19201234567891011121314151618，丢失的数是 17。

3. 代码实现

```
#参数 n 是一个整数
#参数 str 是一个字符串，由 1～n 的整数随机组成，其中丢失了一个整数
#返回一个整数
class Solution:
    def findMissing2(self, n, str):
        used = [False for _ in range(n + 1)]
        return self.find(n, str, 0, used)
    def find(self, n, str, index, used):
        if index == len(str):
            results = []
            for i in range(1, n + 1):
                if not used[i]:
                    results.append(i)
            return results[0] if len(results) == 1 else -1
        if str[index] == '0':
            return -1
        for l in range(1, 3):
            num = int(str[index: index + l])
            if num >= 1 and num <= n and not used[num]:
                used[num] = True
                target = self.find(n, str, index + l, used)
                if target != -1:
```

```
                return target
            used[num] = False
    return -1
#主函数
if __name__ == '__main__':
    n = 20
    str = "19201234567891011121314151618"
    print("n = ", n)
    print("str = ", str)
    solution = Solution()
    print("缺少的数字是:", solution.findMissing2(n, str))
```

4. 运行结果

n =20

str =19201234567891011121314151618

缺少的数字是：17

例 35

丑 数 I

1. 问题描述

丑数的定义是，只包含质因子 2、3、5 的正整数，例如 6、8 就是丑数，但 14 不是丑数，因为它包含了质因子 7，本例将检测一个整数是不是丑数。

2. 问题示例

给出 $num=8$，返回 True；给出 $num=14$，返回 False。

3. 代码实现

```
#参数 num 是一个整数
#返回一个布尔值，如果是丑数则返回 True，否则返回 False
class Solution:
    def isUgly(self, num):
        if num <=  0:
            return False
        if num == 1:
            return True
        while num >=  2 and num % 2 == 0:
            num /= 2;
        while num >=  3 and num % 3 == 0:
            num /= 3;
        while num >=  5 and num % 5 == 0:
            num /= 5;
        return num == 1
#主函数
if __name__ == '__main__':
    num = 8
```

```
print("初始值:", num)
solution = Solution()
print("是否为丑数:", solution.isUgly(num))
```

4. 运行结果

初始值：8
是否为丑数：True

例 36

丑 数 Ⅱ

1. 问题描述

设计一个算法,找出只含素因子 2、3、5 的第 n 小的数,符合条件的数如:1、2、3、4、5、6、8、9、10、12…

2. 问题示例

如果 $n=9$,返回 10。

3. 代码实现

```
#参数 n 是一个整数
#返回只含素因子的第 n 个最小的数
import heapq
class Solution:
    def nthUglyNumber(self, n):
        heap = [1]
        visited = set([1])
        val = None
        for i in range(n):
            val = heapq.heappop(heap)
            for multi in [2, 3, 5]:
                if val * multi not in visited:
                    visited.add(val * multi)
                    heapq.heappush(heap, val * multi)
        return val
if __name__ == '__main__':
    n = 9
    print("输入的 n 是:", n)
    solution = Solution()
    print("只含素因子 2、3、5 的第 n 小的数是:", solution.nthUglyNumber(n))
```

4. 运行结果

输入的 n 是:9

只含素因子 2、3、5 的第 n 小的数是:10

例 37

超级丑数

1. 问题描述

超级丑数的定义是：所有质数因子都是给定一个大小为 k 的质数集合内的正整数，例如，给出 4 个质数的集合[2, 7, 13, 19]，那么[1, 2, 4, 7, 8, 13, 14, 16, 19, 26, 28, 32]是前 12 个超级丑数，本例将找出第 n 个超级丑数。

2. 问题示例

给出 $n=6$ 和质数集合[2, 7, 13, 19]，第 6 个超级丑数为 13，所以返回 13。

3. 代码实现

```
#参数 n 是一个正整数
#参数 primes 是一个给定的素数列表
#返回一个整数,是第 n 个超级丑数
class Solution:
    def nthSuperUglyNumber(self, n, primes):
        import heapq
        length = len(primes)
        times = [0] * length
        uglys = [1]
        minlist = [(primes[i] * uglys[times[i]], i) for i in range(len(times))]
        heapq.heapify(minlist)
        while len(uglys) < n:
            (umin, min_times) = heapq.heappop(minlist)
            times[min_times] += 1
            if umin != uglys[-1]:
                uglys.append(umin)
        heapq.heappush(minlist, (primes[min_times] * uglys[times[min_times]], min_times))
        return uglys[-1]
#主函数
if __name__ == '__main__':
    n = 6
```

```
primes = [2, 7, 13, 19]
print("初始值:", n)
print("质数集合:", primes)
solution = Solution()
print("第{}个丑数:".format(n), solution.nthSuperUglyNumber(n, primes))
```

4. 运行结果

初始值：6
质数集合：[2,7,13,19]
第 6 个丑数：13

例 38

两数之和 I

1. 问题描述

给出一个整数数组，找到两个数，使得它们的和等于一个特定数 *target*。实现的函数 *twoSum* 需要返回这两个数的下标，并且第一个下标小于第二个下标，注意这里下标的范围是 0～$n-1$。

2. 问题示例

给出 *numbers*=[2, 7, 11, 15]，*target*=9，返回[0, 1]。

3. 代码实现

```
#采用 UTF-8 编码格式
class Solution(object):
    def twoSum(self, nums, target):
        #hash 用于建立数值到下标的映射
        hash = {}
        #循环 nums 数值,并添加映射
        for i in range(len(nums)):
            if target - nums[i] in hash:
                return [hash[target - nums[i]], i]
            hash[nums[i]] = i
        #无解的情况
        return [-1, -1]
if __name__ == '__main__':
    temp = Solution()
    List = [5,4,3,11]
    nums = 5
    print(("输入:" + str(List) + " " + str(nums)))
    print(("输出:" + str(temp.twoSum(List,nums))))
```

4. 运行结果

输入：[5,4,3,11]　5

输出：[−1,−1]

例 39

两数之和Ⅱ

1. 问题描述

给定一个已经按升序排列的数组,找到两个数使它们的和等于特定数 *target*,返回这两个数的下标,下标 *index1* 必须小于 *index2*,且下标值从 1 开始。

2. 问题示例

给定数组为[2,7,11,15],*target*=9,返回[1,2]。

3. 代码实现

```
#参数 nums 是一个整数数组
#参数 target,target = nums[index1] + nums[index2]
#返回值是[index1 + 1, index2 + 1] (index1 < index2)
class Solution:
    def twoSum(self, nums, target):
        if not nums:
            return []
        left, right = 0, len(nums) - 1
        while left < right:
            res = target - nums[left]
            if res == nums[right]:
                break
            elif res < nums[right]:
                right -= 1
            else:
                left += 1
        return [left + 1, right + 1]
# 主函数
if __name__ == "__main__":
```

```
nums = [2, 7, 11, 15]
target = 9
# 创建对象
solution = Solution()
print("初始化的数组 nums = ", nums, "目标值 target = ", target)
print(" 两个数的和等于目标值的下标是:", solution.twoSum(nums, target))
```

4. 运行结果

初始化的数组 mum=[2,7,11,15],目标值 target=9
两个数的和等于目标值的下标是：[1, 2]

例 40

两数之和Ⅲ

1. 问题描述

设计并实现一个 TwoSum 类,需要支持 *add* 和 *find* 操作。*add* 操作把这个数添加到内部的数据结构,*find* 操作判断是否存在任意一对数字之和等于这个值。

2. 问题示例

add(1)、*add*(3)、*add*(5),*find*(4),则返回 True; *find*(7),则返回 False。

3. 代码实现

```
#参数 number 是一个整数
#返回值布尔类型值
class TwoSum:
    data = []
    def add(self, number):
        self.data.append(number)
        #参数 value 是一个整数
        #返回值是找到存在的任意一对数字,使其和等于 value 值
    def find(self, value):
        self.data.sort()
        left, right = 0, len(self.data) - 1
        while left < right:
            if self.data[left] + self.data[right] == value:
                return True
            if self.data[left] + self.data[right] < value:
                left += 1
            else:
                right -= 1
        return False
# 主函数
if __name__ == "__main__":
    list = []
```

```
# 创建对象
solution = TwoSum()
solution.add(1)
solution.add(3)
solution.add(5)
list.append(solution.find(4))
list.append(solution.find(7))
print("初始化的输入顺序是 add(1),add(2),add(3),find(4),find(7)")
print("输出的结果是:", list)
```

4. 运行结果

初始化的输入顺序是 add(1)、add(2)、add(3)、find(4)、find(7)
输出的结果是：[True，False]

例 41

最接近的三数之和

1. 问题描述

给出一个包含 n 个整数的数组 s，找到与给定整数 $target$ 最接近的三元组，返回这三个数的和。

2. 问题示例

$s=[-1, 2, 1, -4]$，$target=1$，和 1 最接近的三个数之和是 $-1+2+1=2$。

3. 代码实现

```
#采用 UTF-8 编码格式
#参数 numbers 是给定的一个整数数组
#参数 target 是一个整数
#返回与 target 最近的三个数的和
class Solution:
    def threeSumClosest(self, numbers, target):
        numbers.sort()
        ans = None
        for i in range(len(numbers)):
            left, right = i + 1, len(numbers) - 1
            while left < right:
                sum = numbers[left] + numbers[right] + numbers[i]
                if ans is None or abs(sum - target) < abs(ans - target):
                    ans = sum
                if sum <= target:
                    left += 1
                else:
                    right -= 1
        return ans
```

```
if __name__ == '__main__':
    temp = Solution()
    List1 = [1,2,3,4,5]
    nums1 = 3
    print(("输入:" + str(List1) + " " + str(nums1)))
    print(("输出:" + str(temp.threeSumClosest(List1,nums1))))
```

4. 运行结果

输入：[1,2,3,4,5]　3
输出：6

例 42

三数之和为零

1. 问题描述

给出一个有 n 个整数的数组 $\boldsymbol{S}$，在 $\boldsymbol{S}$ 中找到三个整数 a、b、c，找到所有 $a+b+c=0$ 的三元组。

2. 问题示例

$\boldsymbol{S}$=[−1 0 1 2 −1 −4]，需要返回三元组集合的是：(−1, 0, 1)、(−1, −1, 2)。

3. 代码实现

```
#采用 UTF-8 编码格式
#参数 numbers 是给定的一个整数数组
#返回值是数组中所有唯一赋值为 0 的三元组
class Solution:
    def threeSum(self, nums):
        nums.sort()
        results = []
        length = len(nums)
        for i in range(0, length - 2):
            if i and nums[i] == nums[i - 1]:
                continue
            target = -nums[i]
            left, right = i + 1, length - 1
            while left < right:
                if nums[left] + nums[right] == target:
                    results.append([nums[i], nums[left], nums[right]])
                    right -= 1
                    left += 1
                    while left < right and nums[left] == nums[left - 1]:
                        left += 1
                    while left < right and nums[right] == nums[right + 1]:
                        right -= 1
```

```
                elif nums[left] + nums[right] > target:
                    right -= 1
                else:
                    left += 1
        return results
if __name__ == '__main__':
    temp = Solution()
    List1 = [-1,-1,1,1,2,-2]
    List2 = [3,0,2,-5,1]
    print(("输入:" + str(List1)))
    print(("输出:" + str(temp.threeSum(List1))))
    print(("输入:" + str(List2)))
    print(("输出:" + str(temp.threeSum(List2))))
```

4. 运行结果

输入：[-1,-1,1,1,2,-2]
输出：[[-2,1,1],[-1,-1,2]]
输入：[3,0,2,-5,1]
输出：[[-5,2,3]]

例 43

四数之和为定值

1. 问题描述

给一个包含 n 个数的整数数组 s，在 s 中找到所有使得和为给定整数 $target$ 的四元组 (a,b,c,d)。

2. 问题示例

对于给定的整数数组 s=[1, 0, −1, 0, −2, 2]和 $target$=0，满足要求的四元组集合为：(−1, 0, 0, 1)、(−2, −1, 1, 2)、(−2, 0, 0, 2)。

3. 代码实现

```
#采用 UTF-8 编码格式
#找到数列中所有和等于目标数的四元组，需去重
#多枚举一个数后，参照三个数之和的做法，复杂度为 O(N^3)
class Solution(object):
    def fourSum(self, nums, target):
        nums.sort()
        res = []
        length = len(nums)
        for i in range(0, length - 3):
            if i and nums[i] == nums[i - 1]:
                continue
            for j in range(i + 1, length - 2):
                if j != i + 1 and nums[j] == nums[j - 1]:
                    continue
                sum = target - nums[i] - nums[j]
                left, right = j + 1, length - 1
                while left < right:
                    if nums[left] + nums[right] == sum:
                        res.append([nums[i], nums[j], nums[left], nums[right]])
                        right -= 1
                        left += 1
```

```
                    while left < right and nums[left] == nums[left - 1]:
                        left += 1
                    while left < right and nums[right] == nums[right + 1]:
                        right -= 1
                elif nums[left] + nums[right] > sum:
                    right -= 1
                else:
                    left += 1
        return res
if __name__ == '__main__':
    temp = Solution()
    List1 = [1,2,3,4,5,1]
    nums1 = 10
    print(("输入:" + str(List1) + " " + str(nums1)))
    print(("输出:" + str(temp.fourSum(List1,nums1))))
```

4. 运行结果

输入：[1,2,3,4,5,1] 10

输出：[[1,1,3,5], [1, 2, 3, 4]]

例 44

骰子求和

1. 问题描述

扔 n 个骰子,向上面的数字之和为 S,给定 n,本例将列出所有可能的 S 值及其相应的概率。

2. 问题示例

给定 $n=1$,返回[[1, 0.17]、[2, 0.17]、[3, 0.17]、[4, 0.17]、[5, 0.17]、[6, 0.17]]。

3. 代码实现

```
#参数n是一个整数
#返回值是一个元组[sum, probability]的列表
class Solution:
    def dicesSum(self, n):
        results = []
        f = [[0 for j in range(6 * n + 1)] for i in range(n + 1)]
        for i in range(1, 7):
            f[1][i] = 1.0 / 6.0
        for i in range(2, n + 1):
            for j in range(i, 6 * n + 1):
                for k in range(1, 7):
                    if j > k:
                        f[i][j] += f[i - 1][j - k]
                f[i][j] /= 6.0
        for i in range(n, 6 * n + 1):
            results.append((i, f[n][i]))
        return results
# 主函数
if __name__ == '__main__':
    n = 1
```

```
    print("骰子的个数:", n)
    solution = Solution()
    print("结果:", solution.dicesSum(n))
```

4. 运行结果

骰子的个数：1

结果：[(1,0.16666666666666666)、(2,0.16666666666666666)、(3,0.16666666666666666)、(4,0.16666666666666666)、(5,0.16666666666666666)、(6,0.16666666666666666)]

例 45

k 数之和

1. 问题描述

给定 n 个不同的正整数，整数 $k(k\leqslant n)$ 以及一个目标数字 $target$，在这 n 个数里面找出 k 个数，使得 k 个数之和等于目标数字，本例将返回符合要求的方案个数。

2. 问题示例

给出[1,2,3,4]，$k=2$，$target=5$，[1,4]和[2,3]是 2 个符合要求的方案，返回 2。

3. 代码实现

```
#参数 A 为整数数组
#参数 k 正整数(k <= length(A))
#参数 target 是整数
#返回一个整数
class Solution:
    def kSum(self, A, k, target):
        n = len(A)
        dp = [
            [[0] * (target + 1) for _ in range(k + 1)],
            [[0] * (target + 1) for _ in range(k + 1)],
        ]
        #dp[i][j][s]
        #前 i 个数里挑出 j 个数,和为 s
        dp[0][0][0] = 1
        for i in range(1, n + 1):
            dp[i % 2][0][0] = 1
            for j in range(1, min(k + 1, i + 1)):
                for s in range(1, target + 1):
                    dp[i % 2][j][s] = dp[(i - 1) % 2][j][s]
                    if s >= A[i - 1]:
                        dp[i % 2][j][s] += dp[(i - 1) % 2][j - 1][s - A[i - 1]]
        return dp[n % 2][k][target]
```

```
# 主函数
if __name__ == '__main__':
    A = [1, 2, 3, 4]
    k = 2
    target = 5
    print("初始数组 A:", A)
    print("整数 k 和目标值 target:", k, target)
    solution = Solution()
    print("方案种类:", solution.kSum(A, k, target))
```

4. 运行结果

初始数组 A：[1,2,3,4]

整数 k 和目标值 target：2　5

方案种类：2

例 46

二进制求和

1. 问题描述

给定两个二进制字符串,返回它们的和(用二进制表示)。

2. 问题示例

a=11,b=1,返回 100。

3. 代码实现

```
#采用 UTF-8 编码格式
# 参数 a 是一个数字,类型为字符串
# 参数 b 是一个数字,类型为字符串
# 返回结果,类型为字符串
class Solution:
    def addBinary(self, a, b):
        indexa = len(a) - 1
        indexb = len(b) - 1
        carry = 0
        sum = ""
        while indexa >= 0 or indexb >= 0:
            x = int(a[indexa]) if indexa >= 0 else 0
            y = int(b[indexb]) if indexb >= 0 else 0
            if (x + y + carry) % 2 == 0:
                sum = '0' + sum
            else:
                sum = '1' + sum
            carry = (x + y + carry) / 2
            indexa, indexb = indexa - 1, indexb - 1
        if carry == 1:
            sum = '1' + sum
        return sum
if __name__ == '__main__':
```

```
temp = Solution()
string1 = "1"
string2 = "10"
print(("输入:" + string1 + " + " + string2))
print(("输出:" + str(temp.addBinary(string1,string2))))
```

4. 运行结果

输入：1+10

输出：11

例 47

各 位 相 加

1. 问题描述

给出一个非负整数 num,反复将所有位的数字相加,直到得出一个位数为 1 的整数。

2. 问题示例

给出 $num=38$,相加的过程为:3+ 8=11,1+1=2,因为 2 是一位数字,所以返回 2。

3. 代码实现

```
#num 的类型是整数
#返回值的类型是整数
class Solution:
    def addDigits(self, num):
        self.num = list(str(num))
        self.num = list(map(int, self.num))
        self.num = sum(self.num)
        if len(str(self.num)) == 1:
            return self.num
        elif len(str(self.num)) > 1:
            self.addDigits(self.num)
            return self.num
# 主函数
if __name__ == '__main__':
    num = 38
    print("初始值:", num)
    solution = Solution()
    print("结果:", solution.addDigits(num))
```

4. 运行结果

初始值:38

结果:2

例 48

矩阵元素 ZigZag 返回

1. 问题描述

给定一个 m 行、n 列的矩阵，以 ZigZag 顺序返回矩阵的所有元素。以 3 行、3 列的矩阵为例，黑圆点代表矩阵的元素，按照图 1 所示的顺序从左上角开始返回矩阵中的所有元素。

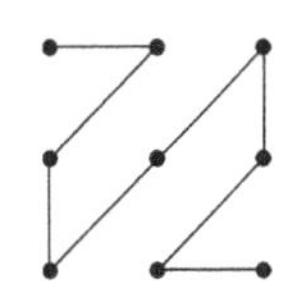

图 1　ZigZag 顺序示意

2. 问题示例

给定一个矩阵：

```
[
  [1, 2, 3, 4],
  [5, 6, 7, 8],
  [9, 10, 11, 12]
]
```

返回[1, 2, 5, 9, 6, 3, 4, 7, 10, 11, 8, 12]。

3. 代码实现

```
#参数 a 是一个整数矩阵
#返回值是一个整数数组
class Solution:
    def printZMatrix(self, matrix):
        if len(matrix) == 0:
            return []
        x, y = 0, 0
        n, m = len(matrix), len(matrix[0])
        rows, cols = range(n), range(m)
        dx = [1, -1]
        dy = [-1, 1]
        direct = 1
        result = []
```

```
        for i in range(len(matrix) * len(matrix[0])):
            result.append(matrix[x][y])
            nextX = x + dx[direct]
            nextY = y + dy[direct]
            if nextX not in rows or nextY not in cols:
                if direct == 1:
                    if nextY >= m:
                        nextX, nextY = x + 1, y
                    else:
                        nextX, nextY = x, y + 1
                else:
                    if nextX >= n:
                        nextX, nextY = x, y + 1
                    else:
                        nextX, nextY = x + 1, y
                direct = 1 - direct
            x, y = nextX, nextY
        return result
# 主函数
if __name__ == "__main__":
    matrim = [[1, 2, 3, 4], [5, 6, 7, 8], [9, 10, 11, 12]]
    # 创建对象
    solution = Solution()
    print("输入的矩阵为:", matrim)
    print("ZigZag顺序返回矩阵的所有元素是:", solution.printZMatrix(matrim))
```

4. 运行结果

输入的矩阵为：[[1,2,3,4],[5,6,7,8],[9,10,11,12]]

ZigZag 顺序返回矩阵的所有元素是：[1, 2, 5, 9, 6, 3, 4, 7, 10, 11, 8, 12]

例 49

子矩阵和为零

1. 问题描述

给定一个 m 行、n 列的整数矩阵，元素坐标从左上角的(0,0)开始，到右下角的($m-1$, $n-1$)结束。找到数字总和为零的子矩阵，并返回子矩阵中左上角和右下角坐标的编号。

2. 问题示例

给定矩阵：

```
[
  [1 ,5 ,7],
  [3 ,7 ,-8],
  [4 ,-8 ,9]
]
```

返回[(1,1), (2,2)]。

3. 代码实现

```
#参数 matrix 是一个整数矩阵
#返回值是左上角和右下角的坐标组
class Solution:
    def submatrixSum(self, matrix):
        if not matrix:
            return []
        wide = len(matrix[0])
        depth = len(matrix)
        res = None
        prefixsum = [[0 for j in range(wide + 1)] for i in range(depth + 1)]
        for dy in range(1, depth + 1):
            for dx in range(1, wide + 1):
prefixsum[dy][dx] = prefixsum[dy - 1][dx] + prefixsum[dy][dx - 1] - prefixsum[dy - 1]
[dx - 1] + \
```

```
                                        matrix[dy - 1][dx - 1]
                for y in range(dy):
                    for x in range(dx):
                        if prefixsum[dy][dx] == prefixsum[dy][x] + prefixsum[y][dx] -
prefixsum[y][x]:
                            res = [(y, x), (dy - 1, dx - 1)]
                            return res
# 主函数
if __name__ == "__main__":
    arr = [[1, 5, 7], [3, 7, -8], [4, -8, 9]]
    # 创建对象
    solution = Solution()
    print("输入的数组为:", arr)
    print("输出的结果是:", solution.submatrixSum(arr))
```

4. 运行结果

输入的数组为：[[1,5,7],[3,7,−8],[4,−8,9]]
输出的结果是：[(1, 1), (2, 2)]

例 50

搜索二维矩阵 I

1. 问题描述

本例将写出一个高效的算法来搜索判断 m 行、n 列的矩阵中的值是否存在。这个矩阵具有以下特性：①每行中的整数从左到右是排序的；②每行的第一个数大于上一行的最后一个整数。

2. 问题示例

下列矩阵：

```
[
  [1, 3, 5, 7],
  [10, 11, 16, 20],
  [23, 30, 34, 50]
]
```

给出 $target=3$，返回 True

3. 代码实现

```python
class Solution:
    def searchMatrix(self, matrix, target):
        if matrix == None or len(matrix) == 0:
            return False
        n, m = len(matrix), len(matrix[0])
        x, y = 0, m - 1
        while x <= n - 1 and y >= 0:
            goal = matrix[x][y]
            if target > goal:
                x += 1
            if target < goal:
                y -= 1
            if target == goal:
```

```
                return True
        return False
# 主函数
if __name__ == "__main__":
    arr = [[1, 3, 5, 7], [10, 11, 16, 20], [23, 30, 34, 50]]
    target = 3
    # 创建对象
    solution = Solution()
    print("输入的整数数组是:", arr)
    print("输入的目标值是", target)
    print("输出的结果是:", solution.searchMatrix(arr, target))
```

4. 运行结果

输入的整数数组是：[[1,3,5,7],[10,11,16,20],[23,30,34,50]]

输入的目标值是：3

输出的结果是：True

例 51

搜索二维矩阵Ⅱ

1. 问题描述

本例将写出一个高效的算法来搜索 m 行、n 列的矩阵中的值，返回这个值出现的次数。这个矩阵具有以下特性：

① 每行中的整数从左到右是排序的；

② 每一列的整数从上到下是排序的；

③ 在每一行或每一列中没有重复的整数。

2. 问题示例

给定下列矩阵：

```
[
    [1, 3, 5, 7],
    [2, 4, 7, 8],
    [3, 5, 9, 10]
]
```

给出 $target$=3，返回 2。

3. 代码实现

```python
#参数 matrix 是包含整数数组的列表
#参数 target 是要在 matrix 中找到的目标整数
#返回值是在给定矩阵中目标值出现的总次数
class Solution:
    def searchMatrix(self, matrix, target):
        if matrix == [] or matrix[0] == []:
            return 0
        row, column = len(matrix), len(matrix[0])
        i, j = row - 1, 0
        count = 0
```

```
        while i >= 0 and j < column:
            if matrix[i][j] == target:
                count += 1
                i -= 1
                j += 1
            elif matrix[i][j] < target:
                j += 1
            elif matrix[i][j] > target:
                i -= 1
        return count
# 主函数
if __name__ == "__main__":
    arr = [[1, 3, 5, 7], [2, 4, 7, 8], [3, 5, 9, 10]]
    target = 3
    # 创建对象
    solution = Solution()
    print("输入的数组是:", arr)
    print("输入的目标值是:", target)
    print("该目标出现的次数是:", solution.searchMatrix(arr, target))
```

4. 运行结果

输入的数组是：[[1, 3, 5, 7], [2, 4, 7, 8], [3, 5, 9, 10]]
输入的目标值是：3
该目标出现的次数是：2

例 52

矩阵归零

1. 问题描述

给定一个 m 行、n 列的矩阵，如果矩阵中一个元素是 0，则将其所在行和列全部元素变成 0，需要在原矩阵上完成操作。

2. 问题示例

给出一个矩阵：

```
[
  [1, 2],
  [0, 3]
]
```

返回矩阵为：

```
[
  [0, 2],
  [0, 0]
]
```

3. 代码实现

```
#参数 matrix 是包含整数数组的列表
#返回变化后的矩阵
class Solution:
    def setZeroes(self, matrix):
        if len(matrix) == 0:
            return
        rownum = len(matrix)
        colnum = len(matrix[0])
        row = [False for i in range(rownum)]
        col = [False for i in range(colnum)]
```

```
        for i in range(rownum):
            for j in range(colnum):
                if matrix[i][j] == 0:
                    row[i] = True
                    col[j] = True
        for i in range(rownum):
            for j in range(colnum):
                if row[i] or col[j]:
                    matrix[i][j] = 0
        return matrix
#主函数
if __name__ == "__main__":
    arr = [[1, 2], [0, 3]]
    #创建对象
    solution = Solution()
    print("输入的数组是:", arr)
    print("变换后的矩阵是:", solution.setZeroes(arr))
```

4. 运行结果

输入的数组是：[[1,2],[0,3]]
变换后的矩阵是：[[0, 2], [0, 0]]

例 53

DNA 重复问题

1. 问题描述

所有的 DNA 都由一系列缩写的核苷酸 A、C、G 和 T 组成，例如“ACGAATTCCG”。在研究 DNA 时，鉴别出 DNA 中的重复序列是很有价值的，本例将找到所有在 DNA 中出现次数超过一次且长度为 10 个字母的序列(子字符串)。

2. 问题示例

给出 S="AAAAACCCCCAAAAACCCCCCAAAAAGGGTTT"，返回["AAAAACCCCC", "CCCCCAAAAA"]。

3. 代码实现

```
#参数 s 是一个字符串,代表 DAN 序列
#返回所有 10 个字母长的序列
Class Solution:
    def findRepeatedDna(self, s):
        dict = {}
        for i in range(len(s) - 9):
            key = s[i:i + 10]
            if key not in dict:
                dict[key] = 1
            else:
                dict[key] += 1
        result = []
        for element in dict:
            if dict[element] > 1:
                result.append(element)
        return result
# 主函数
```

```
if __name__ == "__main__":
    s = "AAAAACCCCCAAAAACCCCCCAAAAAGGGTTT"
    # 创建对象
    solution = Solution()
    print("输入的字符串是：", s)
    print("输出的结果是：", solution.findRepeatedDna(s))
```

4. 运行结果

输入的字符串是：AAAAACCCCCAAAAACCCCCCAAAAAGGGTTT
输出的结果是：['AAAAACCCCC', 'CCCCCAAAAA']

例 54

螺旋矩阵

1. 问题描述

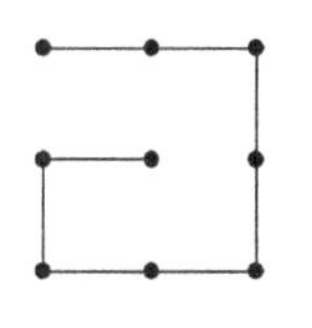

图 1　螺旋顺序示意

给定一个 m 行、n 列的矩阵，本例将按照螺旋顺序返回该矩阵中的所有元素。螺旋顺序从图 1 中左上角元素开始，遍历所有元素的顺序。

2. 问题示例

给定如下矩阵：

```
[
  [ 1, 2, 3 ],
  [ 4, 5, 6 ],
  [ 7, 8, 9 ]
]
```

应返回[1,2,3,6,9,8,7,4,5]。

3. 代码实现

```
#参数 matrix 是 m×n 的矩阵
#返回值是一个整数数组
class Solution:
    def spiralOrder(self, matrix):
        if matrix == []: return []
        up = 0;
        left = 0
        down = len(matrix) - 1
        right = len(matrix[0]) - 1
        direct = 0 # 0: 向右 1:向下 2:向左 3:向上
        res = []
        while True:
            if direct == 0:
                for i in range(left, right + 1):
```

```
                res.append(matrix[up][i])
            up += 1
        if direct == 1:
            for i in range(up, down + 1):
                res.append(matrix[i][right])
            right -= 1
        if direct == 2:
            for i in range(right, left - 1, -1):
                res.append(matrix[down][i])
            down -= 1
        if direct == 3:
            for i in range(down, up - 1, -1):
                res.append(matrix[i][left])
            left += 1
        if up > down or left > right: return res
        direct = (direct + 1) % 4
#主函数
if __name__ == "__main__":
    arr = [[ 1,2,3 ],[ 4,5,6 ],[ 7,8,9 ]]
    #创建对象
    solution = Solution()
    print("输入的数组是:", arr)
    print("螺旋顺序返回的矩阵是:",solution.spiralOrder(arr))
```

4. 运行结果

输入的数组是：[[1,2,3],[4,5,6],[7,8,9]]
按照螺旋顺序返回的矩阵是：[1,2,3,6,9,8,7,4,5]

例 55

矩阵走路问题

1. 问题描述

给定一个 m 行、n 列，由 0 和 1 组成的矩阵，1 是墙，0 是路，现在可以把矩阵中的一个 1 变成 0，本例将判断从左上角走到右下角是否有路可走；如果有路可走，最少要走多少步？

2. 问题示例

给定矩阵 **A**=[[0,1,0,0,0],[0,0,0,1,0],[1,1,0,1,0],[1,1,1,1,0]]，返回 7。将(0,1)处的 1 变成 0，最短路径为：(0,0)→(0,1)→(0,2)→(0,3)→(0,4)→(1,4)→(2,4)→(3,4)，其他长度为 7 的方案还有很多，这里不一一列举。给定 **A** = [[0,1,1],[1,1,0],[1,1,0]]，返回−1，不管把哪个 1 变成 0，都没有可行的路径。

3. 代码实现

```
class node:
    def __init__(self, a = 0, b = 0, i = 0, s = 0):
        self.x = a
        self.y = b
        self.i = i
        self.step = s
class Solution:
#参数 grid 为给定的网格
#返回值为需要的最少步数
    def getBestRoad(self, grid):
        direction = [[1, 0], [-1, 0], [0, 1], [0, -1]]
        n = len(grid)
        m = len(grid[0])
        # print(n,m)
        visit = [[[0 for i in range(2)] for i in range(m)] for i in range(n)]
        p = []
        if (grid[0][0] == 0):
            new = node(0, 0, 0, 0)
```

```
            visit[0][0][0] = 1;
        else:
            new = node(0, 0, 1, 0)
        p.append(new)
        flag = -1;
        visit[0][0][1] = 1;
        cnt = 0
        while cnt < len(p):
            a = p[cnt]
            cnt += 1
            # print(a.x,a.y,a.i,a.step)
            if a.x == n - 1 and a.y == m - 1:
                flag = a.step
                break
            else:
                for i in range(0, 4):
                    new_x = a.x + direction[i][0]
                    new_y = a.y + direction[i][1]
                    if new_x <= n - 1 and new_x >= 0 and new_y <= m - 1 and new_y >= 0:
                        if grid[new_x][new_y] == 0 and visit[new_x][new_y][a.i] == 0:
                            visit[new_x][new_y][a.i] = 1
                            visit[new_x][new_y][1] = 1
                            p.append(node(new_x, new_y, a.i, a.step + 1))
                if grid[new_x][new_y] == 1 and a.i == 0 and visit[new_x][new_y][1] == 0:
                            visit[new_x][new_y][1] = 1
                            p.append(node(new_x, new_y, 1, a.step + 1))
        return flag
# 主函数
if __name__ == '__main__':
    a = [[0, 1, 0, 0, 0], [0, 0, 0, 1, 0], [1, 1, 0, 1, 0], [1, 1, 1, 1, 0]]
    print("地图是:", a)
    solution = Solution()
    print("最少要走:", solution.getBestRoad(a))
```

4. 运行结果

地图是：[[0,1,0,0,0]、[0,0,0,1,0]、[1,1,0,1,0]、[1,1,1,1,0]]

最少要走：7

例 56

稀疏矩阵乘法

1. 问题描述

给定两个稀疏矩阵 **A** 和 **B**，返回 **A**×**B** 的结果，可以假设 **A** 的列数等于 **B** 的行数。

2. 问题示例

```
A = [
  [ 1, 0, 0],
  [-1, 0, 3]
]
B = [
  [ 7, 0, 0 ],
  [ 0, 0, 0 ],
  [ 0, 0, 1 ]
]
```

$$\boldsymbol{A}\times\boldsymbol{B}=\begin{bmatrix} 100 \\ -103 \end{bmatrix}\times\begin{bmatrix} 7 & 0 & 0 \\ 0 & 0 & 0 \\ 0 & 0 & 1 \end{bmatrix}=\begin{bmatrix} 700 \\ -703 \end{bmatrix}$$

3. 代码实现

```
#参数 A 是一个稀疏矩阵
#参数 B 是一个稀疏矩阵
#返回 A×B 的结果
class Solution:
    def multiply(self, A, B):
        n = len(A)
        m = len(A[0])
        k = len(B[0])
        C = [[0 for _ in range(k)] for i in range(n)]
```

```
        for i in range(n):
            for j in range(m):
                if A[i][j] != 0:
                    for l in range(k):
                        C[i][l] += A[i][j] * B[j][l]
        return C
# 主函数
if __name__ == "__main__":
    A = [[1, 0, 0], [-1, 0, 3]]
    B = [[7, 0, 0], [0, 0, 0], [0, 0, 1]]
    # 创建对象
    solution = Solution()
    print("输入的两个数组是 A = ", A, "B = ", B)
    print("输出的结果是:", solution.multiply(A, B))
```

4. 运行结果

输入的两个数组是 A=[[1,0,0],[−1,0,3]],B=[[7,0,0],[0,0,0],[0,0,1]]
输出的结果是：[[7,0,0], [−7,0,3]]

例 57

直方图中最大的矩形面积

1. 问题描述

给出 n 个非负整数表示每个直方图的高度,每个直方图的宽均为 1,在直方图中找到最大的矩形面积。

2. 问题示例

给出直方图宽为 1,高度为[2,1,5,6,2,3],如图 1 所示,最大矩形面积如图 2 中的阴影部分所示,含有 10 单位,返回 10。

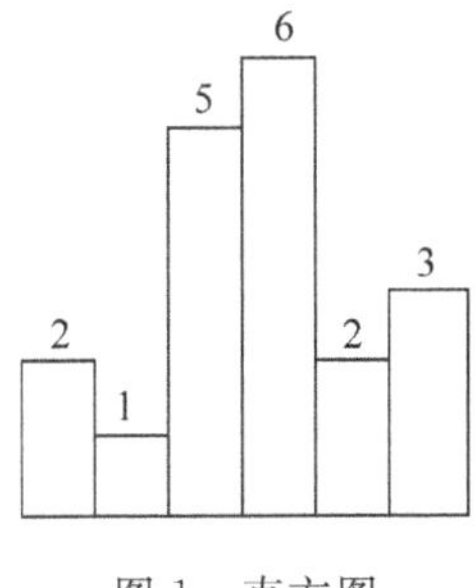

图 1 直方图

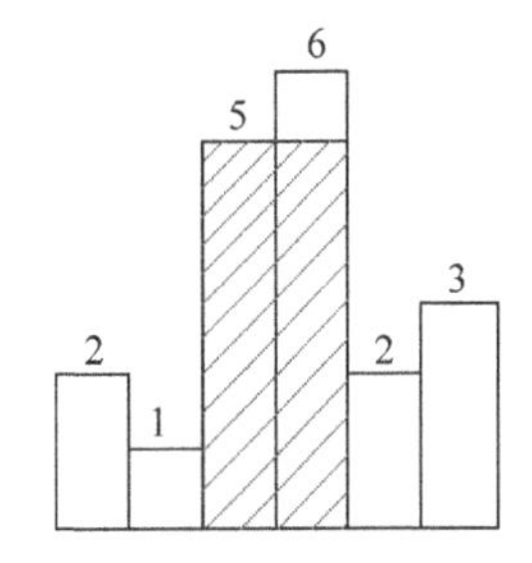

图 2 最大矩形面积

3. 代码实现

```
#参数为一个整数列表
#返回在柱状图中长方形的最大面积
class Solution:
    def largestRectangleArea(self, heights):
        indices_stack = []
        area = 0
        for index, height in enumerate(heights + [0]):
            while indices_stack and heights[indices_stack[-1]] >= height:
                popped_index = indices_stack.pop()
```

```
                left_index = indices_stack[-1] if indices_stack else -1
                width = index - left_index - 1
                area = max(area, width * heights[popped_index])
            indices_stack.append(index)
        return area
#主函数
if __name__ == "__main__":
    heights = [2,1,5,6,2,3]
    #创建对象
    solution = Solution()
    print("输入每个直方图的高度:",heights)
    print("找到的直方图的最大面积:",solution.largestRectangleArea(heights))
```

4. 运行结果

输入每个直方图的高度：[2,1,5,6,2,3]
找到直方图的最大面积是：10

例 58

最大矩形

1. 问题描述

给定一个二维矩阵，元素取值为 0 和 1，找到一个最大的矩形，使得其中的值全部为 1，输出它的面积。

2. 问题示例

矩阵如下：

```
[
  [1, 1, 0, 0, 1],
  [0, 1, 0, 0, 1],
  [0, 0, 1, 1, 1],
  [0, 0, 1, 1, 1],
  [0, 0, 0, 0, 1]
]
```

输出 6。

3. 代码实现

```
#参数为一个布尔类型的二维矩阵
#返回一个整数
class Solution:
    def maximalRectangle(self, matrix):
        if not matrix:
            return 0
        max_rectangle = 0
        heights = [0] * len(matrix[0])
        for row in matrix:
            for index, num in enumerate(row):
                heights[index] = heights[index] + 1 if num else 0
```

```
                max_rectangle = max(
                    max_rectangle,
                    self.find_max_rectangle(heights),
                )
            return max_rectangle
        def find_max_rectangle(self, heights):
            indices_stack = []
            max_rectangle = 0
            for index, height in enumerate(heights + [-1]):
                while indices_stack and heights[indices_stack[-1]] >= height:
                    popped = indices_stack.pop(-1)
                    left_bound = indices_stack[-1] if indices_stack else -1
                    max_rectangle = max(
                        max_rectangle,
                        (index - left_bound - 1) * heights[popped],
                    )
                indices_stack.append(index)
                # print(indices_stack)
            return max_rectangle
#主函数
if __name__ == "__main__":
    matrix = [[1,1,0,0,1],[0,1,0,0,1],[0,0,1,1,1],[0,0,1,1,1],[0,0,0,0,1]]
    #创建对象
    solution = Solution()
    print("输入的布尔类型的二维矩阵是:",matrix)
    print("最大矩阵的面积是:",solution.maximalRectangle(matrix))
```

4. 运行结果

输入的布尔类型的二维矩阵是：[[1,1,0,0,1],[0,1,0,0,1],[0,0,1,1,1],[0,0,1,1,1],[0,0,0,0,1]]

最大矩阵的面积是：6

例 59 排序矩阵中的从小到大第 k 个数

1. 问题描述

本例将在一个排序矩阵中找出从小到大的第 k 个整数。排序矩阵的定义为：每一行递增，每一列也递增。

2. 问题示例

给出 $k=4$ 和一个排序矩阵：

```
[
  [1 ,5 ,7],
  [3 ,7 ,8],
  [4 ,8 ,9]
]
```

返回 5。

3. 代码实现

```python
class Solution:
    def kthSmallest(self, matrix, k):
        if not matrix or not matrix[0] or k == 0:
            return None
        while len(matrix) > 1:
            matrix.append(self.merge(matrix.pop(0), matrix.pop(0)))
        return matrix[0][k - 1]
    def merge(self, nums1, nums2):
        res, index1, index2 = [], 0, 0
        while index1 < len(nums1) or index2 < len(nums2):
            if index1 >= len(nums1):
                res.append(nums2[index2])
                index2 += 1
            elif index2 >= len(nums2):
```

```
                res.append(nums1[index1])
                index1 += 1
            elif nums1[index1] < nums2[index2]:
                res.append(nums1[index1])
                index1 += 1
            else:
                res.append(nums2[index2])
                index2 += 1
        return res
# 创建主函数
if __name__ == "__main__":
    arr = [[1, 5, 7], [3, 7, 8], [4, 8, 9]]
    index = 4
    # 创建对象
    solution = Solution()
    print("输入的数组是:", arr)
    print("运行后的结果是:", solution.kthSmallest(arr, index))
```

4. 运行结果

输入的数组是：[[1,5,7],[3,7,8],[4,8,9]]
运行后的结果是：5

例 60

最大和子数组

1. 问题描述

给定一个整数数组,本例将找到一个具有最大和的子数组,返回其最大和。

2. 问题示例

给出数组[-2,2,-3,4,-1,2,1,-5,3],符合要求的子数组为[4,-1,2,1],其最大和为 6。

3. 代码实现

```
#参数 nums 是一个整数数组
#返回一个整数,代表最大子数组的最大和
import sys
class Solution:
    def maxSubArray(self, nums):
        min_sum, max_sum = 0, - sys.maxsize
        prefix_sum = 0
        for num in nums:
            prefix_sum += num
            max_sum = max(max_sum, prefix_sum - min_sum)
            min_sum = min(min_sum, prefix_sum)
        return max_sum
if __name__ == '__main__':
    temp = Solution()
    nums1 = [-1,-2,3,4,2,2,4,3,-6]
    nums2 = [4,2,1,4,-1,2,7,4,-3]
    print ("输入的数组:" + "[-1,-2,3,4,2,2,4,3,-6]")
    print ("输出:" + str(temp.maxSubArray(nums1)))
```

```
print ("输入的数组:" + '[4,2,1,4, - 1,2,7,4, - 3]')
print ("输出:" + str(temp.maxSubArray(nums2)))
```

4. 运行结果

输入的数组：[−1,−2,3,4,2,2,4,3,−6]
输出：18
输入的数组：[4,2,1,4,−1,2,7,4,−3]
输出：23

例 61

两个不重叠子数组最大和

1. 问题描述

给定一个整数数组，本例将找出两个不重叠子数组，使它们的和最大，并返回最大的和。注意，每个子数组的数字在数组中的位置应该是连续的。

2. 问题示例

给出数组[1, 3, −1, 2, −1, 2]，这两个子数组可以是[1, 3]和[2, −1, 2]，或者[1, 3, −1, 2]和[2]，它们的最大和都是 7。

3. 代码实现

```
#采用 UTF-8 编码格式
#参数 nums 是一个整数数组
#返回一个整数,表示两个不重叠子数组的最大和
class Solution:
    def maxTwoSubArrays(self, nums):
        n = len(nums)
        a = nums[:]
        aa = nums[:]
        for i in range(1, n):
            a[i] = max(nums[i], a[i-1] + nums[i])
            aa[i] = max(a[i], aa[i-1])
        b = nums[:]
        bb = nums[:]
        for i in range(n-2, -1, -1):
            b[i] = max(b[i+1] + nums[i], nums[i])
            bb[i] = max(b[i], bb[i+1])
        mx = -65535
        for i in range(n - 1):
            mx = max(aa[i]+b[i+1], mx)
        return mx
if __name__ == '__main__':
```

```
temp = Solution()
nums1 = [6,5,4,3,2]
nums2 = [2,1,2,1,2,1]
print(("输入:" + str(nums1)))
print(("输出:" + str(temp.maxTwoSubArrays(nums1))))
print(("输入:" + str(nums2)))
print(("输出:" + str(temp.maxTwoSubArrays(nums2))))
```

4. 运行结果

输入：[6,5,4,3,2]

输出：20

输入：[2,1,2,1,2,1]

输出：9

例 62

k 个不重叠子数组最大和

1. 问题描述

给定一个整数数组和一个整数 k，本例将找出 k 个不重叠子数组，使得它们的和最大，并返回最大的和。每个子数组的数字在数组中的位置应该是连续的。

2. 问题示例

给出数组[－1,4,－2,3,－2,3]以及 $k=2$，返回 8。

3. 代码实现

```
#nums为整数列表
#k为不重叠子数组的个数
#返回整数
class Solution:
    def maxSubArray(self, nums, k):
        MIN = - 2 ** 32
        n = len(nums)
        array = [0]
        for num in nums:
            array.append(num)
        ans1 = [[MIN for i in range(k + 1)] for j in range(n + 1)]
        ans2 = [[MIN for i in range(k + 1)] for j in range(n + 1)]
        for i in range(n + 1):
            ans1[i][0] = 0
            ans2[i][0] = 0
        for i in range(1, n + 1):
            for j in range(1, k + 1):
                ans1[i][j] = max(ans1[i - 1][j] + array[i], ans1[i - 1][j - 1] + array[i],
                                 ans2[i - 1][j - 1] + array[i])
                ans2[i][j] = max(ans1[i - 1][j], ans2[i - 1][j])
        return max(ans1[n][k], ans2[n][k])
# 主函数
```

```
if __name__ == '__main__':
    nums = [-1, 4, -2, 3, -2, 3]
    k = 2
    print("初始数组和k值:", nums, k)
    solution = Solution()
    print("不重叠子数组的和:", solution.maxSubArray(nums, k))
```

4. 运行结果

初始数组和k值：[−1,4, −2,3,−2,3] 2

不重叠子数组的和：8

例 63

两个不重叠的子数组最大差

1. 问题描述

给定一个整数数组，本例将找出两个不重叠的子数组 $\boldsymbol{A}$ 和 $\boldsymbol{B}$，使两个子数组之间和、差的绝对值 $|SUM(\boldsymbol{A})-SUM(\boldsymbol{B})|$ 最大，返回这个最大的差值。

2. 问题示例

给出数组[1，2，-3，1]，返回 6。

3. 代码实现

```
#采用 UTF-8 编码格式
#参数 nums 是一个整数数组
#返回值是一个整数,代表了两个子数组之间和、差的最大绝对值
class Solution:
    def maxDiffSubArrays(self, nums):
        n = len(nums)
        mx1 = [0] * n
        mx1[0] = nums[0]
        mn1 = [0] * n
        mn1[0] = nums[0]
        forward = [mn1[0], mx1[0]]
        array_f = [0] * n
        array_f[0] = forward[:]
        for i in range(1, n):
            mx1[i] = max(mx1[i-1] + nums[i], nums[i])
            mn1[i] = min(mn1[i-1] + nums[i], nums[i])
            forward = [min(mn1[i], forward[0]), max(mx1[i], forward[1])]
            array_f[i] = forward[:]
        mx2 = [0] * n
        mx2[n-1] = nums[n-1]
        mn2 = [0] * n
        mn2[n-1] = nums[n-1]
```

```
        backward = [mn2[n - 1], mx2[n - 1]]
        array_b = [0] * n
        array_b[n - 1] = backward[:]
        for i in range(n - 2, - 1, - 1):
            mx2[i] = max(mx2[i + 1] + nums[i], nums[i])
            mn2[i] = min(mn2[i + 1] + nums[i], nums[i])
            backward = [min(mn2[i], backward[0]), max(mx2[i], backward[1])]
            array_b[i] = backward[:]
        result = - 65535
        for i in range(n - 1):
            result = max(result, abs(array_f[i][0] - array_b[i + 1][1]), abs(array_f[i][1] -
array_b[i + 1][0]))
        return result
if __name__ == '__main__':
    temp = Solution()
    nums1 = [5,3,1, - 4]
    nums2 = [3, - 1,6,2]
    print ("输入数组:" + str(nums1))
    print ("输出:" + str(temp.maxDiffSubArrays(nums1)))
    print ("输入数组:" + str(nums2))
    print ("输出:" + str(temp.maxDiffSubArrays(nums2)))
```

4. 运行结果

输入数组：[5,3,1,−4]

输出：13

输入数组：[3,−1,6,2]

输出：9

例 64

两数组的交集 I

1. 问题描述

给出两个数组,本例将求出它们的交集,不包括重复元素。

2. 问题示例

nums1 =[1, 2, 2, 1],***nums2*** =[2, 2],返回[2]。

3. 代码实现

```
#采用 UTF-8 编码格式
#参数 nums1 是一个整数数组
#参数 nums2 是一个整数数组
#返回一个整数数组
class Solution:
    def intersection(self, nums1, nums2):
        return list(set(nums1) & set(nums2))
if __name__ == '__main__':
    temp = Solution()
    List1 = [1,2,3,4]
    List2 = [2,4,6,8]
    print("输入:" + str(List1) + " " + str(List2))
    print(("输出:" + str(temp.intersection(List1,List2))))
```

4. 运行结果

输入:[1,2,3,4] [2,4,6,8]
输出:[2,4]

例 65

两数组的交集Ⅱ

1. 问题描述

给定两个数组,计算两个数组的交集,包括重复元素。

2. 问题示例

给定 ***nums1*** =[1, 2, 2, 1],***nums2*** =[2, 2],返回[2, 2]。

3. 代码实现

```
#采用 UTF-8 编码格式
#参数 nums1 是一个整数数组
#参数 nums2 是一个整数数组
#返回一个整数数组
import collections
class Solution:
    def intersection(self, nums1, nums2):
        counts = collections.Counter(nums1)
        result = []
        for num in nums2:
            if counts[num] > 0:
                result.append(num)
                counts[num] -= 1
        return result
if __name__ == '__main__':
    temp = Solution()
    List1 = [1,2,3,4,5,6]
    List2 = [2,4,6,8,10]
    print(("输入:" + str(List1) + " " + str(List2)))
    print(("输出:" + str(temp.intersection(List1,List2))))
```

4. 运行结果

输入:[1,2,3,4,5,6] [2,4,6,8,10]

输出:[2,4,6]

例 66

乘积小于 k 的子数组

1. 问题描述

给定一个正整数数组 ***nums***，查找子数组，使得每个子数组中元素的乘积都小于 k，输出连续的子数组个数。

2. 问题示例

输入 ***nums***=[10, 5, 2, 6]，k=100，输出 8，有 8 个连续子数组的乘积小于 100，分别为[10]、[5]、[2]、[6]、[10, 5]、[5, 2]、[2, 6]、[5, 2, 6]。

3. 代码实现

```
#采用 UTF-8 编码格式
#nums 的类型是整数数组
#k 的类型是整数
#返回值的类型是整数
from collections import deque
class Solution:
    def numSubarrayProductLessThanK(self, nums, k):
        if not nums:
            return 0
        ans, product, index = 0, 1, 0
        queue = deque()
        while index < len(nums):
            product *= nums[index]
            queue.append(nums[index])
            while product >= k and queue:
                remove = queue.popleft()
                product /= remove
            if queue:
                ans += len(queue)
            index += 1
        return ans
```

```
if __name__ == '__main__':
    temp = Solution()
    List1 = [8,4,3,6,10]
    num = 100
    print("输入:" + str(List1) + " " + str(num))
    print(("输出:" + str(temp.numSubarrayProductLessThanK(List1,num))))
```

4. 运行结果

输入：[8,4,3,6,10] 100

输出：11

例 67

最小和子数组

1. 问题描述

给定一个整数数组，找到一个具有最小和的子数组，返回其最小和。

2. 问题示例

给出数组[1, －1, －2, 1]，返回－3。

3. 代码实现

```
#采用 UTF-8 编码格式
#参数 nums 是一个整数数组
#返回值是一个整数,代表子数组的最小和
class Solution:
    def minSubArray(self, nums):
        sum = 0
        minSum = nums[0]
        maxSum = 0
        for num in nums:
            sum += num
            if sum - maxSum < minSum:
                minSum = sum - maxSum
            if sum > maxSum:
                maxSum = sum
        return minSum
if __name__ == '__main__':
    temp = Solution()
    List1 = [1,-1,-2,1]
    List2 = [3,-2,2,1]
    print("输入:" + str(List1))
```

```
print(("输出:" + str(temp.minSubArray(List1))))
print("输入:" + str(List2))
print(("输出:" + str(temp.minSubArray(List2))))
```

4. 运行结果

输入：[1,－1,－2,1]

输出：－3

输入：[3,－2,2,1]

输出：－2

例 68

连续子数组最大和

1. 问题描述

给定一个整数数组，找出一个连续子数组，使该子数组的和最大。输出结果时，将分别返回第一个数字和最后一个数字的下标（两个相同的答案，返回最先找到的那个）。

2. 问题示例

给定[−3, 1, 3, −3, 4]，返回[1,4]。

3. 代码实现

```
#参数 A 是一个整数数组
#返回一个整数数组，包括第一个数字和最后一个数字的索引
class Solution:
    def continuousSubarraySum(self, A):
        ans = -0x7fffffff
        sum = 0
        start, end = 0, -1
        result = [-1, -1]
        for x in A:
            if sum < 0:
                sum = x
                start = end + 1
                end = start
            else:
                sum += x
                end += 1
            if sum > ans:
                ans = sum
                result = [start, end]
        return result
```

```
# 主函数
if __name__ == "__main__":
    nums = [-3, 1, 3, -3, 4]
    # 创建对象
    solution = Solution()
    print("输入的数组是 :", nums)
    print("使得和最大的子数组是:",solution.continuousSubarraySum(nums))
```

4. 运行结果

输入的数组是：[−3,1,3,−3,4]
使得和最大的子数组是：[1, 4]

例 69

子数组之和为零

1. 问题描述

给定一个整数数组,找到和为零的子数组,返回满足要求的子数组起始位置和结束位置。

2. 问题示例

给出[−3, 1, 2, −3, 4],返回[0, 2]或者[1, 3],至少有一个子数组之和为零。

3. 代码实现

```
#参数 nums 是一个整数数组
#返回值是一个整数数组,包括第一个数字和最后一个数字的索引
class Solution:
    def subarraySum(self, nums):
        prefix_hash = {0: -1}
        prefix_sum = 0
        for i, num in enumerate(nums):
            prefix_sum += num
            if prefix_sum in prefix_hash:
                return prefix_hash[prefix_sum] + 1, i
            prefix_hash[prefix_sum] = i
        return -1, -1
# 主函数
if __name__ == "__main__":
    nums = [-3, 1, 2, -3, 4]
    # 创建对象
    solution = Solution()
    print("初始化的数组是:", nums)
    print("和为零的子数组是:", solution.subarraySum(nums))
```

4. 运行结果

初始化的数组是:[−3,1,2,−3,4]

和为零的子数组是:(0,2)

例 70

数 组 划 分

1. 问题描述

给出一个整数数组 ***nums*** 和一个整数 k。划分数组(即移动数组 ***nums*** 中的元素),使得:①所有小于 k 的元素移到左边;②所有大于等于 k 的元素移到右边。返回数组划分的位置,即数组中第一个位置 i,满足 $nums[i] \geq k$。

2. 问题示例

给出数组 ***nums***=[3,2,2,1]和 k=2,返回 1。

3. 代码实现

```
#采用 UTF-8 编码格式
#参数 nums 是应该划分的整数数组
#参数 k 是描述中的参数
#返回划分后数组的索引
class Solution:
    def partitionArray(self, nums, k):
        start, end = 0, len(nums) - 1
        while start <= end:
            while start <= end and nums[start] < k:
                start += 1
            while start <= end and nums[end] >= k:
                end -= 1
            if start <= end:
                nums[start], nums[end] = nums[end], nums[start]
                start += 1
                end -= 1
        return start
if __name__ == '__main__':
```

```
temp = Solution()
List1 = [5,1,4,2,3]
num = 2
print(("输入:" + str(List1) + " " + str(num)))
print(("输出:" + str(temp.partitionArray(List1,num))))
```

4. 运行结果

输入：[5,1,4,2,3] 2
输出：1

例 71

数组中的 *k-diff* 对的数量

1. 问题描述

给定一个整数数组和一个整数 k,这里 k-$diff$ 对被定义为整数对(i, j),其中 i 和 j 都是数组中的数字,它们的绝对差是 k,本例将找到数组中 k-$diff$ 对的数量。

2. 问题示例

输入[3, 1, 4, 1, 5],$k=2$,输出 2,数组中有两个 2-$diff$ 对,(1, 3)和(3, 5)。虽然在输入中有两个 1,但只返回唯一对的数量。

输入[1, 2, 3, 4, 5],$k=1$,输出 4,数组中有四个 1-$diff$ 对,(1, 2),(2, 3),(3, 4)和(4, 5)。

输入[1, 3, 1, 5, 4],$k=0$,输出 1,数组中有一个 0-$diff$ 对,(1, 1)。

3. 代码实现

```
#采用 UTF-8 编码格式
class Solution:
    def findPairs(self, nums, k):
        if k > 0:
            return len(set(nums) & set(n + k for n in nums))
        if k == 0: #计数所有出现的数字> 1
            return sum(v > 1 for v in collections.Counter(nums).values())
        return 0
if __name__ == '__main__':
    temp = Solution()
    List1 = [6,3,4,2,5,1]
    num = 2
    print(("输入:" + str(List1) + " " + str(num)))
    print(("输出:" + str(temp.findPairs(List1,num))))
```

4. 运行结果

输入:[6, 3, 4, 2, 5, 1]　2

输出:4

例 72

删除排序数组中的重复数字

1. 问题描述

给定一个排序数组,在原数组中删除重复出现的数字,使得每个元素只出现一次,并且返回新数组的长度,必须在没有额外数组空间的条件下完成。

2. 问题示例

给出数组 **A**=[1,1,2],返回长度 2,此时 **A**=[1,2]。

3. 代码实现

```
#采用 UTF-8 编码格式
#参数 A 是一个整数数组
#返回一个整数
class Solution:
    def removeDuplicates(self, A):
        if A == []:
            return 0
        index = 0
        for i in range(1, len(A)):
            if A[index] != A[i]:
                index += 1
                A[index] = A[i]
        return index + 1
if __name__ == '__main__':
    temp = Solution()
    List1 = [1,2,3]
    List2 = [2,5,1,3]
    print(("输入:" + str(List1)))
    print(("输出:" + str(temp.removeDuplicates(List1))))
```

```
print(("输入:" + str(List2)))
print(("输出:" + str(temp.removeDuplicates(List2))))
```

4. 运行结果

输入：[1,2,3]

输出：3

输入：[2,5,1,3]

输出：4

例 73 和大于定值的最小长度子数组

1. 问题描述

给定由 n 个正整数组成的数组和一个正整数 s，本例将找出该数组中满足和大于等于 s 的最小长度子数组，如果无解，则返回－1。

2. 问题示例

给定数组[2,3,1,2,4,3]和 $s=7$，子数组[4,3]是该条件下的最小长度子数组。

3. 代码实现

```
#采用 UTF-8 编码格式
#参数 nums 是一个整数数组
#参数 s 是一个整数
#返回一个整数,代表子数组最小长度
class Solution:
    def minimumSize(self, nums, s):
        if nums is None or len(nums) == 0:
            return -1
        n = len(nums)
        minLength = n + 1
        sum = 0
        j = 0
        for i in range(n):
            while j < n and sum < s:
                sum += nums[j]
                j += 1
            if sum >= s:
                minLength = min(minLength, j - i)
            sum -= nums[i]
        if minLength == n + 1:
            return -1
        return minLength
```

```
if __name__ == '__main__':
    temp = Solution()
    List1 = [1,2,3,4,5]
    nums1 = 10
    print(("输入:" + str(List1) + " " + str(nums1)))
    print(("输出:" + str(temp.minimumSize(List1,nums1))))
```

4. 运行结果

输入：[1,2,3,4,5] 10

输出：3

例 74

最大平均值子数组

1. 问题描述

给出一个整数数组，元素取值有正有负，找到一个子数组，其长度大于等于 k，且平均值最大。

2. 问题示例

给出 ***nums***=[1, 12, −5, −6, 50, 3]，k=3，返回 15.667，即(−6 + 50 + 3)/3=15.667。

3. 代码实现

```
#采用 UTF-8 编码格式
#参数 nums 是一个包含正数和负数的数组
#参数 k 是一个整数
#返回最大的平均值
class Solution:
    def maxAverage(self, nums, k):
        if not nums:
            return 0
        start, end = min(nums), max(nums)
        while end - start > 1e-5:
            mid = (start + end) / 2
            if self.check_subarray(nums, k, mid):
                start = mid
            else:
                end = mid
        return start
    def check_subarray(self, nums, k, average):
        prefix_sum = [0]
        for num in nums:
            prefix_sum.append(prefix_sum[-1] + num - average)
        min_prefix_sum = 0
        for i in range(k, len(nums) + 1):
```

```
            if prefix_sum[i] - min_prefix_sum >= 0:
                return True
            min_prefix_sum = min(min_prefix_sum, prefix_sum[i - k + 1])
        return False
if __name__ == '__main__':
    temp = Solution()
    nums = [5,3,-4,6,-7,2,-1]
    k = 5
    print(("输入:" + str(nums) + " " + str(k)))
    print(("输出:" + str(temp.maxAverage(nums,k))))
```

4. 运行结果

输入：[5,3,−4,6,−7,2,−1] 5
输出：0.8333301544189453

例 75　搜索旋转排序数组中的最小值 I

1. 问题描述

假设一个旋转排序数组的起始位置是未知的(例如,[0, 1, 2, 4, 5, 6, 7],可能旋转变成[4, 5, 6, 7, 0, 1, 2]),需要找到其中最小的元素,假设数组中不存在重复的元素。

2. 问题示例

给出[4,5,6,7,0,1,2],返回 0。

3. 代码实现

```
#采用 UTF-8 编码格式
#参数 nums 是一个旋转排序过的数组
#返回值是数组中最小的数字
class Solution:
    def findMin(self, nums):
        if not nums:
            return -1
        start, end = 0, len(nums) - 1
        target = nums[-1]
        while start + 1 < end:
            mid = (start + end) // 2
            if nums[mid] <= target:
                end = mid
            else:
                start = mid
        return min(nums[start], nums[end])
if __name__ == '__main__':
    temp = Solution()
    List1 = [1,2,3,4,5]
    List2 = [6,7,8,9,10]
```

```
print(("输入:" + str(List1)))
print(("输出:" + str(temp.findMin(List1))))
print(("输入:" + str(List2)))
print(("输出:" + str(temp.findMin(List2))))
```

4. 运行结果

输入：[1,2,3,4,5]
输出：1
输入：[6,7,8,9,10]
输出：6

例 76

搜索旋转排序数组中的最小值Ⅱ

1. 问题描述

假设一个旋转排序数组的起始位置是未知的(例如,[0, 1, 2, 4, 5, 6, 7],可能旋转变成[4, 5, 6, 7, 0, 1, 2]),需要找到其中最小的元素,数组中可能存在重复的元素。

2. 问题示例

给出[4,4,5,6,7,0,1,2],返回 0。

3. 代码实现

```
#采用 UTF-8 编码格式
#参数 num 是一个旋转排序过的数组
#返回值是数组中的最小元素
class Solution:
    def findMin(self, num):
        min = num[0]
        start, end = 0, len(num) - 1
        while start < end:
            mid = (start + end)//2
            if num[mid]> num[end]:
                start = mid + 1
            elif num[mid]< num[end]:
                end = mid
            else:
                end = end - 1
        return num[start]
if __name__ == '__main__':
    temp = Solution()
```

```
List1 = [1,2,4,5,6,7,8]
print(("输入:" + str(List1)))
print(("输出:" + str(temp.findMin(List1))))
```

4. 运行结果

输入：[1,2,4,5,6,7,8]

输出：1

例 77

搜索旋转排序数组目标值Ⅰ

1. 问题描述

假设有一个按未知旋转轴旋转的数组(例如,[0,1,2,4,5,6,7],可能旋转变成[4,5,6,7,0,1,2])。给定一个目标值进行搜索,如果在数组中找到目标值,则返回数组中的索引位置,否则返回－1。假设数组中不存在重复的元素。

2. 问题示例

给出[4,5,1,2,3]和 *target*＝1,返回 2;给出[4,5,1,2,3]和 *target*＝0,返回－1。

3. 代码实现

```
#采用 UTF-8 编码格式
#参数 A 是旋转排序过的整数数组
#参数 target 是要被搜索的整数
#返回值是一个整数
class Solution:
    def search(self, A, target):
        if not A:
            return -1
        start, end = 0, len(A) - 1
        while start + 1 < end:
            mid = (start + end) // 2
            if A[mid] >= A[start]:
                if A[start] <= target <= A[mid]:
                    end = mid
                else:
                    start = mid
            else:
                if A[mid] <= target <= A[end]:
                    start = mid
                else:
                    end = mid
```

```
        if A[start] == target:
            return start
        if A[end] == target:
            return end
        return -1
if __name__ == '__main__':
    temp = Solution()
    List1 = [1,2,3,4,5]; k1 = 5
    List2 = [6,7,8,9,10]; k2 = 8
    print(("输入: " + str(List1) + " " + str(k1)))
    print(("输出: " + str(temp.search(List1,k1))))
    print(("输入: " + str(List2) + " " + str(k2)))
    print(("输出: " + str(temp.search(List2,k2))))
```

4. 运行结果

输入：[1,2,3,4,5] 5

输出：4

输入：[6,7,8,9,10] 8

输出：2

例 78

搜索旋转排序数组目标值Ⅱ

1. 问题描述

搜索旋转排序数组问题与例 77 相似，但数组中存在重复元素，本例将判断给定的目标值是否出现在数组中。

2. 问题示例

给出[3,4,4,5,7,0,1,2]和 *target*=4，返回 True。

3. 代码实现

```
#采用 UTF-8 编码格式
#参数 A 是一个整数数组，允许排序和重复
#参数 target 是一个被搜索的目标整数
#返回一个布尔值
class Solution:
    def search(self, A, target):
        for num in A:
            if num == target:
                return True
        return False
if __name__ == '__main__':
    temp = Solution()
    List1 = [1,2,4,5,6,7,8]
    target = 5
    print(("输入: " + str(List1) + " " + str(target)))
    print(("输出: " + str(temp.search(List1,target))))
```

4. 运行结果

输入：[1,2,4,5,6,7,8] 5

输出：True

例 79

和最接近零的子数组

1. 问题描述

给定一个整数数组,找到一个和最接近于零的子数组,返回满足要求的子数组起始位置和结束位置。

2. 问题示例

给出[—3,1,1,—3,5],返回[0,2]、[1,3]、[1,1]、[2,2]或者[0,4]。

3. 代码实现

```
#参数 nums 是一个整数数组
#参数 A 是一个整数数组,代表第一个数字和最后一个数字的索引
import sys
class Solution:
    def subarraySumClosest(self, nums):
        prefix_sum = [(0, -1)]
        for i, num in enumerate(nums):
            prefix_sum.append((prefix_sum[-1][0] + num, i))
        prefix_sum.sort()
        closest, answer = sys.maxsize, []
        for i in range(1, len(prefix_sum)):
            if closest > prefix_sum[i][0] - prefix_sum[i - 1][0]:
                closest = prefix_sum[i][0] - prefix_sum[i - 1][0]
                left = min(prefix_sum[i - 1][1], prefix_sum[i][1]) + 1
                right = max(prefix_sum[i - 1][1], prefix_sum[i][1])
                answer = [left, right]
        return answer
# 主函数
```

```
if __name__ == '__main__':
    nums = [-3, 1, 1, -3, 5]
    print("初始数组:", nums)
    solution = Solution()
    print("结果:", solution.subarraySumClosest(nums))
```

4. 运行结果

初始数组：[−3,1,1,−3,5]
结果：[1,3]

例 80

两个整数数组的最小差

1. 问题描述

给定两个整数数组(第一个是数组 $\boldsymbol{A}$,第二个是数组 $\boldsymbol{B}$),在数组 $\boldsymbol{A}$ 中取 $\boldsymbol{A}[i]$,数组 $\boldsymbol{B}$ 中取 $\boldsymbol{B}[j]$,返回 $\boldsymbol{A}[i]$和 $\boldsymbol{B}[j]$两者的最小差值 $\boldsymbol{A}[i]-\boldsymbol{B}[j]$,返回最小差。

2. 问题示例

给定数组 $\boldsymbol{A}=[3,4,6,7]$,$\boldsymbol{B}=[2,3,8,9]$,返回 0。

3. 代码实现

```
#采用 UTF-8 编码格式
#参数 A、B 是两个整数数组
#返回一个整数
class Solution:
    def smallestDifference(self, A, B):
        C = []
        for x in A:
            C.append((x, 'A'))
        for x in B:
            C.append((x, 'B'))
        C.sort()
        diff = 0x7fffffff
        cnt = len(C)
        for i in range(cnt - 1):
            if C[i][1] != C[i + 1][1]:
                diff = min(diff, C[i + 1][0] - C[i][0])
        return diff
if __name__ == '__main__':
    temp = Solution()
```

```
List1 = [5,6,4,2,3]
List2 = [1,1,1,1,1]
print(("输入:" + str(List1) + " " + str(List2)))
print(("输出:" + str(temp.smallestDifference(List1,List2))))
```

4. 运行结果

输入：[5,6,4,2,3] [1,1,1,1,1]
输出：1

例 81

数组中的相同数字

1. 问题描述

给出一个数组，如果数组中存在相同数字，且相同数字的距离小于给定值 k，则输出 YES，否则输出 NO。

2. 问题示例

给出 $\boldsymbol{array}$=[1,2,3,1,5,9,3]，$k=4$，返回 YES，索引为 3 的 1 和索引为 0 的 1 距离为 3，满足题意。给出 $\boldsymbol{array}$=[1,2,3,5,7,1,5,1,3]，$k=4$，返回 YES，索引为 7 的 1 和索引为 5 的 1 距离为 2，满足题意。注意输入的数组长度为 n，保证 $n\leqslant 100000$；数组元素的值为 x，$0\leqslant x\leqslant 1e9$，输入的 k 满足 $1\leqslant k<n$。

3. 代码实现

```
#参数 nums 是数组
#参数 k 是相同数字之间的距离
#返回这个答案的结果
class Solution:
    def sameNumber(self, nums, k):
        vis = {}
        n = len(nums)
        for i in range(n):
            x = nums[i]
            if x in vis:
                if i - vis[x] < k:
                    return "YES"
            vis[x] = i
        return "NO"
# 主函数
if __name__ == "__main__":
    nums = [1,2,3,1,5,9,3]
```

```
k = 4
#创建对象
solution = Solution()
print("输入的数组是:",nums,"给定的 k = ",k)
print("输出的结果是:",solution.sameNumber(nums,k))
```

4. 运行结果

输入的数组是：[1,2,3,1,5,9,3]，给定的 k=4
输出的结果是：YES

例 82

翻转数组

1. 问题描述

原地翻转给出的数组 ***nums***,注意原地意味着不能使用额外空间。

2. 问题示例

给出 ***nums***=[1,2,5],返回[5,2,1]。

3. 代码实现

```
#参数为一个整数数组
#返回翻转后的数组
class Solution:
    def reverseArray(self, nums):
        start = 0
        end = -1
        for _ in range(len(nums)//2):
            nums[start], nums[end] = nums[end], nums[start]
            start += 1
            end -= 1
        return nums
#主函数
if __name__ == "__main__":
    nums = [1,2,5]
    #创建对象
    solution = Solution()
    print("输入的数组是:",nums)
    print("翻转之后的结果是:",solution.reverseArray(nums))
```

4. 运行结果

输入的数组是:[1,2,5]
翻转之后的结果是:[5,2,1]

例 83

奇偶分割数组

1. 问题描述

分割一个整数数组,使得奇数在前,偶数在后。

2. 问题示例

给定[1,2,3,4],返回[1,3,2,4],注意在原数组中完成,不使用额外空间。

3. 代码实现

```
#参数 nums 是一个整数数组
#返回分割后的数组
class Solution:
    def partitionArray(self, nums):
        start, end = 0, len(nums) - 1
        while start < end:
            while start < end and nums[start] % 2 == 1: start += 1
            while start < end and nums[end] % 2 == 0: end -= 1
            if start < end:
                nums[start], nums[end] = nums[end], nums[start]
                start += 1
                end -= 1
        return nums
#主函数
if __name__ == "__main__":
    nums = [1, 2, 3, 4]
    #创建对象
    solution = Solution()
    print("输入的数组是:",nums)
    print("奇偶分割数组后的结果是:",solution.partitionArray(nums))
```

4. 运行结果

输入的数组是:[1,2,3,4]

奇偶分割数组后的结果是:[1,3,2,4]

例 84 判断字符串中的重复字符

1. 问题描述

本例将判断字符串中的字符是否都是唯一出现。

2. 问题示例

给出"abc",返回 True;给出"aab",返回 False。

3. 代码实现

```
#参数 str 是一个字符串
#返回一个布尔值
class Solution:
    def isUnique(self, str):
        if len(str) > len(set(str)):
            return False
        else:
            return True
# 主函数
if __name__ == "__main__":
    str = "abc"
    # 创建对象
    solution = Solution()
    print("输入的字符串是:", str)
    print("输出的结果是:", solution.isUnique(str))
```

4. 运行结果

输入的字符串是：abc

输出的结果是：True

例 85

最长无重复字符的子字符串

1. 问题描述

给定一个字符串,本例将找出其中无重复字符的最长子字符串。

2. 问题示例

在“abcabcbb”中,无重复字符的最长子字符串是“abc”,其长度为3。在“bbbbb”中,无重复字符的最长子字符串为“b”,其长度为1。

3. 代码实现

```
#采用 UTF-8 编码格式
#参数 s 是一个字符串
#返回值是一个整数
class Solution:
    def lengthOfLongestSubstring(self, s):
        unique_chars = set([])
        j = 0
        n = len(s)
        longest = 0
        for i in range(n):
            while j < n and s[j] not in unique_chars:
                unique_chars.add(s[j])
                j += 1
            longest = max(longest, j - i)
            unique_chars.remove(s[i])
        return longest
if __name__ == '__main__':
    temp = Solution()
    string1 = "abccd"
    string2 = "hahah"
```

```
print(("输入:" + string1))
print(("输出:" + str(temp.lengthOfLongestSubstring(string1))))
print(("输入:" + string2))
print(("输出:" + str(temp.lengthOfLongestSubstring(string2))))
```

4. 运行结果

输入：abccd

输出：3

输入：hahah

输出：2

例 86

最长回文子字符串

1. 问题描述

给出一个字符串(假设最长为 1000),求出它的最长回文子串,假设只有一个满足条件的最长回文串。

2. 问题示例

给出字符串"abcdzdcab",它的最长回文子字符串为"cdzdc"。

3. 代码实现

```
#采用 UTF-8 编码格式
#参数 s 是一个输入的字符串
#返回值是最长的回文子字符串
class Solution:
    def longestPalindrome(self, s):
        if not s:
            return ""
        longest = ""
        for middle in range(len(s)):
            sub = self.find_palindrome_from(s, middle, middle)
            if len(sub) > len(longest):
                longest = sub
            sub = self.find_palindrome_from(s, middle, middle + 1)
            if len(sub) > len(longest):
                longest = sub
        return longest
    def find_palindrome_from(self, string, left, right):
        while left >= 0 and right < len(string) and string[left] == string[right]:
            left -= 1
            right += 1
        return string[left + 1:right]
if __name__ == '__main__':
```

```
temp = Solution()
string1 = "abcdedcb"
string2 = "qwerfdfdfg"
print(("输入:" + string1))
print(("输出:" + str(temp.longestPalindrome(string1))))
print(("输入:" + string2))
print(("输出:" + str(temp.longestPalindrome(string2))))
```

4. 运行结果

输入：abcdedcb
输出：bcdedcb
输入：qwerfdfdfg
输出：fdfdf

例 87

将字符串转换为整数

1. 问题描述

实现将一个字符串转换为整数，如果没有合法的整数，则返回 0；如果超出了 32 位整数的范围，则正整数返回 INT_MAX(2147483647)，负整数返回 INT_MIN(−2147483648)。

2. 问题示例

"10"转换为 10，"−1" 转换为−1。

3. 代码实现

```
#采用 UTF-8 编码格式
#去首尾空格判读正负号，转换时注意范围
import sys
class Solution(object):
    def atoi(self, str):
        str = str.strip()
        if str == "" :
            return 0
        i = 0
        sign = 1
        ret = 0
        length = len(str)
        MaxInt = (1 << 31) - 1
        if str[i] == '+':
            i += 1
        elif str[i] == '-' :
            i += 1
            sign = -1
        for i in range(i, length) :
            if str[i] < '0' or str[i] > '9' :
                break
            ret = ret * 10 + int(str[i])
```

```
                if ret > sys.maxsize:
                    break
            ret *= sign
            if ret >= MaxInt:
                return MaxInt
            if ret < MaxInt * -1 :
                return MaxInt * - 1 - 1
            return ret
if __name__ == '__main__':
    temp = Solution()
    string1 = "150"
    string2 = "32"
    print(("输入:" + string1))
    print(("输出:" + str(temp.atoi(string1))))
    print(("输入:" + string2))
    print(("输出:" + str(temp.atoi(string2))))
```

4. 运行结果

输入：150

输出：150

输入：32

输出：32

例 88

字符串查找

1. 问题描述

对于一个给定的源字符串和一个目标字符串，在源字符串中找出目标字符串出现的第一个位置（从 0 开始），如果源字符串里包含目标字符串的内容，则返回目标字符串在源字符串里第一次出现的位置；如果不存在，则返回−1。

2. 问题示例

输入 *source*＝"source"，*target*＝"target"，输出 −1；输入 *source*＝"abcdabcdefg"，*target*＝"bcd"，输出 1。

3. 代码实现

```
#采用 UTF-8 编码格式
class Solution:
    def strStr(self, source, target):
        if source is None or target is None:
            return -1
        len_s = len(source)
        len_t = len(target)
        for i in range(len_s - len_t + 1):
            j = 0
            while (j < len_t):
                if source[i + j] != target[j]:
                    break
                j += 1
            if j == len_t:
                return i
        return -1
if __name__ == '__main__':
```

```
temp = Solution()
string1 = "abcd"
string2 = "cd"
print(("输入:" + string1 + " " + string2))
print(("输出:" + str(temp.strStr(string1,string2))))
```

4. 运行结果

输入：abcd　cd
输出：2

例 89

子字符串的判断

1. 问题描述

给定两个字符串 s_1 和 s_2，如果 s_2 包含 s_1 的排列，则返回 True，即第一个字符串的排列方式之一是第二个字符串的子字符串；如果不包含，则返回 False。

2. 问题示例

输入 s_1＝“ab”，s_2＝“eidbaooo”，输出 True，s_2 包含 $s1$ 的一个排列（“ba”）；输入 s_1＝“ab”，s_2＝“eidboaoo”，输出 False。

3. 代码实现

```
#采用 UTF-8 编码格式
#参数 s1 是一个字符串
#参数 s2 是一个字符串
#返回值判断 s2 是否包含 s1 的排列
import collections
class Solution:
    def checkInclusion(self, s1, s2):
        len1, len2 = len(s1), len(s2)
        if not s2 or len2 < len1:
            return False
        if not s1:
            return True
        #与 s1 的排列相比，当前窗口缺少字符(-)或有太多的字符(+)
        window_diff = collections.defaultdict(int)
        for c in s1:
            window_diff[c] -= 1
        for i in range(len1):
            char = s2[i]
            window_diff[char] += 1
            if window_diff[char] == 0:
                window_diff.pop(char)
```

```
        if len(window_diff) == 0:
            return True
        for i in range(len1, len2):
            char = s2[i]
            char2rm = s2[i - len1]
            window_diff[char] += 1
            window_diff[char2rm] -= 1
            if window_diff[char] == 0:
                window_diff.pop(char)
            if window_diff[char2rm] == 0:
                window_diff.pop(char2rm)
            if len(window_diff) == 0:
                return True
        return False
if __name__ == '__main__':
    temp = Solution()
    string1 = "abc"
    string2 = "dauwkbfyacb"
    print("输入:" + string1 + " " + string2)
    print(("输出:" + str(temp.checkInclusion(string1,string2))))
```

4. 运行结果

输入：abc　dauwkbfyacb

输出：True

例 90

翻转字符串中的单词

1. 问题描述

给定一个字符串，逐个翻转字符串中的每个单词。

2. 问题示例

给出 s="the sky is blue"，返回"blue is sky the"。

3. 代码实现

```
#采用 UTF-8 编码格式
#参数 s 是一个字符串
#返回一个字符串
class Solution:
    def reverseWords(self, s):
        return ' '.join(reversed(s.strip().split()))
if __name__ == '__main__':
    temp = Solution()
    string1 = "hello world"
    string2 = "python learning"
    print(("输入:" + string1))
    print(("输出:" + temp.reverseWords(string1)))
    print(("输入:" + string2))
    print(("输出:" + temp.reverseWords(string2)))
```

4. 运行结果

输入：hello world
输出：world hello
输入：python learning
输出：learning python

例 91

乱序字符串

1. 问题描述

给定一个字符串数组 s,找到其中所有的乱序字符串。如果一个字符串是乱序的,那么它存在一个字母相同,但排列顺序不同的集合。

2. 问题示例

对于字符串数组["abcd","acdb","bcda","qwe"],返回["abcd","acdb","bcda"]。

3. 代码实现

```
#采用 UTF-8 编码格式
#参数 strs 是一个字符串
#返回一个字符串
class Solution:
    def anagrams(self, strs):
        dict = {}
        for word in strs:
            sortedword = ''.join(sorted(word))
  dict[sortedword] = [word] if sortedword not in dict else dict[sortedword] + [word]
        res = []
        for item in dict:
            if len(dict[item]) >= 2:
                res += dict[item]
        return res
if __name__ == '__main__':
    temp = Solution()
    List1 = ["abcd","bcad","dabc","etc"]
    List2 = ["mkji","ijkm","kjim","imjk"]
    print(("输入:" + str(List1)))
```

```
print(("输出:" + str(temp.anagrams(List1))))
print(("输入:" + str(List2)))
print(("输出:" + str(temp.anagrams(List2))))
```

4. 运行结果

输入：["abcd","bcad","dabc","etc"]
输出：["abcd","bcad","dabc"]
输入：["mkji","ijkm","kjim","imjk"]
输出：["mkji","ijkm","kjim","imjk"]

例 92

比较字符串

1. 问题描述

给出两个字符串,找到缺少字符串的部分。

2. 问题示例

给出一个字符串 *str*1＝This is an example 和另一个字符串 *str*2＝is example,返回["This","an"]。

3. 代码实现

```
#参数 str1 是一个给定的字符串
#参数 str2 是另一个给定的字符串
#返回一个丢失字符串的列表
class Solution:
    def missingString(self, str1, str2):
        result = []
        dict = set(str2.split())
        for word in str1.split():
            if word not in dict:
                result.append(word)
        return result
# 主函数
if __name__ == "__main__":
    str1 = "This is an example"
    str2 = "is example"
    # 创建对象
    solution = Solution()
    print("输入的两个字符串是 str1 = ", str1, "str2 = ", str2)
    print("输出的结果是:", solution.missingString(str1, str2))
```

4. 运行结果

输入的两个字符串是：str1＝"This is an example str2＝is example"

输出的结果是：["This", "an"]

例 93

攀爬字符串

1. 问题描述

给定一个字符串 $s1$，将其递归地分割成两个非空子字符串，从而将其表示为二叉树。下面是 $s1$＝“great”的一个可能表达：

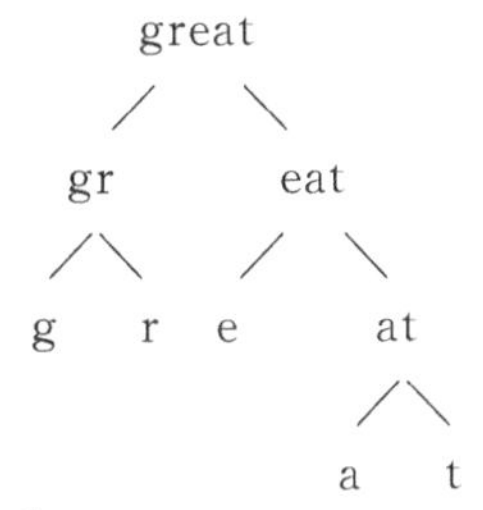

在攀爬字符串的过程中，可以选择其中任意一个非叶节点，然后交换该节点的两个子树。例如，选择“gr”节点，并将该节点的两个子树进行交换，从而产生攀爬字符串“rgeat”。

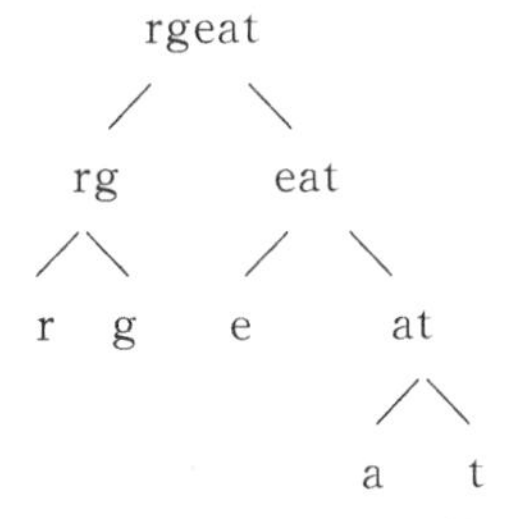

“rgeat”是“great”的一个攀爬字符串，如果继续将其节点“eat”和“at”进行交换，就会产生新的攀爬字符串“rgtae”，同样，“rgtae”也是“great”的一个攀爬字符串。

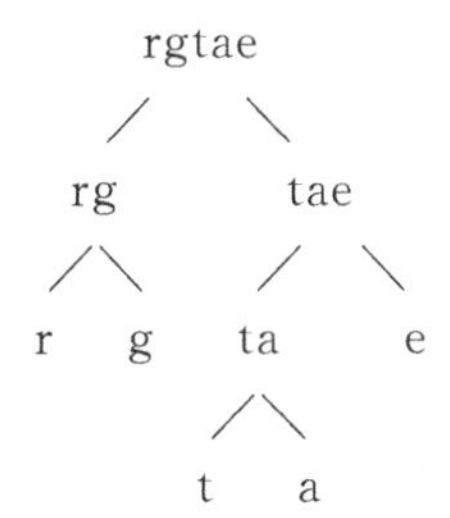

本例将给定两个相同长度的字符串 $s1$ 和 $s2$，判断 $s2$ 是否为 $s1$ 的攀爬字符串，如果是则返回 True，不是则返回 False。

2. 问题示例

输入：
"great"
"rgeat"
输出：True

3. 代码实现

```
#返回布尔值
class Solution:
    def isScramble(self, s1, s2):
        if len(s1) != len(s2): return False
        if s1 == s2: return True
        l1 = list(s1);
        l2 = list(s2)
        l1.sort();
        l2.sort()
        if l1 != l2: return False
        length = len(s1)
        for i in range(1, length):
            if self.isScramble(s1[:i], s2[:i]) and self.isScramble(s1[i:], s2[i:]):
return True
            if self.isScramble(s1[:i], s2[length - i:]) and self.isScramble(s1[i:], s2[:
length - i]): return True
        return False
# 主函数
if __name__ == '__main__':
    s1, s2 = "great", "rgeat"
    print("字符串 s1:", s1)
    print("字符串 s2:", s2)
    solution = Solution()
    print("s2 是否为 s1 的攀爬字符串:", solution.isScramble(s1, s2))
```

4. 运行结果

字符串 s1：great
字符串 s2：rgeat
s2 是否为 s1 的攀爬字符串：True

例 94

交叉字符串

1. 问题描述

给出三个字符串：*s*1、*s*2、*s*3，判断 *s*3 是否由 *s*1 和 *s*2 交叉构成，如果 *s*3 是交叉构成，则返回 True，如果不是，则返回 False。

2. 问题示例

*s*1＝"aabcc"，*s*2＝"dbbca"，当 *s*3＝"aadbbcbcac"时，返回 True；当 *s*3＝"aadbbbaccc"时，返回 False。

3. 代码实现

```
#参数 s1、s2、s3 是三个描述中提到的字符串
#返回值：如果 s3 是由 s1 和 s2 的交叉形成的，则返回 True;如果不是，则返回 False
#可以使用[[True] * m 表示范围(n)]中的 i 来分配一个 n×m 矩阵
class Solution:
    def isInterleave(self, s1, s2, s3):
        if s1 is None or s2 is None or s3 is None:
            return False
        if len(s1) + len(s2) != len(s3):
            return False
        interleave = [[False] * (len(s2) + 1) for i in range(len(s1) + 1)]
        interleave[0][0] = True
        for i in range(len(s1)):
            interleave[i + 1][0] = s1[:i + 1] == s3[:i + 1]
        for i in range(len(s2)):
            interleave[0][i + 1] = s2[:i + 1] == s3[:i + 1]
        for i in range(len(s1)):
            for j in range(len(s2)):
                interleave[i + 1][j + 1] = False
                if s1[i] == s3[i + j + 1]:
                    interleave[i + 1][j + 1] = interleave[i][j + 1]
                if s2[j] == s3[i + j + 1]:
```

```
                    interleave[i + 1][j + 1] |= interleave[i + 1][j]
        return interleave[len(s1)][len(s2)]
# 主函数
if __name__ == '__main__':
    s1 = "aabcc"
    s2 = "dbbca"
    s3 = "aadbbcbcac"
    print("数组 s1:", s1)
    print("数组 s2:", s2)
    print("数组 s3:", s3)
    solution = Solution()
    print("数组是否交叉:", solution.isInterleave(s1, s2, s3))
```

4. 运行结果

数组 s1：aabcc

数组 s2：dbbca

数组 s3：aadbbcbcac

数组是否交叉：True

例 95

字符串解码

1. 问题描述

给出一个表达式 s,此表达式包括数字、字母以及方括号。在方括号前的数字表示方括号内容的重复次数,方括号里的内容可以是字符串或另一个表达式,本例将这个表达式展开为一个字符串。

2. 问题示例

s=abc3[a],返回 abcaaa; s=3[abc],返回 abcabcabc; s=4[ac]dy,返回 acacacacdy; s=3[2[ad]3[pf]]xyz,返回 adadpfpfpfadadpfpfpfadadpfpfpfxyz。

3. 代码实现

```
#参数 s 是一个表达式,包括数组、字母和方括号
#返回值是一个字符串
class Solution:
    def expressionExpand(self, s):
        stack = []
        for c in s:
            if c != ']':
                stack.append(c)
                continue
            strs = []
            while stack and stack[-1] != '[':
                strs.append(stack.pop())
            # 跳过'['
            stack.pop()
            repeats = 0
            base = 1
            while stack and stack[-1].isdigit():
                repeats += (ord(stack.pop()) - ord('0')) * base
                base *= 10
```

```
            stack.append(''.join(reversed(strs)) * repeats)
        return ''.join(stack)
# 主函数
if __name__ == "__main__":
    expression = "4[ac]dy"
    # 创建对象
    solution = Solution()
    print("输入的表达式是:", expression)
    print("展开的字符串是:", solution.expressionExpand(expression))
```

4. 运行结果

输入的表达式是：4[ac]dy
展开的字符串是：acacacacdy

例 96

最小子字符串覆盖

1. 问题描述

给定一个源字符串和一个目标字符串，在源字符串中找到包括所有目标字符串字母的最短子串。如果在 *source* 中没有这样的子串，则返回“”；如果有多个这样的子串，则保证在 *source* 中始终只有一个唯一的最短子串；目标字符串可能包含重复字符，最小窗口应覆盖所有字符，包括目标中的重复字符。

2. 问题示例

给出 *source*＝“ADOBECODEBANC”，*target*＝“ABC”，满足要求的解为“BANC”。

3. 代码实现

```
#参数 source 是一个字符串
#参数 target 是一个字符串
#返回值是一个字符串，代表最短子字符串，如果没有这样的一个子字符串，则返回" "
class Solution:
    def minWindow(self, source, target):
        if source is None:
            return ""
        targetHash = self.getTargetHash(target)
        targetUniqueChars = len(targetHash)
        matchedUniqueChars = 0
        hash = {}
        n = len(source)
        j = 0
        minLength = n + 1
        minWindowString = ""
        for i in range(n):
            while j < n and matchedUniqueChars < targetUniqueChars:
                if source[j] in targetHash:
                    hash[source[j]] = hash.get(source[j], 0) + 1
```

```
                    if hash[source[j]] == targetHash[source[j]]:
                        matchedUniqueChars += 1
                    j += 1
                if j - i < minLength and matchedUniqueChars == targetUniqueChars:
                    minLength = j - i
                    minWindowString = source[i:j]
                if source[i] in targetHash:
                    if hash[source[i]] == targetHash[source[i]]:
                        matchedUniqueChars -= 1
                    hash[source[i]] -= 1
            return minWindowString
    def getTargetHash(self, target):
        hash = {}
        for c in target:
            hash[c] = hash.get(c, 0) + 1
        return hash
# 主函数
if __name__ == "__main__":
    source = "ADOBECODEBANC"
    target = "ABC"
    # 创建对象
    solution = Solution()
    print("初始的字符串是:", source, "初始的目标值是:", target)
    print("符合条件的最短子串是:", solution.minWindow(source, target))
```

4. 运行结果

初始的字符串是：ADOBECODEBANC　初始的目标值是：ABC
符合条件的最短子串是：BANC

例 97 连接两个字符串中的不同字符

1. 问题描述

给出两个字符串,修改第一个字符串,将所有与第二个字符串中相同的字符删除,并且将第二个字符串与第一个字符串的不同字符连接。

2. 问题示例

给出 $s1$=aacdb,$s2$=gafd,返回 cbgf;给出 $s1$=abcs,$s2$=cxzca,返回 bsxz。

3. 代码实现

```
class Solution:
    def concatenetedString(self, s1, s2):
        result = [a for a in s1 if a not in s2] + [b for b in s2 if b not in s1]
        return ''.join(result)
# 主函数
if __name__ == "__main__":
    s1 = "aacdb"
    s2 = "gafd"
    # 创建对象
    solution = Solution()
    print("输入的两个字符串是:s1 = ", s1, "s2 = ", s2)
    print("计算的结果是:", solution.concatenetedString(s1, s2))
```

4. 运行结果

输入的两个字符串是: s1=aacdb　s2=gafd

计算的结果是: cbgf

例 98

字符串加法

1. 问题描述

以字符串的形式给出两个非负整数 *num*1 和 *num*2，并且以字符串的形式返回 *num*1 和 *num*2 的和。

2. 问题示例

给定 *num*1＝“123”，*num*2＝“45”，返回“168”。

3. 代码实现

```
#num1 的类型是字符串
#num2 的类型是字符串
#返回值的类型是字符串
class Solution(object):
    def addStrings(self, num1, num2):
        res = ""
        m = len(num1)
        n = len(num2)
        i = m - 1
        j = n - 1
        flag = 0
        while i >= 0 or j >= 0:
            a = int(num1[i]) if i >= 0 else 0
            i = i - 1
            b = int(num2[j]) if j >= 0 else 0
            j = j - 1
            sum = a + b + flag
            res = str(sum % 10) + res;
            flag = sum // 10
        return res if flag == 0 else (str(flag) + res)
# 主函数
```

```
if __name__ == '__main__':
    num1 = '123'
    num2 = '45'
    print("初始整数:", num1, num2)
    solution = Solution()
    print("结果:", solution.addStrings(num1, num2))
```

4. 运行结果

初始整数：123 45

结果：168

例 99

字符串乘法

1. 问题描述

以字符串的形式给定两个非负整数 *num*1 和 *num*2,并且以字符串的形式返回 *num*1 和 *num*2 的乘积。*num*1 和 *num*2 的长度都小于 110,只包含数字 0～9,不包含任意前导零,不能使用任何内置的 BigInteger 库内方法或直接将输入转换为整数。

2. 问题示例

输入 *num*1="2",*num*2="3",输出"6"; 输入 *num*1="123",*num*2="456",输出"56088"。

3. 代码实现

```
#参数 num1 是一个非负整数
#参数 num2 是一个非负整数
#返回值是 num1 和 num2 的乘积
class Solution:
    def multiply(self, num1, num2):
        l1, l2 = len(num1), len(num2)
        l3 = l1 + l2
        res = [0 for i in range(l3)]
        for i in range(l1 - 1, -1, -1):
            carry = 0
            for j in range(l2 - 1, -1, -1):
                res[i + j + 1] += carry + int(num1[i]) * int(num2[j])
                carry = res[i + j + 1] // 10
                res[i + j + 1] % = 10
            res[i] = carry
        i = 0
        while i < l3 and res[i] == 0:
            i += 1
        res = res[i:]
```

```
        return '0' if not res else ''.join(str(i) for i in res)
# 主函数
if __name__ == '__main__':
    num1 = '123'
    num2 = '45'
    print("初始整数:", num1, num2)
    solution = Solution()
    print("结果:", solution.multiply(num1, num2))
```

4. 运行结果

初始整数：123　45

结果：5535

例 100

前 k 个偶数长度的回文数之和

1. 问题描述

给定一个整数 k,得出前 k 个偶数长度的回文数之和,这里的偶数长度是指数字的位数为偶数。

2. 问题示例

给出 $k=3$,返回 66,11+22+33=66,即前三个偶数长度的回文数之和;给出 $k=10$,返回 1496,11+22+33+44+55+66+77+88+99+1001=1496。

3. 代码实现

```
#参数 k 是给定的整数
#返回前 k 个偶数长度的回文数之和
class Solution:
    def sumKEven(self, k):
        total = 0
        for number in range(1, k + 1):
            total += self.makePalindromeNumber(number)
        return total
    def makePalindromeNumber(self, number):
        number_s = str(number)
        number_s = number_s + number_s[::-1]
        return int(number_s)
#主函数
if __name__ == '__main__':
    k = 10
    print("初始值:", k)
    solution = Solution()
    print("结果:", solution.sumKEven(k))
```

4. 运行结果

初始值:10

结果:1496

例 101

分割回文串 I

1. 问题描述

给定一个字符串 s，将 s 分割成一些子字符串，使每个子字符串都是回文，返回 s 符合要求的最少分割次数。

2. 问题示例

给出字符串 s="aab"，返回 1，因为进行一次分割可以将字符串 s 分割成["aa","b"]这样两个回文子串。

3. 代码实现

```
#参数 s 是一个字符串
#返回一个整数
class Solution:
    def minCut(self, s):
        n = len(s)
        f = []
        p = [[False for x in range(n)] for x in range(n)]
        for i in range(n + 1):
            f.append(n - 1 - i) # the last one, f[n] = -1
        for i in reversed(range(n)):
            for j in range(i, n):
                if (s[i] == s[j] and (j - i < 2 or p[i + 1][j - 1])):
                    p[i][j] = True
                    f[i] = min(f[i], f[j + 1] + 1)
        return f[0]
#主函数
if __name__ == '__main__':
    s = "aab"
```

```
print("初始字符串:", s)
solution = Solution()
print("分割次数:", solution.minCut(s))
```

4. 运行结果

初始字符串：aab

分割次数：1

例 102

分割回文串Ⅱ

1. 问题描述

给定一个字符串 s,将 s 分割成一些子字符串,使每个子字符串都是回文串,返回 s 所有可能的回文串分割方案。

2. 问题示例

给出 s="aab",返回[["aa","b"],["a","a","b"]]

3. 代码实现

```
class Solution:
    def partition(self, s):
        results = []
        self.dfs(s, [], results)
        return results
    def dfs(self, s, stringlist, results):
        if len(s) == 0:
            results.append(stringlist)
            # results.append(list(stringlist))
            return
        for i in range(1, len(s) + 1):
            prefix = s[:i]
            if self.is_palindrome(prefix):
                self.dfs(s[i:], stringlist + [prefix], results)
                # stringlist.append(prefix)
                # self.dfs(s[i:], stringlist, results)
                # stringlist.pop()
    def is_palindrome(self, s):
        return s == s[::-1]
#主函数
if __name__ == '__main__':
```

```
    s = "aab"
    print("字符串是:", s)
    solution = Solution()
    print("结果是:", solution.partition(s))
```

4. 运行结果

字符串是：aab

结果是：[['a','a','b'],['aa','b']]

例 103

回文排列 I

1. 问题描述

给定一个字符串，判断字符串是否存在回文排列，若存在则返回 True，否则返回 False。

2. 问题示例

给定 s="code"，返回 False；给定 s="abba"，返回 True；给定 s="carerac"，返回 True。

3. 代码实现

```
#参数 s 是一个给定的字符串
#返回一个布尔值,用于表示字符串是否存在回文排列
class Solution:
    def canPermutePalindrome(self, s):
        lookup = {}
        count = 0
        for elem in s:
            lookup[elem] = lookup.get(elem, 0) + 1
        for val in lookup.values():
            count += val % 2
        return count <= 1
#主函数
if __name__ == "__main__":
    s = "code"
    # 创建对象
    solution = Solution()
    print("输入的字符串是:s = ", s)
    print("输出的结果是:", solution.canPermutePalindrome(s))
```

4. 运行结果

输入的字符串是：s=code

输出的结果是：False

例 104

回文排列Ⅱ

1. 问题描述

给定一个字符串 s,返回所有回文排列(不重复);如果没有回文排列,则返回空列表。

2. 问题示例

给定 s="aabb",返回["abba","baab"];给定 s="abc",返回[]。

3. 代码实现

```
#参数 s 是一个给定的字符串
#返回全部没有重复的回文排列
class Solution:
    def generatePalindromes(self, s):
        if not s:
            return []
        map = {}
        for c in s:
            map[c] = map.get(c, 0) + 1
        if len(map.keys()) == 1:
            return [s]
        oddCount = 0
        odd = ''
        even = ''
        for key, val in map.items():
            if val % 2 == 1:
                odd = key
                oddCount += 1
            even += key * (val // 2)
        if oddCount > 1:
            return []
        ans = []
        self.permutation('', even, ans, odd)
```

```
        return ans
    def permutation(self, substring, s, ans, odd):
        if not s:
            ans.append(substring + odd + substring[::-1])
            return
        for i in range(len(s)):
            self.permutation(substring + s[i], s[:i] + s[i + 1:], ans, odd)
#主函数
if __name__ == '__main__':
    s = "aabb"
    S = "abc"
    solution = Solution()
    print("s = ", s, ",结果是:", solution.generatePalindromes(s))
    print("S = ", S, ",结果是:", solution.generatePalindromes(S))
```

4. 运行结果

s = aabb,结果是:['abba', 'baab']

S = abc,结果是:[]

例 105

回 文 链 表

1. 问题描述

本例将检查一个链表是否为回文链表。

2. 问题示例

1→2→1 就是一个回文链表。

3. 代码实现

```
#创建链表
#参数 head 是一个链表节点
#返回一个布尔值
class ListNode(object):
    def __init__(self, val, next = None):
        self.val = val
        self.next = next
class Solution:
    def isPalindrome(self, head):
        if head is None:
            return True
        fast = slow = head
        while fast.next and fast.next.next:
            slow = slow.next
            fast = fast.next.next
        p, last = slow.next, None
        while p:
            next = p.next
            p.next = last
            last, p = p, next
        p1, p2 = last, head
        while p1 and p1.val == p2.val:
            p1, p2 = p1.next, p2.next
```

```
        p, last = last, None
        while p:
            next = p.next
            p.next = last
            last, p = p, next
            slow.next = last
        return p1 is None
#主函数
if __name__ == "__main__":
    node1 = ListNode(1)
    node2 = ListNode(2)
    node3 = ListNode(1)
    node1.next = node2
    node2.next = node3
    #创建对象
    solution = Solution()
    print("初始的链表是:", [node1.val, node2.val, node3.val])
    print("最终的结果是:", solution.isPalindrome(node1))
```

4. 运行结果

初始的链表是：[1,2,1]
最终的结果是：True

例 106

有效回文串

1. 问题描述

给定一个字符串,判断其是否为一个回文串,只考虑字母和数字,忽略大小写。如果是回文串,则返回 True,否则返回 False。

2. 问题示例

"A man,a plan,a canal: Panama"是回文串,"race a car"不是回文串。

3. 代码实现

```
#采用 UTF-8 编码格式
#参数 s 是一个字符串
#返回值是一个布尔值,判断字符串是不是一个回文序列
class Solution:
    def isPalindrome(self, s):
        start, end = 0, len(s) - 1
        while start < end:
            while start < end and not s[start].isalpha() and not s[start].isdigit():
                start += 1
            while start < end and not s[end].isalpha() and not s[end].isdigit():
                end -= 1
            if start < end and s[start].lower() != s[end].lower():
                return False
            start += 1
            end -= 1
        return True
if __name__ == '__main__':
    temp = Solution()
    string1 = "a blame malba"
    string2 = "a pencil"
```

```
print(("输入:" + string1))
print(("输出:" + str(temp.isPalindrome(string1))))
print(("输入:" + string2))
print(("输出:" + str(temp.isPalindrome(string2))))
```

4. 运行结果

输入：a blame malba
输出：True
输入：a pencil
输出：False

例 107

回　文　对

1. 问题描述

给出一个单词列表,在给定列表中查找所有不同的索引(i,j)对,使得两个单词串联后构成回文串,即$words[i]+words[j]$是回文串。

2. 问题示例

给出$words$=["bat","tab","cat"],返回[[0,1],[1,0]],回文串为["battab","tabbat"]。给出$words$=["abcd","dcba","lls","s","sssll"],返回[[0,1],[1,0],[3,2],[2,4]],回文串为["dcbaabcd","abcddcba","slls","llssssll"]。

3. 代码实现

```
#参数words是一个独特的单词列表
#返回所有不同索引的组合
class Solution:
    def palindromePairs(self, words):
        if not words:
            return []
        table = dict()
        for idx, word in enumerate(words):
            table[word] = idx
        ans = []
        for idx, word in enumerate(words):
            size = len(word)
            for i in range(size + 1):
                leftSub = word[:i]
                rightSub = word[i:]
                if self.isPalindrome(leftSub):
                    reversedRight = rightSub[::-1]
                    if reversedRight in table and table[reversedRight] != idx:
                        ans.append([table[reversedRight], idx])
```

```
                if len(rightSub) > 0 and self.isPalindrome(rightSub):
                    reversedLeft = leftSub[::-1]
                    if reversedLeft in table and table[reversedLeft] != idx:
                        ans.append([idx, table[reversedLeft]])
        return ans
    def isPalindrome(self, word):
        if not word:
            return True
        left = 0
        right = len(word) - 1
        while left <= right:
            if word[left] != word[right]:
                return False
            left += 1
            right -= 1
        return True
#主函数
if __name__ == "__main__":
    words = ["bat", "tab", "cat"]
    # 创建对象
    solution = Solution()
    print("输入的数组是 ", words)
    print("输出的结果是:", solution.palindromePairs(words))
```

4. 运行结果

输入的数组是：["bat","tab","cat"]

输出的结果是：[[1,0],[0,1]]

例 108

字　模　式

1. 问题描述

给定一个模式和一个字符串 *str*,判断 *str* 是否遵循给定的模式。这里遵循是指一个完整的匹配,即在一个字母的模式和一个非空的单词 *str* 之间有一个双向连接的模式对应。假设模式只包含小写字母,而 *str* 包含由单个空格分隔的小写字母。

2. 问题示例

给定模式"abba",*str*="dog cat cat dog",返回 True;给定模式"abba",*str*="dog cat cat fish",返回 False;给定模式"aaaa",*str*="dog cat cat dog",返回 False;给定模式"abba",*str*="dog dog dog dog",返回 False。

3. 代码实现

```
#参数 pattern 是一个字符串,代表给定模式的字符串
#参数 teststr 是一个字符串,代表匹配的字符串
#返回值是一个布尔值,表示给定模式的字符串和匹配的字符串是否匹配
class Solution:
    def wordPattern(self, pattern, teststr):
        map = {}
        myset = set() #set 用来预防 ab = "cat cat"这种情况
        teststr = teststr.split(' ')
        if len(pattern) != len(teststr): #如果长度不等则直接返回 False
            return False
        for i in range(len(pattern)):
            if pattern[i] not in map:
               if teststr[i] not in myset:
#如果 set 中没有就代表此时的 pattern 和 teststr 都是新的,添加
                    map[pattern[i]] = teststr[i]
                    myset.add(teststr[i])
               else: #如果 set 中存在,代表之前有的 pattern 已经表示了 teststr,则返回 False
                    return False
```

```
            if teststr[i] != map[pattern[i]]:
                return False
        return True
#主函数
if __name__ == "__main__":
    pattern = "abba"
    str = "dog cat cat dog"
    #创建对象
    solution = Solution()
    print("输入的模式是 pattern: ", pattern, "字符串是 str = ", str)
    print("输出的结果是: ", solution.wordPattern(pattern, str))
```

4. 运行结果

输入的模式是 pattern：abba　字符串是 str＝dog cat cat dog

输出的结果是：True

例 109

k 组翻转链表

1. 问题描述

给出链表以及整数 k，将这个链表从头指针开始，每 k 个元素翻转一下。链表元素个数不是 k 的倍数，最后剩余的元素不用翻转。

2. 问题示例

给出链表 1→2→3→4→5，$k=2$，返回 2→1→4→3→5；$k=3$，返回 3→2→1→4→5。

3. 代码实现

```
#定义链表
#参数 head 是一个链表节点
#参数 k 是一个整数
#返回一个链表节点
class ListNode(object):
    def __init__(self, val, next = None):
        self.val = val
        self.next = next
class Solution:
        def reverse(self, start, end):
        newhead = ListNode(0)
        newhead.next = start
        while newhead.next != end:
            tmp = start.next
            start.next = tmp.next
            tmp.next = newhead.next
            newhead.next = tmp
        return [end, start]
    def reverseKGroup(self, head, k):
        if head == None: return None
        nhead = ListNode(0)
        nhead.next = head
```

```
        start = nhead
        while start.next:
            end = start
            for i in range(k - 1):
                end = end.next
                if end.next == None: return nhead.next
            res = self.reverse(start.next, end.next)
            start.next = res[0]
            start = res[1]
        return nhead.next
#主函数
if __name__ == '__main__':
    node1 = ListNode(1)
    node2 = ListNode(2)
    node3 = ListNode(3)
    node4 = ListNode(4)
    node5 = ListNode(5)
    node1.next = node2
    node2.next = node3
    node3.next = node4
    node4.next = node5
    k = 2
    list1 = []
    #创建对象
    solution = Solution()
    newlist = solution.reverseKGroup(node1, 2)
    while (newlist):
        list1.append(newlist.val)
        newlist = newlist.next
    print("初始化的链表是:", [node1.val, node2.val, node3.val, node4.val, node5.val])
    print(" 翻转后的结果是:", list1)
```

4. 运行结果

初始化的链表是：[1,2,3,4,5]
翻转后的结果是：[2,1,4,3,5]

例 110 删除排序链表中的重复元素 I

1. 问题描述

给定一个排序链表，删除所有重复的元素只留下原链表中没有重复的元素，并返回删除重复元素后的结果。

2. 问题示例

给出链表 1→2→3→3→4→4→5→null，返回 1→2→5→null；给出链表 1→1→1→2→3→null，返回 2→3→null。

3. 代码实现

```
#定义链表
#参数 head 是一个链表节点
#返回一个链表节点
class ListNode(object):
    def __init__(self, val, next = None):
        self.val = val
        self.next = next
class Solution:
    def deleteDuplicates(self, head):
        if None == head or None == head.next:
            return head
        new_head = ListNode(-1)
        new_head.next = head
        parent = new_head
        cur = head
        while None != cur and None != cur.next: ### check cur.next None
            if cur.val == cur.next.val:
                val = cur.val
                while None != cur and val == cur.val: ### check cur None
                    cur = cur.next
                parent.next = cur
```

```
            else:
                cur = cur.next
                parent = parent.next
        return new_head.next
#主函数
if __name__ == "__main__":
    node1 = ListNode(1)
    node2 = ListNode(1)
    node3 = ListNode(1)
    node4 = ListNode(2)
    node5 = ListNode(3)
    node1.next = node2
    node2.next = node3
    node3.next = node4
    node4.next = node5
    list1 = []
    #创建对象
    solution = Solution()
    print("初始链表:", [node1.val, node2.val, node3.val, node4.val, node5.val])
    newlist = solution.deleteDuplicates(node1)
    while (newlist):
        list1.append(newlist.val)
        newlist = newlist.next
    print("删除重复元素后的结果是:", list1)
```

4. 运行结果

初始链表：[1,1,1,2,3]

删除重复元素后的结果是：[2, 3]

例 111

删除排序链表中的重复元素Ⅱ

1. 问题描述

给定一个排序链表，删除所有重复的元素，每个元素只留下一个，返回删除重复元素后的链表。

2. 问题示例

给出 1→1→2→null，返回 1→2→null；给出 1→1→2→3→3→null，返回 1→2→3→null。

3. 代码实现

```
#定义链表
#参数 head 是一个链表节点
#返回一个链表节点
class ListNode(object):
    def __init__(self, val, next = None):
        self.val = val
        self.next = next
class Solution:
    def deleteDuplicates(self, head):
        delflag = 1
        flag = 1
        p = head
        while (p != None and p.next != None):
            if p.val != p.next.val:
                flag = 1
                p = p.next
            elif flag < delflag:
                flag += 1;
                p = p.next
            else:
                p.next = p.next.next
        return head
```

```
#主函数
if __name__ == "__main__":
    node1 = ListNode(1)
    node2 = ListNode(1)
    node3 = ListNode(2)
    node1.next = node2
    node2.next = node3
    list1 = []
    #创建对象
    solution = Solution()
    print("初始链表是:", [node1.val, node2.val, node3.val])
    newlist = solution.deleteDuplicates(node1)
    while (newlist):
        list1.append(newlist.val)
        newlist = newlist.next
    print("删除重复元素后的链表:", list1)
```

4. 运行结果

初始链表是：[1,1,2]

删除重复元素后的链表：[1,2]

例 112

链 表 划 分

1. 问题描述

给定一个单链表和数值 x，划分链表，使得所有小于 x 的节点排在大于等于 x 的节点之前，保留两部分中链表节点原有的相对顺序。

2. 问题示例

给定链表 1→4→3→2→5→2→null，并且 $x=3$，返回 1→2→2→4→3→5→null。

3. 代码实现

```
#链表创建
#参数 head 是连接链表的第一个节点
#参数 x 是一个整数
#返回一个链表节点
class ListNode(object):
    def __init__(self, val, next = None):
        self.val = val
        self.next = next
class Solution:
    def partition(self, head, x):
        if head is None:
            return head
        aHead, bHead = ListNode(0), ListNode(0)
        aTail, bTail = aHead, bHead
        while head is not None:
            if head.val < x:
                aTail.next = head
                aTail = aTail.next
            else:
                bTail.next = head
                bTail = bTail.next
            head = head.next
```

```
        bTail.next = None
        aTail.next = bHead.next
        return aHead.next
#主函数
if __name__ == "__main__":
    node1 = ListNode(1)
    node2 = ListNode(4)
    node3 = ListNode(3)
    node4 = ListNode(2)
    node5 = ListNode(5)
    node6 = ListNode(2)
    node1.next = node2
    node2.next = node3
    node3.next = node4
    node4.next = node5
    node5.next = node6
    list1 = []
    x = 3
    #创建对象
    solution = Solution()
    print("初始链表:", [node1.val, node2.val, node3.val, node4.val, node5.val, node6.val])
    newlist = solution.partition(node1, 3)
    while (newlist):
        list1.append(newlist.val)
        newlist = newlist.next
    print("最终的链表是:", list1)
```

4. 运行结果

初始链表：[1,4,3,2,5,2]
最终的链表是：[1,2,2,4,3,5]

例 113

翻转链表 I

1. 问题描述

翻转一个链表。

2. 问题示例

对于链表 1→2→3,翻转链表后为 3→2→1；对于链表 1→2→3→4,翻转链表后为 4→3→2→1。

3. 代码实现

```
#定义链表
class ListNode(object):
    def __init__(self, val, next = None):
        self.val = val
        self.next = next
class Solution:
    def reverse(self, head):
        # curt 表示前继节点
        curt = None
        while head != None:
            # temp 记录下一个节点,head 是当前节点
            temp = head.next
            head.next = curt
            curt = head
            head = temp
        return curt
#主函数
if __name__ == "__main__":
    node1 = ListNode(1)
    node2 = ListNode(2)
    node3 = ListNode(3)
    node4 = ListNode(4)
```

```
node1.next = node2
node2.next = node3
node3.next = node4
list1 = []
#创建对象
solution = Solution()
print("输入的初始链表是:", [node1.val, node2.val, node3.val, node4.val])
newlist = solution.reverse(node1)
while (newlist):
    list1.append(newlist.val)
    newlist = newlist.next
print("翻转链表后的结果是:", list1)
```

4. 运行结果

输入的初始链表是：[1,2,3,4]
翻转链表后的结果是：[4,3,2,1]

例 114

翻转链表Ⅱ

1. 问题描述

给定一个链表及整数 m 和 n，翻转链表中第 m 个节点到第 n 个节点的部分。

2. 问题示例

给出链表 1→2→3→4→5→null，$m=2$ 和 $n=4$，返回 1→4→3→2→5→null。注意，m 和 n 满足 $1\leqslant m\leqslant n\leqslant$ 链表长度。

3. 代码实现

```
# 创建链表
#参数 head 是一个链表节点,代表链表的头节点
#参数 m 是一个整数
#参数 n 是一个整数
#返回值是翻转链表节点的头节点
class ListNode(object):
    def __init__(self, val, next = None):
        self.val = val
        self.next = next
class Solution:
    def reverseBetween(self, head, m, n):
        if head is None:
            return
        sub_vals = [] # contain the vals from m to n
        dummy = ListNode(0, head)
        fake_head = dummy
        i = 0
        while fake_head:
            # find the m - 1 node
            if i == m - 1:
                cur = fake_head.next
                j = i + 1
                # extract the values of the nodes ranged from m to n
```

```
                while j >= m and j <= n:
                    # print(cur.val)
                    sub_vals.append(cur.val)
                    cur = cur.next
                    j += 1
                    # build up reversed linked list
                sub_vals.reverse()
                sub_head = ListNode(sub_vals[0])
                sub_dummy = ListNode(0, sub_head)
                for val in sub_vals[1:]:
                    node = ListNode(val)
                    sub_head.next = node
                    sub_head = sub_head.next
                    # relink the original list to the sub list
                fake_head.next = sub_dummy.next
                sub_head.next = cur
            fake_head = fake_head.next
            i += 1
        return dummy.next
#主函数
if __name__ == "__main__":
    node1 = ListNode(1)
    node2 = ListNode(2)
    node3 = ListNode(3)
    node4 = ListNode(4)
    node5 = ListNode(5)
    node1.next = node2
    node2.next = node3
    node3.next = node4
    node4.next = node5
    list1 = []
    m = 2
    n = 4
    # 创建对象
    solution = Solution()
    print("初始链表是:", [node1.val, node2.val, node3.val, node4.val, node5.val], "初始的
m=", m , "n=", n)
    newlist = solution.reverseBetween(node1, m, n)
    while (newlist):
        list1.append(newlist.val)
        newlist = newlist.next
    print("翻转后的链表是:", list1)
```

4. 运行结果

初始链表是：[1,2,3,4,5]
翻转后的链表是：[1,4,3,2,5]

例 115

旋转链表

1. 问题描述

给定一个链表,旋转链表,使得每个节点向右移动 k 个位置,其中 k 是一个非负数。

2. 问题示例

给出链表 1→2→3→4→5→null 和 $k=2$,返回 4→5→1→2→3→null。

3. 代码实现

```
#创建链表
#参数 head 是链表
#参数 k 是向右移动 k 个位置
#返回值是旋转后的链表
class ListNode(object):
    def __init__(self, val, next = None):
        self.val = val
        self.next = next
class Solution:
    def rotateRight(self, head, k):
        if head == None:
            return head
        curNode = head
        size = 1
        while curNode != None:
            size += 1
            curNode = curNode.next
        size -= 1
        k = k % size
        if k == 0:
            return head
        len = 1
        curNode = head
```

```
        while len < size - k:
            len += 1
            curNode = curNode.next
        newHead = curNode.next
        curNode.next = None
        curNode = newHead
        while curNode.next != None:
            curNode = curNode.next
        curNode.next = head
        return newHead
#主函数
if __name__ == "__main__":
    node1 = ListNode(1)
    node2 = ListNode(2)
    node3 = ListNode(3)
    node4 = ListNode(4)
    node5 = ListNode(5)
    node1.next = node2
    node2.next = node3
    node3.next = node4
    node4.next = node5
    k = 2
    list1 = []
    #创建对象
    solution = Solution()
    print("初始链表:", [node1.val, node2.val, node3.val, node4.val, node5.val],"初始的
k=",k)
    newlist = solution.rotateRight(node1, k)
    while (newlist):
        list1.append(newlist.val)
        newlist = newlist.next
    print("旋转后的链表是:", list1)
```

4. 运行结果

初始链表：[1,2,3,4,5]

旋转后的链表是：[4,5,1,2,3]

例 116

两两交换链表中的节点

1. 问题描述

给一个链表,两两交换其中相邻的节点,然后返回交换后的链表。

2. 问题示例

给出 1→2→3→4,返回的链表是 2→1→4→3。

3. 代码实现

```
#定义链表
#参数 head 是一个链表节点
#返回值是一个链表节点
class ListNode(object):
    def __init__(self, val, next = None):
        self.val = val
        self.next = next
class Solution:
    def swapPairs(self, head):
        if not head or not head.next: return head
        temp = head.next
        head.next = self.swapPairs(head.next.next)
        temp.next = head
        return temp
#主函数
if __name__ == "__main__":
    node1 = ListNode(1)
    node2 = ListNode(2)
    node3 = ListNode(3)
    node4 = ListNode(4)
    node1.next = node2
    node2.next = node3
    node3.next = node4
```

```
list1 = []
#创建对象
solution = Solution()
print("初始链表是:", [node1.val, node2.val, node3.val, node4.val])
newlist = solution.swapPairs(node1)
while (newlist):
    list1.append(newlist.val)
    newlist = newlist.next
print("交换后的链表是:", list1)
```

4. 运行结果

初始链表是：[1,2,3,4]
交换后的链表是：[2,1,4,3]

例 117

删除链表中的元素

1. 问题描述

给定一个链表及整数 val，删除链表中等于给定值 val 的所有节点，输出删除后的链表。

2. 问题示例

给出链表 1→2→3→3→4→5→3 和 $val=3$，返回删除 3 后的链表：1→2→4→5。

3. 代码实现

```
#创建链表
#参数 head 是一个链表节点
#参数 val 是一个整数
#返回值是一个链表节点
class ListNode(object):
    def __init__(self, val, next = None):
        self.val = val
        self.next = next
class Solution:
    def removeElements(self, head, val):
        if head == None:
            return head
        dummy = ListNode(0)
        dummy.next = head
        pre = dummy
        while head:
            if head.val == val:
                pre.next = head.next
                head = pre
            pre = head
            head = head.next
        return dummy.next
        # 主函数
```

```
if __name__ == "__main__":
    node1 = ListNode(1)
    node2 = ListNode(2)
    node3 = ListNode(3)
    node4 = ListNode(3)
    node5 = ListNode(4)
    node6 = ListNode(5)
    node7 = ListNode(3)
    node1.next = node2
    node2.next = node3
    node3.next = node4
    node4.next = node5
    node5.next = node6
    node6.next = node7
    val = 3
    list1 = []
    # 创建对象
    solution = Solution()
    print("初始链表是:", [node1.val, node2.val, node3.val, node4.val, node5.val, node6.val, 
node7.val], "需要被删除的节点 val = ", val)
    newlist = solution.removeElements(node1, val)
    while (newlist):
        list1.append(newlist.val)
        newlist = newlist.next
    print("删除指定节点后的链表是:", list1)
```

4. 运行结果

初始链表是：[1,2,3,3,4,5,3]　需要被删除的节点 val=3
删除指定节点后的链表是：[1,2,4,5]

例 118

重排链表

1. 问题描述

给定一个单链表 $L_0 \to L_1 \to \cdots \to L_{n-1} \to L_n$，重新排列后为：$L_0 \to L_n \to L_1 \to L_{n-1} \to L_2 \to L_{n-2} \to \cdots$必须在不改变节点值的情况下进行原地操作。

2. 问题示例

给出链表 1→2→3→4→null，重新排列后为 1→4→2→3→null。

3. 代码实现

```
#创建对象
#参数 head 是连接链表的第一个节点
#没有返回值
class ListNode(object):
    def __init__(self, val, next = None):
        self.val = val
        self.next = next
class Solution:
    def reorderList(self, head):
        if None == head or None == head.next:
            return head
        pfast = head
        pslow = head
        while pfast.next and pfast.next.next:
            pfast = pfast.next.next
            pslow = pslow.next
        pfast = pslow.next
        pslow.next = None
        pnext = pfast.next
        pfast.next = None
        while pnext:
            q = pnext.next
```

```
            pnext.next = pfast
            pfast = pnext
            pnext = q
        tail = head
        while pfast:
            pnext = pfast.next
            pfast.next = tail.next
            tail.next = pfast
            tail = tail.next.next
            pfast = pnext
        return head
#主函数
if __name__ == "__main__":
    node1 = ListNode(1)
    node2 = ListNode(2)
    node3 = ListNode(3)
    node4 = ListNode(4)
    node1.next = node2
    node2.next = node3
    node3.next = node4
    list1 = []
    #创建对象
    solution = Solution()
    print("初始链表:", [node1.val, node2.val, node3.val, node4.val])
    newlist = solution.reorderList(node1)
    while (newlist):
        list1.append(newlist.val)
        newlist = newlist.next
    print("重排后的链表是:", list1)
```

4. 运行结果

初始链表：[1,2,3,4]
重排后的链表是：[1,4,2,3]

例 119

链表插入排序

1. 问题描述

用插入排序对链表排序。

2. 问题示例

给定 1→3→2→0→null，返回 0→1→2→3→null。

3. 代码实现

```
#定义链表
#参数 head 是连接链表的第一个节点
#返回值是连接链表的头节点
class ListNode(object):
    def __init__(self, val, next = None):
        self.val = val
        self.next = next
class Solution:
    def insertionSortList(self, head):
        dummy = ListNode(0)
        while head:
            temp = dummy
            next = head.next
            while temp.next and temp.next.val < head.val:
                temp = temp.next
            head.next = temp.next
            temp.next = head
            head = next
        return dummy.next
#主函数
if __name__ == "__main__":
    node1 = ListNode(1)
    node2 = ListNode(3)
```

```
node3 = ListNode(2)
node4 = ListNode(0)
node1.next = node2
node2.next = node3
node3.next = node4
list1 = []
#创建对象
solution = Solution()
print("初始链表:", [node1.val, node2.val, node3.val, node4.val])
newlist = solution.insertionSortList(node1)
while (newlist):
    list1.append(newlist.val)
    newlist = newlist.next
print("插入排序后的链表是:", list1)
```

4. 运行结果

初始链表：[1,3,2,0]
插入排序后的链表是：[0,1,2,3]

例 120

合并 *k* 个排序链表

1. 问题描述

合并 k 个排序链表，并且返回合并后的排序链表。

2. 问题示例

给出 2 个排序链表[2→4→null，−1→null]，返回 −1→2→4→null。

3. 代码实现

```
# ListNode 的定义
class ListNode(object):
    def __init__(self, val, next = None):
        self.val = val
        self.next = next
class Solution:
    def mergeKLists(self, lists):
        self.heap = [[i, lists[i].val] for i in range(len(lists)) if lists[i] != None]
        self.hsize = len(self.heap)
        for i in range(self.hsize - 1, -1, -1):
            self.adjustdown(i)
        nHead = ListNode(0)
        head = nHead
        while self.hsize > 0:
            ind, val = self.heap[0][0], self.heap[0][1]
            head.next = lists[ind]
            head = head.next
            lists[ind] = lists[ind].next
            if lists[ind] is None:
                self.heap[0] = self.heap[self.hsize - 1]
                self.hsize = self.hsize - 1
            else:
                self.heap[0] = [ind, lists[ind].val]
```

```
                self.adjustdown(0)
            return nHead.next
        def adjustdown(self, p):
            lc = lambda x: (x + 1) * 2 - 1
            rc = lambda x: (x + 1) * 2
            while True:
                np, pv = p, self.heap[p][1]
                if lc(p) < self.hsize and self.heap[lc(p)][1] < pv:
                    np, pv = lc(p), self.heap[lc(p)][1]
                if rc(p) < self.hsize and self.heap[rc(p)][1] < pv:
                    np = rc(p)
                if np == p:
                    break
                else:
                    self.heap[np], self.heap[p] = self.heap[p], self.heap[np]
                    p = np
#打印链表函数
def printlist(node):
    out = []
    if node is None:
        print(out)
    while node.next is not None:
        out.append(node.val)
        node = node.next
    out.append(node.val)
    print(out)
#主函数
if __name__ == '__main__':
    node1 = ListNode(2)
    node2 = ListNode(4)
    node3 = ListNode(-1)
    node1.next = node2
    #创建对象
    solution = Solution()
    A = [node1, node3]
    print("输入的链表是:",[node1.val,node2.val,node3.val])
    print("排序后的链表是:", end="")
printlist(solution.mergeKLists(A))
```

4. 运行结果

输入的链表是：[2,4,−1]

排序后的链表是：[−1,2,4]

例 121

带环链表

1. 问题描述

给定一个链表,判断它是否有环,如果有则返回 True,否则返回 False。

2. 问题示例

给出链表－21→10→4→5,如果尾部连接到节点 1,返回 True。

3. 代码实现

```
#定义链表
#参数 head 是连接链表的第一个节点
#返回值:如果有环则返回 True,否则返回 False
class ListNode(object):
    def __init__(self, val, next = None):
        self.val = val
        self.next = next
class Solution:
    def hasCycle(self, head):
        if not head or not head.next:
            return False
        slow = head
        fast = head
        while fast and fast.next:
            slow = slow.next
            fast = fast.next.next
            if slow is fast:
                return True
        return False
#主函数
if __name__ == "__main__":
    node1 = ListNode(-21)
    node2 = ListNode(10)
```

```
node3 = ListNode(4)
node4 = ListNode(5)
node1.next = node2
node2.next = node3
node3.next = node4
node4.next = node1
# 创建对象
solution = Solution()
print("初始化的值是:", [node1.val, node2.val, node3.val, node4.val])
print("结果是:", solution.hasCycle(node1))
```

4. 运行结果

初始化的值是：[−21,10,4,5]

翻转链表后的结果是：True

例 122

带环链表转换

1. 问题描述

给定一个链表，如果链表中有环，则返回链表中环的起始节点；如果没有环，则返回 null。

2. 问题示例

给出－21→10→4→5，最后一个节点 5 指向下标为 1 的节点，也就是 10，即环的入口为 10，返回 10。

3. 代码实现

```
#定义链表
#参数 head 是连接链表的第一个节点
#返回值是环开始的节点，如果没有环，则返回 null
class ListNode(object):
    def __init__(self, val, next = None):
        self.val = val
        self.next = next
class Solution:
    def detectCycle(self, head):
        if not head or not head.next:
            return None
        fast, slow = head, head
        while fast and fast.next:
            slow = slow.next
            fast = fast.next.next
            if slow is fast:
                break
        if fast and slow is fast:
            slow = head
            while slow is not fast:
                slow = slow.next
                fast = fast.next
```

```
                return slow
            return None
#主函数
if __name__ == "__main__":
    node1 = ListNode(-21)
    node2 = ListNode(10)
    node3 = ListNode(4)
    node4 = ListNode(5)
    node1.next = node2
    node2.next = node3
    node3.next = node4
    node4.next = node2
    #创建对象
    solution = Solution()
    print("初始链表:", [node1.val, node2.val, node3.val, node4.val])
    print("结果是:", solution.detectCycle(node1).val)
```

4. 运行结果

初始链表：[−21,10,4,5]
结果是:10

例 123

删除链表中倒数第 n 个节点

1. 问题描述

给定一个链表，删除链表中倒数第 n 个节点，返回链表的头节点。注意，链表中节点个数大于等于 n。

2. 问题示例

给出链表 1→2→3→4→5→null 和 $n=2$，删除倒数第二个节点之后，这个链表将变成 1→2→3→5→null。

3. 代码实现

```
#定义链表
#删除链表中倒数第 n 个节点,尽量只扫描一遍
#使用两个指针扫描,当第一个指针扫描到第 N 个节点后
#第二个指针从表头与第一个指针同时向后移动
#当第一个指针指向空节点时,另一个指针就指向倒数第 n 个节点
class ListNode(object):
    def __init__(self, val, next = None):
        self.val = val
        self.next = next
class Solution(object):
    def removeNthFromEnd(self, head, n):
        res = ListNode(0)
        res.next = head
        tmp = res
        for i in range(0, n):
            head = head.next
        while head != None:
            head = head.next
            tmp = tmp.next
        tmp.next = tmp.next.next
        return res.next
```

```
#主函数
if __name__ == "__main__":
    node1 = ListNode(1)
    node2 = ListNode(2)
    node3 = ListNode(3)
    node4 = ListNode(4)
    node5 = ListNode(5)
    node1.next = node2
    node2.next = node3
    node3.next = node4
    node4.next = node5
    list1 = []
    n = 2
    #创建对象
    solution = Solution()
    print("初始链表是:", [node1.val, node2.val, node3.val, node4.val, node5.val])
    newlist = solution.removeNthFromEnd(node1, n)
    while (newlist):
        list1.append(newlist.val)
        newlist = newlist.next
    print("最终链表是:", list1)
```

4. 运行结果

初始链表是：[1,2,3,4,5]
最终链表是：[1,2,3,5]

例 124 链表排序

1. 问题描述

在 $O(n\log_n)$时间复杂度和常数级的空间复杂度下给链表排序。

2. 问题示例

给出 1→3→2→null,排序后变成 1→2→3→null。

3. 代码实现

```
#创建链表
#参数 head,是连接链表的第一个节点
#返回使用一定的空间复杂度返回排序链表的头节点
class ListNode(object):
    def __init__(self, val, next = None):
        self.val = val
        self.next = next
class Solution:
    def sortList(self, head):
        def merge(list1, list2):
            if list1 == None:
                return list2
            if list2 == None:
                return list1
            head = None
            if list1.val < list2.val:
                head = list1
                list1 = list1.next
            else:
                head = list2;
                list2 = list2.next;
            tmp = head
            while list1 != None and list2 != None:
                if list1.val < list2.val:
                    tmp.next = list1
```

```
                    tmp = list1
                    list1 = list1.next
                else:
                    tmp.next = list2
                    tmp = list2
                    list2 = list2.next
            if list1 != None:
                tmp.next = list1;
            if list2 != None:
                tmp.next = list2;
            return head;
        if head == None:
            return head
        if head.next == None:
            return head
        fast = head
        slow = head
        while fast.next != None and fast.next.next != None:
            fast = fast.next.next
            slow = slow.next
        mid = slow.next
        slow.next = None
        list1 = self.sortList(head)
        list2 = self.sortList(mid)
        sorted = merge(list1, list2)
        return sorted
#主函数
if __name__ == "__main__":
    node1 = ListNode(1)
    node2 = ListNode(3)
    node3 = ListNode(2)
    node1.next = node2
    node2.next = node3
    list1 = []
    #创建对象
    solution = Solution()
    print("初始链表是:", [node1.val, node2.val, node3.val])
    newlist = solution.sortList(node1)
    while (newlist):
        list1.append(newlist.val)
        newlist = newlist.next
    print("排序后的链表:", list1)
```

4. 运行结果

初始链表是：[1,3,2]
排序后的链表：[1,2,3]

例 125

加 1 链表

1. 问题描述

给定一个非负整数，将这个整数表示为一个非空的单链表，每个节点表示这个整数的一位，返回这个整数加 1。除了 0 本身，所有数字在最高位前都没有 0，列表的头节点存储这个整数的最高位。

2. 问题示例

给出链表 1→2→3→null，返回 1→2→4→null。

3. 代码实现

```
#创建链表
#head的类型是链表节点
#返回值的类型是链表节点
class ListNode(object):
    def __init__(self, val, next=None):
        self.val = val
        self.next = next
class Solution(object):
    def plusOne(self, head):
        stack = []
        h = head
        while h:
            stack.append(h)
            h = h.next
        while stack and stack[-1].val == 9:
            stack[-1].val = 0
            stack.pop()
        if stack:
            stack[-1].val += 1
        else:
            node = ListNode(1)
```

```
            node.next = head
            head = node
        return head
#主函数
if __name__ == "__main__":
    node1 = ListNode(1)
    node2 = ListNode(2)
    node3 = ListNode(3)
    node1.next = node2
    node2.next = node3
    list1 = []
    #创建对象
    solution = Solution()
    print("初始链表是:", [node1.val, node2.val, node3.val])
    newlist = solution.plusOne(node1)
    while (newlist):
        list1.append(newlist.val)
        newlist = newlist.next
    print("最终得到的链表是:", list1)
```

4. 运行结果

初始链表是：[1,2,3]
最终得到的链表是：[1,2,4]

例 126

交换链表中的两个节点

1. 问题描述

给出一个链表以及两个权值 *v1* 和 *v2*，交换链表中权值为 *v1* 和 *v2* 的这两个节点。保证链表中节点权值各不相同，如果没有找到对应节点，就什么也不用做。注意需要交换两个节点而不是改变节点的权值。

2. 问题示例

给出链表 1→2→3→4→null，以及 *v1* = 2，*v2* = 4，返回结果 1→4→3→2→null。

3. 代码实现

```
#定义链表
#参数 head 是一个链表节点
#参数 v1 是一个整数
#参数 v2 是一个整数
#返回单链链表新的头节点
class ListNode(object):
    def __init__(self, val, next = None):
        self.val = val
        self.next = next
class Solution:
    def swapNodes(self, head, v1, v2):
        dummy = ListNode(0, head)
        cur = dummy
        p1 = None
        p2 = None
        while cur.next != None:
            if cur.next.val == v1:
                p1 = cur
            if cur.next.val == v2:
                p2 = cur
            cur = cur.next
```

```
        if p1 is None or p2 is None:
            return dummy.next
        n1 = p1.next
        n2 = p2.next
        n1next = n1.next
        n2next = n2.next
        if p1.next == p2:
            p1.next = n2
            n2.next = n1
            n1.next = n2next
        elif p2.next == p1:
            p2.next = n1
            n1.next = n2
            n2.next = n1next
        else:
            p1.next = n2
            n2.next = n1next
            p2.next = n1
            n1.next = n2next
        return dummy.next
#主函数
if __name__ == "__main__":
    node1 = ListNode(1)
    node2 = ListNode(2)
    node3 = ListNode(3)
    node4 = ListNode(4)
    node1.next = node2
    node2.next = node3
    node3.next = node4
    v1 = 2
    v2 = 4
    list1 = []
    #创建对象
    solution = Solution()
    print("初始的链表是:", [node1.val, node2.val, node3.val, node4.val], "初始的两个权值
v1 = ", v1, "v2 = ", v2)
    newlist = solution.swapNodes(node1, v1, v2)
    while (newlist):
        list1.append(newlist.val)
        newlist = newlist.next
    print("交换后的链表结果是:", list1)
```

4. 运行结果

初始的链表是：[1,2,3,4]　初始的两个权值 v1=2 v2=4

交换后的链表结果是：[1,4,3,2]

例 127 线段树的修改

1. 问题描述

线段树是建立在线段基础上的，其中每个节点都代表一条线段[a,b]。长度为1的线段称为元线段。非元线段都有两个子节点，左节点代表的线段为[a,($a+b$)/2]，右节点代表的线段为[(($a+b$)/2)+1,b]。

对于一棵最大线段树，每个节点包含一个额外的 *max* 属性，用于存储该节点所代表区间的最大值。设计一个修改的方法 *modify*()，接受三个参数 *root*、*index* 和 *value*。该方法将 *root* 为根的线段树中[*start*,*end*] = [*index*,*index*]的节点修改为新的 *value*，并确保在修改后，线段树的每个节点 *max* 属性仍然具有正确的值。

2. 问题示例

对于线段树：

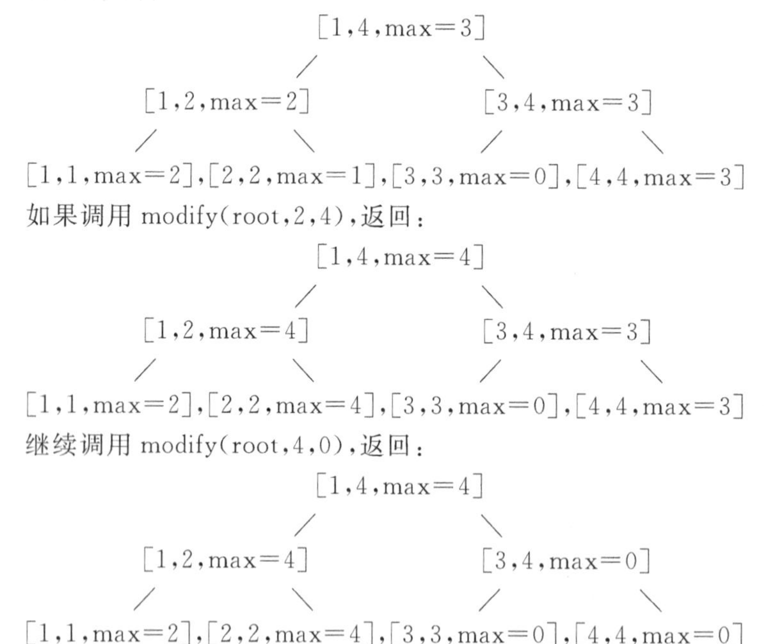

3. 代码实现

```
#树的定义
class TreeNode:
    def __init__(self, start, end, max):
        self.max = max
        self.start = start
        self.end = end
        self.left, self.right = None, None
class Solution:
#参数root、index、value是线段树的根,并使用[index, index]将节点的值更改为新的给定值
#返回列表
    def modify(self, root, index, value):
        if root is None:
            return
        if root.start == root.end:
            root.max = value
            return
        if root.left.end >= index:
            self.modify(root.left, index, value)
        else:
            self.modify(root.right, index, value)
        root.max = max(root.left.max, root.right.max)
if __name__ == '__main__':
    #构建树
    root = TreeNode(1, 4, 3)
    root.left = TreeNode(1, 2, 2)
    root.right = TreeNode(3, 4, 3)
    root.left.left = TreeNode(1, 1, 2)
    root.left.right = TreeNode(2, 2, 1)
    root.right.left = TreeNode(3, 3, 0)
    root.right.right = TreeNode(4, 4, 3)
    solution = Solution()
    print("调用modify(root,2,4)")
    solution.modify(root, 2, 4)
    print([root.max, root.left.max, root.right.max, root.left.left.max, root.left.right.
max, root.right.left.max,
           root.right.right.max])
    print("调用modify(root,4,0)")
    solution.modify(root, 4, 0)
```

```
    print([root.max, root.left.max, root.right.max, root.left.left.max, root.left.right.max, root.right.left.max, root.right.right.max])
```

4. 运行结果

调用 modify(root,2,4)

[4,4,3,2,4,0,3]

调用 modify(root,4,0)

[4,4,0,2,4,0,0]

例 128

线段树的构造 I

1. 问题描述

线段树可以表示成一棵二叉树，对于一棵表示 n 个数的整数数组的线段树，根节点的索引为[0,$n-1$]，每个节点包含两个属性 *start* 和 *end*，用于表示该节点所代表的区间。*start* 和 *end* 都是整数，并按照如下的方式赋值：根节点的 *start* 和 *end* 由构造方法所给出。每个节点还有一个额外的属性 *max*，值为该节点所代表的区间[*start*,*end*]内的最大值。对于节点 A 的左子树，有 $start=A.left, end=(A.left + A.right)/2$；对于节点 A 的右子树，有 $start=(A.left + A.right)/2+1, end=A.right$。如果 *start* 等于 *end*，那么该节点是叶子节点，不再有左、右子树。本例将对于给定数组设计一个构造方法，构造出线段树。

2. 问题示例

给出[3,2,1,4]，线段树构造如下：

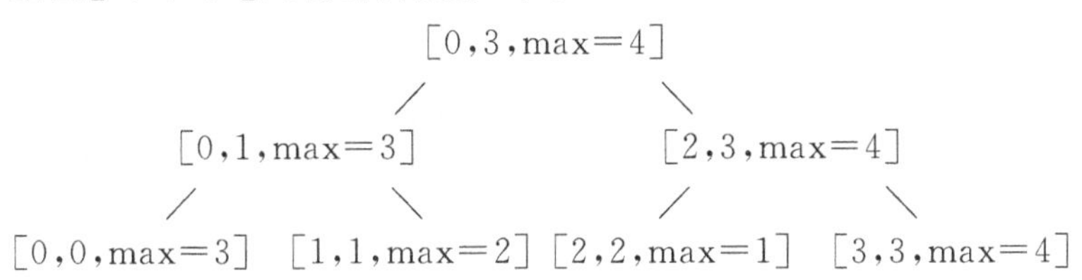

3. 代码实现

```
#参数 A 是一个整数数组
#返回线段树的根
class SegmentTreeNode:
    def __init__(self, start, end, max):
        self.start, self.end, self.max = start, end, max
        self.left, self.right = None, None
class Solution:
    def build(self, A):
        return self.buildTree(0, len(A) - 1, A)
```

```
    def buildTree(self, start, end, A):
        if start > end:
            return None
        node = SegmentTreeNode(start, end, A[start])
        if start == end:
            return node
        mid = (start + end) // 2
        node.left = self.buildTree(start, mid, A)
        node.right = self.buildTree(mid + 1, end, A)
        if node.left is not None and node.left.max > node.max:
            node.max = node.left.max
        if node.right is not None and node.right.max > node.max:
            node.max = node.right.max
        return node
def printTree(root):
    res = []
    if root is None:
        print(res)
    queue = []
    queue.append(root)
    while len(queue) != 0:
        tmp = []
        length = len(queue)
        for i in range(length):
            r = queue.pop(0)
            if r.left is not None:
                queue.append(r.left)
            if r.right is not None:
                queue.append(r.right)
            tmp.append(r.max)
        res.append(tmp)
    print(res)
if __name__ == '__main__':
    A = [3, 2, 1, 4]
    print("输入的数组是:", A)
    solution = Solution()
    root = solution.build(A)
    print("构造的线段树是:")
    printTree(root)
```

4. 运行结果

输入的数组是：[3,2,1,4]
构造的线段树是：
[[4],[3,4],[3,2,1,4]]

例 129

线段树的构造Ⅱ

1. 问题描述

本例将实现一个 *build* 方法，接受 *start* 和 *end* 作为参数，然后构造一个代表区间[*start*,*end*]的线段树，返回这棵线段树的根。

2. 问题示例

给定 *start*=1,*end*=6，对应的线段树为：

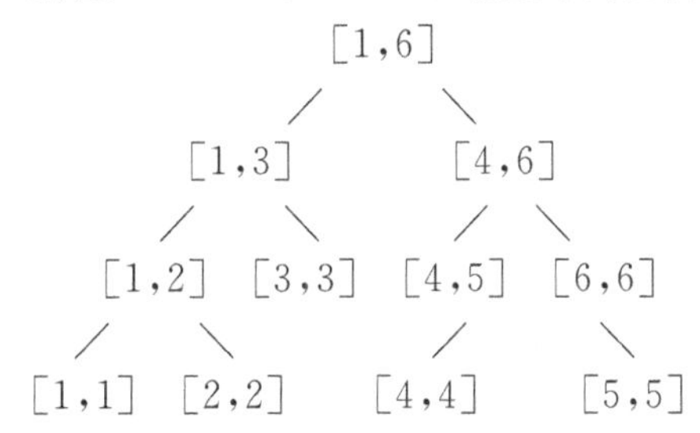

3. 代码实现

```
class SegmentTreeNode:
    def __init__(self, start, end):
        self.start, self.end = start, end
        self.left, self.right = None, None
class Solution:
#参数 start、end 表示段/区间
#返回线段树的根节点
    def build(self, start, end):
        if start > end:
            return None
        root = SegmentTreeNode(start, end)
        if start == end:
            return root
        root.left = self.build(start, (start + end) // 2)
```

```
            root.right = self.build((start + end) // 2 + 1, end)
            return root
def printTree(root):
    res = []
    if root is None:
        print(res)
    queue = []
    queue.append(root)
    while len(queue) != 0:
        tmp = []
        length = len(queue)
        for i in range(length):
            r = queue.pop(0)
            if r.left is not None:
                queue.append(r.left)
            if r.right is not None:
                queue.append(r.right)
            tmp.append(r.start)
            tmp.append(r.end)
        res.append(tmp)
    print(res)
if __name__ == '__main__':
    solution = Solution()
    root = solution.build(1, 6)
    print("构造的线段树是:")
    printTree(root)
```

4. 运行结果

构造的线段树是：

[[1,6],[1,3,4,6],[1,2,3,3,4,5,6,6],[1,1,2,2,4,4,5,5]]

例 130

线段树查询 I

1. 问题描述

对于一个数组，可以为其建立一棵线段树，每个节点存储一个额外的值 *count* 来代表这个节点所指代的数组区间内的元素个数，注意，数组中并不一定每个位置上都有元素。本例将实现一个 *query* 的方法，该方法接受三个参数 *root*、*start* 和 *end*，分别代表线段树的根节点和需要查询的区间，找到数组中在区间[*start*,*end*]内的元素个数。

2. 问题示例

对于数组[0,null,2,3]，对应的线段树为：

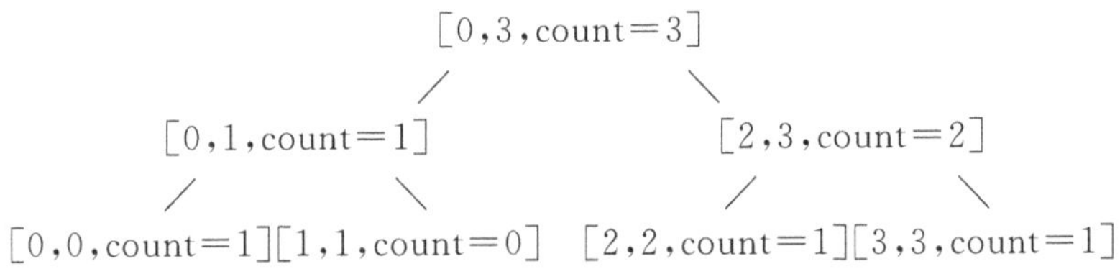

query(1,1)，返回 0；query(1,2)，返回 1；query(2,3)，返回 2；query(0,2)，返回 2。

3. 代码实现

```
#线段树的定义
class SegmentTreeNode:
    def __init__(self, start, end, count):
        self.start, self.end, self.count = start, end, count
        self.left, self.right = None, None
class Solution:
#参数 root、start、end 是线段树的根节点，一个段和间隔
#返回值是间隔[start, end]中计数的元素个数
    def query(self, root, start, end):
        if root is None:
            return 0
        if root.start > end or root.end < start:
```

```
            return 0
        if start <= root.start and root.end <= end:
            return root.count
        return self.query(root.left, start, end) + self.query(root.right, start, end)
#主函数
if __name__ == '__main__':
    root = SegmentTreeNode(0, 3, 3)
    root.left = SegmentTreeNode(0, 1, 1)
    root.right = SegmentTreeNode(2, 3, 2)
    root.left.left = SegmentTreeNode(0, 0, 1)
    root.left.right = SegmentTreeNode(1, 1, 0)
    root.right.left = SegmentTreeNode(2, 2, 1)
    root.right.right = SegmentTreeNode(3, 3, 1)
    solution = Solution()
    print("对于数组[0,null,2,3]的线段树,查询为(1,1)的结果是:", solution.query(root, 1, 1))
```

4. 运行结果

对于数组[0,null,2,3]的线段树,查询为(1,1)的结果是：0

例 131

线段树查询Ⅱ

1. 问题描述

对于一个有 n 个数的整数数组，在对应的线段树中，根节点所代表的区间为[0,$n-1$]，每个节点有一个额外的属性 *max*，值为该节点所代表的数组区间 *start* 到 *end* 内的最大值。本例将为线段树设计一个 *query* 的方法，该方法接受 3 个参数 *root*、*start* 和 *end*，返回线段树 *root* 所代表的数组中子区间[*start*,*end*]内的最大值。

2. 问题示例

对于数组[1,4,2,3]，对应的线段树为：

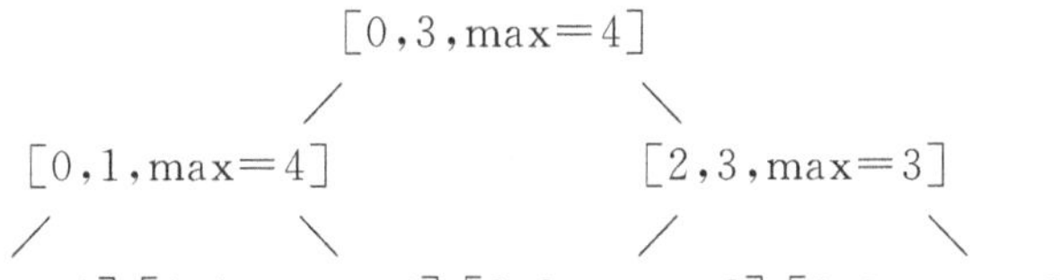

query(root,1,1)，返回 4；query(root,1,2)；返回 4；query(root,2,3)，返回 3；query(root,0,2)，返回 4。

3. 代码实现

```
class SegmentTreeNode:
    def __init__(self, start, end, max):
        self.start, self.end, self.max = start, end, max
        self.left, self.right = None, None
class Solution:
#参数 A 是一个整数数组
#返回值是线段树的根节点
    def build(self, A):
        return self.buildTree(0, len(A) - 1, A)
    def buildTree(self, start, end, A):
```

```
        if start > end:
            return None
        node = SegmentTreeNode(start, end, A[start])
        if start == end:
            return node
        mid = (start + end) // 2
        node.left = self.buildTree(start, mid, A)
        node.right = self.buildTree(mid + 1, end, A)
        if node.left is not None and node.left.max > node.max:
            node.max = node.left.max
        if node.right is not None and node.right.max > node.max:
            node.max = node.right.max
        return node
    def query(self, root, start, end):
        #
        if root.start > end or root.end < start:
            return -0x7fffff
        if start <= root.start and root.end <= end:
            return root.max
        return max(self.query(root.left, start, end), \
                   self.query(root.right, start, end))
def printTree(root):
    res = []
    if root is None:
        print(res)
    queue = []
    queue.append(root)
    while len(queue) != 0:
        tmp = []
        length = len(queue)
        for i in range(length):
            r = queue.pop(0)
            if r.left is not None:
                queue.append(r.left)
            if r.right is not None:
                queue.append(r.right)
            tmp.append(r.max)
        res.append(tmp)
    print(res)
if __name__ == '__main__':
    A = [1, 4, 2, 3]
    print("输入的数组是:", A)
    solution = Solution()
    root = solution.build(A)
    print("构造的线段树是:")
    printTree(root)
    print("运行 query(root,1,1):", solution.query(root, 1, 1))
```

```
print("运行 query(root,1,2):", solution.query(root, 1, 2))
print("运行 query(root,2,3):", solution.query(root, 2, 3))
print("运行 query(root,0,2):", solution.query(root, 0, 2))
```

4. 运行结果

输入的数组是：[1,4,2,3]
构造的线段树是：
[[4],[4,3],[1,4,2,3]]
运行 query(root,1,1)：4
运行 query(root,1,2)：4
运行 query(root,2,3)：3
运行 query(root,0,2)：4

例 132

是否为子树

1. 问题描述

有两个大小不同的二叉树：*T1* 和 *T2*，本例将设计一种算法，判定 *T2* 是否为 *T1* 的子树。

2. 问题示例

下例中 *T2* 是 *T1* 的子树，返回 True。

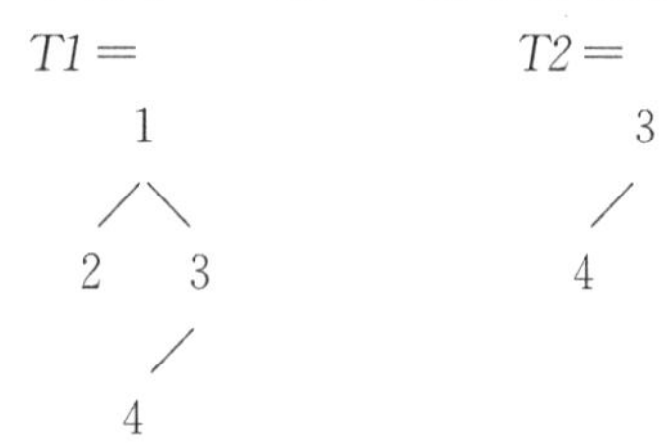

3. 代码实现

```
#树的定义
class TreeNode:
    def __init__(self, val):
        self.val = val
        self.left, self.right = None, None
class Solution:
#参数 T1、T2 是二叉树的根节点
#返回值是一个布尔值，当 T2 是 T1 的子树时返回 True，否则返回 False
    def get(self, root, rt):
        if root is None:
            rt.append("#")
            return
        rt.append(str(root.val))
        self.get(root.left, rt)
        self.get(root.right, rt)
```

```
    def isSubtree(self, T1, T2):
        rt = []
        self.get(T1, rt)
        t1 = ','.join(rt)
        rt = []
        self.get(T2, rt)
        t2 = ','.join(rt)
        return t1.find(t2) != -1
#主函数
if __name__ == '__main__':
    root1 = TreeNode(1)
    root1.left = TreeNode(2)
    root1.right = TreeNode(3)
    root1.right.left = TreeNode(4)
    root2 = TreeNode(3)
    root2.left = TreeNode(4)
    solution = Solution()
    print("T2 是否为 T1 的子树:", solution.isSubtree(root1, root2))
```

4. 运行结果

T2 是否为 T1 的子树：True

例 133

最小子树

1. 问题描述

给出一棵二叉树,找到和为最小的子树,返回其根节点。

2. 问题示例

给出如下二叉树,输出 1。

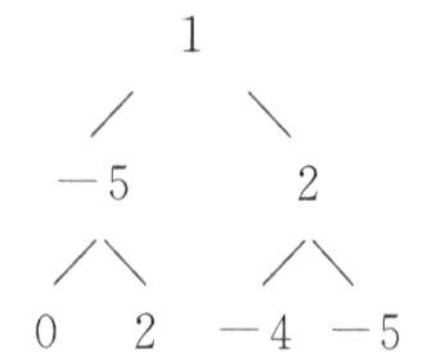

3. 代码实现

```
#树的定义
class TreeNode:
    def __init__(self, val):
        self.val = val
        self.left, self.right = None, None
import sys
class Solution:
    def findSubtree(self, root):
        self.minumum_weight = sys.maxsize
        self.result = None
        self.helper(root)
        return self.result
    def helper(self, root):
        if root is None:
            return 0
        left_weight = self.helper(root.left)
        right_weight = self.helper(root.right)
```

```
        if left_weight + right_weight + root.val < self.minumum_weight:
            self.minumum_weight = left_weight + right_weight + root.val
            self.result = root
        return left_weight + right_weight + root.val
def printTree(root):
    res = []
    if root is None:
        print(res)
    queue = []
    queue.append(root)
    while len(queue) != 0:
        tmp = []
        length = len(queue)
        for i in range(length):
            r = queue.pop(0)
            if r.left is not None:
                queue.append(r.left)
            if r.right is not None:
                queue.append(r.right)
            tmp.append(r.val)
        res.append(tmp)
    return (res)
#主函数
if __name__ == '__main__':
    root = TreeNode(1)
    root.left = TreeNode(-5)
    root.right = TreeNode(2)
    root.left.left = TreeNode(0)
    root.left.right = TreeNode(2)
    root.right.left = TreeNode(-4)
    root.right.right = TreeNode(-5)
    solution = Solution()
    print("最小子树的根节点是:", solution.findSubtree(root).val)
```

4. 运行结果

最小子树的根节点是：1

例 134

具有最大平均数的子树

1. 问题描述

给定一棵二叉树,找到有最大平均值的子树,返回子树的根节点,并输出子树。

2. 问题示例

给一个二叉树,将返回节点 11。

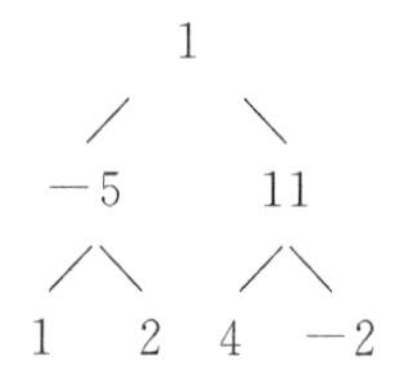

3. 代码实现

```
#树的定义
class TreeNode:
    def __init__(self, val):
        self.val = val
        self.left, self.right = None, None
class Solution:
#参数 root 是一个二叉树的根节点
#返回值是最大平均值子树的根节点
    average, node = 0, None
    def findSubtree2(self, root):
        self.helper(root)
        return self.node
    def helper(self, root):
        if root is None:
            return 0, 0
        left_sum, left_size = self.helper(root.left)
        right_sum, right_size = self.helper(root.right)
```

```
            sum, size = left_sum + right_sum + root.val, left_size + right_size + 1
            if self.node is None or sum * 1.0 / size > self.average:
                self.node = root
                self.average = sum * 1.0 / size
            return sum, size
def printTree(root):
    res = []
    if root is None:
        print(res)
    queue = []
    queue.append(root)
    while len(queue) != 0:
        tmp = []
        length = len(queue)
        for i in range(length):
            r = queue.pop(0)
            if r.left is not None:
                queue.append(r.left)
            if r.right is not None:
                queue.append(r.right)
            tmp.append(r.val)
        res.append(tmp)
    return (res)
#主函数
if __name__ == '__main__':
    root = TreeNode(1)
    root.left = TreeNode(-5)
    root.right = TreeNode(11)
    root.left.left = TreeNode(1)
    root.left.right = TreeNode(2)
    root.right.left = TreeNode(4)
    root.right.right = TreeNode(-2)
    solution = Solution()
    print("给定二叉树是:", printTree(root))
    print("最大平均值的子树是:", printTree(solution.findSubtree2(root)))
```

4. 运行结果

给定二叉树是：[[1],[−5,11],[1,2,4,−2]]
最大平均值的子树是：[[11],[4,−2]]

例 135

二叉搜索树中最接近的值

1. 问题描述

给定一棵非空二叉搜索树(BST)以及一个 *target* 值,找到其中最接近给定值的 k 个数。注意,①给出的 *target* 值为浮点数;②可以假设 k 总是合理的,即 k 小于等于总节点数;③可以保证在给出 BST 中只有唯一一个最接近给定值的 k 个值的集合。

2. 问题示例

给出 $root=\{1\}$,$target=0.000000$,$k=1$,返回[1]。

3. 代码实现

```
#定义树结构
#参数 root 是给定的二叉搜索树
#参数 target 是一个给定的目标值
#参数 k 是一个给定的 k 值
#返回值是距离目标值 target 最近的 k 个值
class TreeNode:
    def __init__(self, val):
        self.val = val
        self.left, self.right = None, None
class Solution:
    def closestKValues(self, root, target, k):
        if root is None:
            return []
        self.allnodes = {}
        diff = []
        result = []
        self.dsf(root, target)
        for i in self.allnodes:
            diff.append(i)
        diff.sort()
        for i in range(k):
```

```
                a = diff[i]
                result.append(self.allnodes[a])
            return result
        def dsf(self, root, target):
            if root is None:
                return
            dif = abs(target - root.val)
            self.allnodes[dif] = root.val
            self.dsf(root.left, target)
            self.dsf(root.right, target)
            return
#主函数
if __name__ == "__main__":
    root = TreeNode(1)
    target = 0.000000
    k = 1
    #创建对象
    solution = Solution()
    print("root = ",root,"target = ",target,"k = ",k)
    print("输出的结果是:",solution.closestKValues(root,target,k))
```

4. 运行结果

root=1 target=0.0 k=1

输出的结果是：[1]

例 136

二叉搜索树中插入节点

1. 问题描述

给定一棵二叉搜索树和一个新的树节点，将节点插入树中，需要保证该树仍然是一棵二叉搜索树。

2. 问题示例

给出一棵二叉搜索树如下左侧所示，在插入节点 6 之后这棵二叉搜索树如下右侧所示：

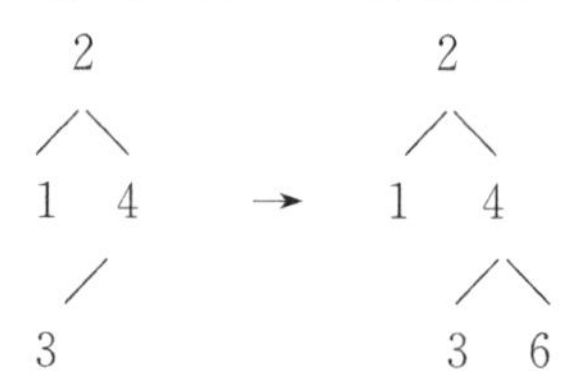

3. 代码实现

```
#树的定义
#参数 root 是二叉搜索树的根节点
#参数 node 是要插入二叉搜索树的节点
#返回值是新的二叉搜索树的根节点
class TreeNode:
    def __init__(self, val):
        self.val = val
        self.left, self.right = None, None
class Solution:
    def insertNode(self, root, node):
        if root is None:
            return node
        curt = root
        while curt != node:
            if node.val < curt.val:
                if curt.left is None:
```

```
                    curt.left = node
                curt = curt.left
            else:
                if curt.right is None:
                    curt.right = node
                curt = curt.right
        return root
def printTree(root):
    res = []
    if root is None:
        print(res)
    queue = []
    queue.append(root)
    while len(queue) != 0:
        tmp = []
        length = len(queue)
        for i in range(length):
            r = queue.pop(0)
            if r.left is not None:
                queue.append(r.left)
            if r.right is not None:
                queue.append(r.right)
            tmp.append(r.val)
        res.append(tmp)
    print(res)
if __name__ == '__main__':
      root = TreeNode(2)
      root.left = TreeNode(1)
      root.right = TreeNode(4)
      root.right.left = TreeNode(3)
      solution = Solution()
      node = TreeNode(6)
      print("原始二叉树为")
      printTree(root)
      print("插入节点为:")
      printTree(node)
      root0 = solution.insertNode(root, node)
      print("插入后的树为")
      printTree(root0)
```

4. 运行结果

原始二叉树为：[[2],[1, 4],[3]]
插入节点为：[[6]]
插入后的树为：[[2],[1, 4],[3, 6]]

例 137

二叉搜索树中删除节点

1. 问题描述

给定一棵具有不同节点值的二叉搜索树，删除树中与给定值相同的节点。如果树中没有相同值的节点，就不做任何处理，并保证处理之后的树仍是二叉搜索树。

2. 问题示例

给出如下二叉搜索树：

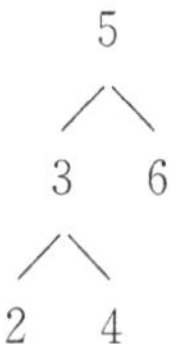

删除节点 3 之后，可以返回：

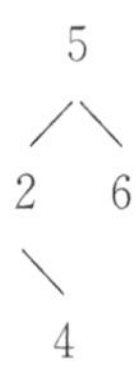

或者：

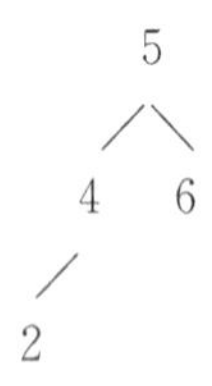

3. 代码实现

```
#树的定义
#参数 root 是二叉搜索树的根节点
```

```
#参数 value 是将要删除节点的给定值
#返回值是移除后二叉搜索树的根节点
class TreeNode:
    def __init__(self, val):
        self.val = val
        self.left, self.right = None, None
class Solution:
    ans = []
    def inorder(self, root, value):
        if root is None:
            return
        self.inorder(root.left, value)
        if root.val != value:
            self.ans.append(root.val)
        self.inorder(root.right, value)
    def build(self, l, r):
        if l == r:
            node = TreeNode(self.ans[l])
            return node
        if l > r:
            return None
        mid = (l + r) // 2 + 1
        node = TreeNode(self.ans[mid])
        node.left = self.build(l, mid - 1)
        node.right = self.build(mid + 1, r)
        return node
    def removeNode(self, root, value):
        self.inorder(root, value)
        return self.build(0, len(self.ans) - 1)
#遍历这个树
def printTree(root):
    res = []
    if root is None:
        print(res)
    queue = []
    queue.append(root)
    while len(queue) != 0:
        tmp = []
        length = len(queue)
        for i in range(length):
            r = queue.pop(0)
            if r.left is not None:
                queue.append(r.left)
            if r.right is not None:
                queue.append(r.right)
            tmp.append(r.val)
        res.append(tmp)
```

```
    return (res)
#遍历这个二叉树
def inorderTraversal(root):
    if root == None:
        return []
    res = []
    res += inorderTraversal(root.left)
    res.append(root.val)
    res += inorderTraversal(root.right)
    return res
# 主函数
if __name__ == '__main__':
    root = TreeNode(5)
    root.left = TreeNode(3)
    root.right = TreeNode(6)
    root.left.left = TreeNode(2)
    root.left.right = TreeNode(4)
    solution = Solution()
    print("原来的二叉树是:", inorderTraversal(root))
    n = int(input("请输入要删除的节点值:"))
    print("删除后的二叉树是:", inorderTraversal(solution.removeNode(root, n)))
```

4. 运行结果

原来的二叉树是:[2,3,4,5,6]
请输入要删除的节点值:2
删除后的二叉树是:[3,4,5,6]

例 138

二叉搜索树转化成更大的树

1. 问题描述

给定二叉搜索树，将其转换为更大的树，使原始 BST 上每个节点的值都更改为在原始树中大于等于该节点值之和(包括该节点)。

2. 问题示例

给定二叉搜索树{5,2,13}：

```
   5
  / \
2    13
```

返回新的二叉搜索树：

```
   18
```

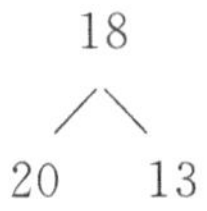

```
20    13
```

3. 代码实现

```
#树的定义
#参数 root 是二叉树的根节点，类型是树节点
#返回值的类型是树节点，表示新的根
class TreeNode:
    def __init__(self, val):
        self.val = val
        self.left, self.right = None, None
class Solution:
    def convertBST(self, root):
        self.sum = 0
        self.helper(root)
        return root
    def helper(self, root):
```

```
        if root is None:
            return
        if root.right:
            self.helper(root.right)
        self.sum += root.val
        root.val = self.sum
        if root.left:
            self.helper(root.left)
def printTree(root):
    res = []
    if root is None:
        print(res)
    queue = []
    queue.append(root)
    while len(queue) != 0:
        tmp = []
        length = len(queue)
        for i in range(length):
            r = queue.pop(0)
            if r.left is not None:
                queue.append(r.left)
            if r.right is not None:
                queue.append(r.right)
            tmp.append(r.val)
        res.append(tmp)
    print(res)
if __name__ == '__main__':
    root = TreeNode(5)
    root.left = TreeNode(2)
    root.right = TreeNode(13)
    solution = Solution()
    print("原始二叉树为")
    printTree(root)
    root0 = solution.convertBST(root)
    print("转换后的树为")
    printTree(root0)
```

4. 运行结果

原始二叉树为:[[5],[2, 13]]
转换后的树为:[[18],[20, 13]]

例 139

二叉搜索树的搜索区间

1. 问题描述

给定两个值 $k1$、$k2$($k1<k2$)和一个二叉搜索树的根节点。找到树中所有值在 $k1$ 到 $k2$ 范围内的节点,并打印所有 x($k1\leqslant x\leqslant k2$),其中 x 是二叉搜索树中的节点值,返回所有升序的节点值。

2. 问题示例

如果二叉搜索树如下所示,且 $k1=10$ 和 $k2=22$,则应该返回[12, 20, 22]。

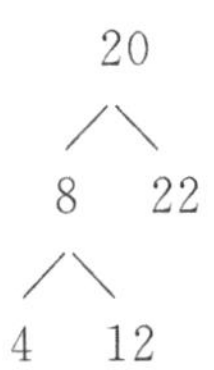

3. 代码实现

```
#参数 root 是二叉搜索树的根节点
#参数 k1 和 k2 表示从 k1 到 k2 的范围
#返回值是所有 k1≤key≤k2 范围内的升序节点值
class TreeNode:
    def __init__(self, val):
        self.val = val
        self.left, self.right = None, None
class Solution:
    def searchRange(self, root, k1, k2):
        ans = []
        if root is None:
            return ans
        queue = [root]
        index = 0
        while index < len(queue):
            if queue[index] is not None:
```

```
                if queue[index].val >= k1 and \
                            queue[index].val <= k2:
                    ans.append(queue[index].val)
                queue.append(queue[index].left)
                queue.append(queue[index].right)
            index += 1
        return sorted(ans)
def printTree(root):
    res = []
    if root is None:
        print(res)
    queue = []
    queue.append(root)
    while len(queue) != 0:
        tmp = []
        length = len(queue)
        for i in range(length):
            r = queue.pop(0)
            if r.left is not None:
                queue.append(r.left)
            if r.right is not None:
                queue.append(r.right)
            tmp.append(r.val)
        res.append(tmp)
    print(res)
if __name__ == '__main__':
    root = TreeNode(20)
    root.left = TreeNode(8)
    root.right = TreeNode(22)
    root.left.left = TreeNode(4)
    root.left.right = TreeNode(12)
    print("原始二叉树是:")
    printTree(root)
    k1 = 10
    k2 = 22
    print("k1 = ", k1, "\nk2 = ", k2)
    solution = Solution()
    print("所有升序的节点值是:", solution.searchRange(root, k1, k2))
```

4. 运行结果

原始二叉树是：

[[20],[8, 22],[4, 12]]

k1=10

k2=22

所有升序的节点值是：[12,20,22]

例 140

二叉搜索树的中序后继

1. 问题描述

给定一个二叉搜索树以及一个节点，采用中序遍历的方法，求给定后继节点，如果没有后继节点则返回 null。

2. 问题示例

给出 $tree=[2,1]$，$node=1$，返回 $node2$。

```
    2
  /
1
```

给出 $tree=[2,1,3]$，$node=2$，返回 $node3$。

```
  2
 / \
1   3
```

3. 代码实现

```
#树的定义
#参数 root 是二叉搜索树的根节点
#参数 p,需要找到 p 节点的后继节点
#返回 p 节点的后继节点
class TreeNode:
    def __init__(self, val):
        self.val = val
        self.left, self.right = None, None
class Solution:
    def inorderSuccessor(self, root, p):
        successor = None
        while root:
            if root.val > p.val:
```

```
                successor = root
                root = root.left
            else:
                root = root.right
        return successor
def printTree(root):
    res = []
    if root is None:
        print(res)
    queue = []
    queue.append(root)
    while len(queue) != 0:
        tmp = []
        length = len(queue)
        for i in range(length):
            r = queue.pop(0)
            if r.left is not None:
                queue.append(r.left)
            if r.right is not None:
                queue.append(r.right)
            tmp.append(r.val)
        res.append(tmp)
    print(res)
if __name__ == '__main__':
    root = TreeNode(2)
    root.left = TreeNode(1)
    root.right = TreeNode(3)
    solution = Solution()
    print("原始二叉树为")
    printTree(root)
    node = TreeNode(2)
    print("给定的节点是")
    printTree(node)
    root0 = solution.inorderSuccessor(root, node)
    print("该节点的后序遍历的后继是")
    printTree(root0)
```

4. 运行结果

原始二叉树为：[[2],[1, 3]]
给定的节点是：[[2]]
该节点后序遍历的后继是：[[3]]

例 141

二叉搜索树两数之和

1. 问题描述

给定一棵二叉搜索树以及一个整数 n，在树中找到和为 n 的两个数字并返回。

2. 问题示例

给定一棵二叉搜索树以及一个整数 $n=3$，返回[1, 2]或[2, 1]。

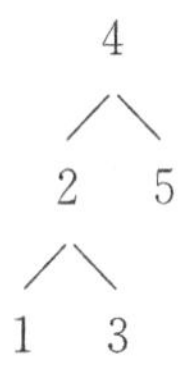

3. 代码实现

```
#参数 root 是一个树的根节点
#参数 n 是目标的和
#返回值是树中和为 n 的两个数字
class TreeNode:
    def __init__(self, val):
        self.val = val
        self.left, self.right = None, None
class Solution:
    def twoSum(self, root, n):
        if not root:
            return
        stack, check = [], set()
        while stack or root:
            while root:
                stack.append(root)
                root = root.left
            root = stack.pop()
```

```
            if root.val == n:
                return root.val
            elif n - root.val in check:
                return [root.val, n - root.val]
            if root.val not in check:
                check.add(root.val)
            root = root.right
        return False
def printTree(root):
    res = []
    if root is None:
        print(res)
    queue = []
    queue.append(root)
    while len(queue) != 0:
        tmp = []
        length = len(queue)
        for i in range(length):
            r = queue.pop(0)
            if r.left is not None:
                queue.append(r.left)
            if r.right is not None:
                queue.append(r.right)
            tmp.append(r.val)
        res.append(tmp)
    print(res)
if __name__ == '__main__':
    root = TreeNode(4)
    root.left = TreeNode(2)
    root.right = TreeNode(5)
    root.left.left = TreeNode(1)
    root.left.right = TreeNode(3)
    print("原始二叉树是:")
    printTree(root)
    n = 3
    solution = Solution()
    print("n = ", n)
    print("在树中找到的和为n的两个数字是:", solution.twoSum(root, n))
```

4. 运行结果

原始二叉树是：

[[4],[2, 5],[1, 3]]

n=3

在树中找到的和为 n 的两个数字是：[2, 1]

例 142

裁剪二叉搜索树

1. 问题描述

给定一棵有根的二叉搜索树和两个数字 min、max，裁剪这个树使得所有的数字在范围 min 和 max 之间(包括 min 和 max)，所得的树仍然是合法的二叉搜索树。例如，输入是二叉搜索树如图 1 所示，给定 $min=5$ 和 $max=13$，裁剪后二叉搜索树的结果如图 2 所示。

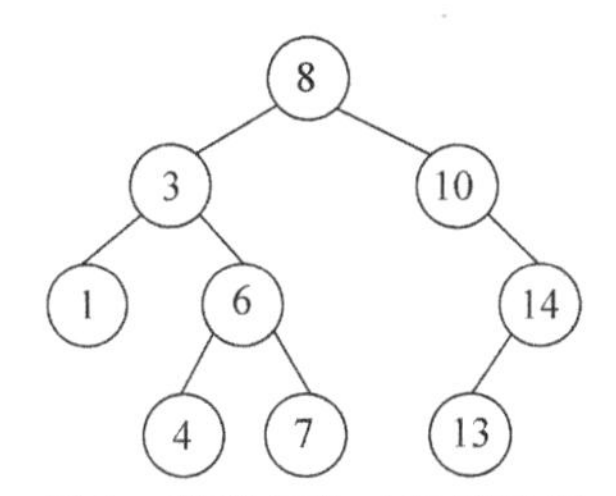

图 1　裁剪前的二叉搜索树

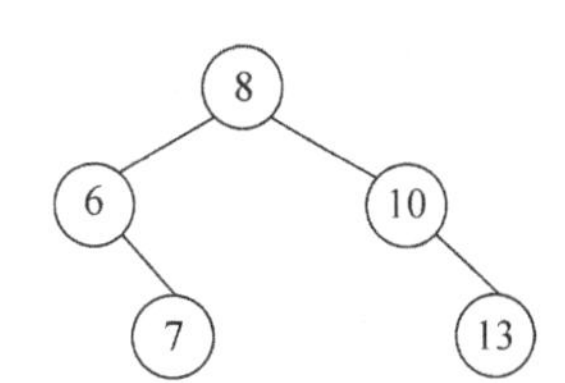

图 2　裁剪后的二叉搜索树

2. 问题示例

给定一棵二分搜索树：{8,3,10,1,6,x,14,x,x,4,7,13}和 $min=5$，$max=13$，一个可能的答案是{8, 6, 10,x,7,x, 13}，其中 x 代表空。

3. 代码实现

```
# 树的定义
#参数 root 是二叉搜索树的根节点
#参数 minimum 是最小的限制值
#参数 maximum 是最大的限制值
#返回值是新树的根节点
class TreeNode:
    def __init__(self, val):
        self.val = val
```

```
        self.left, self.right = None, None
class Solution:
    def trimBST(self, root, minimum, maximum):
        if not root:
            return None
        if root.val < minimum:
            return self.trimBST(root.right, minimum, maximum)
        if root.val > maximum:
            return self.trimBST(root.left, minimum, maximum)
        root.left = self.trimBST(root.left, minimum, maximum)
        root.right = self.trimBST(root.right, minimum, maximum)
        return root
def printTree(root):
    res = []
    if root is None:
        print(res)
    queue = []
    queue.append(root)
    while len(queue) != 0:
        tmp = []
        length = len(queue)
        for i in range(length):
            r = queue.pop(0)
            if r.left is not None:
                queue.append(r.left)
            if r.right is not None:
                queue.append(r.right)
            tmp.append(r.val)
        res.append(tmp)
    print(res)
if __name__ == '__main__':
    root = TreeNode(8)
    root.left = TreeNode(3)
    root.right = TreeNode(10)
    root.left.left = TreeNode(1)
    root.left.right = TreeNode(6)
    root.right.right = TreeNode(14)
    root.left.right.left = TreeNode(4)
    root.left.right.right = TreeNode(7)
    root.right.right.left = TreeNode(13)
    solution = Solution()
    print("原始二叉树为")
    printTree(root)
    min = 5
    max = 13
    print("给定的 max 和 min 分别是", max, min)
    root0 = solution.trimBST(root, min, max)
```

```
    print("二分搜索树的结果是")
    printTree(root0)
```

4. 运行结果

原始二叉树为

[[8],[3, 10],[1, 6, 14],[4, 7, 13]]

给定的 max 和 min 分别是 13、5

二分搜索树的结果是

[[8],[6, 10],[7, 13]]

例 143

统计完全二叉树节点数

1. 问题描述

给定一棵完全二叉树，计算它的节点数。

2. 问题示例

给定输入为如下的完全二叉树，输出为 6。

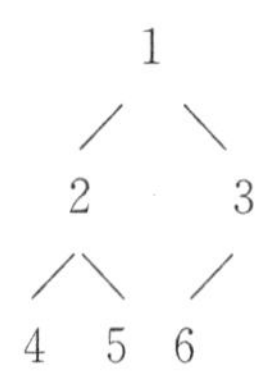

3. 代码实现

```
#树的定义
class TreeNode:
    def __init__(self, val):
        self.val = val
        self.left, self.right = None, None
class Solution(object):
    def countNodes(self, root):
#root 的类型是树节点
#返回值的类型是整数型
#一直向左下走来计算深度
        def getDepth(Node):
            if Node == None:
                return 0
            depth = 1
            while Node.left != None:
                depth += 1
                Node = Node.left
            return depth
```

```
        if root == None:
            return 0
        rightT = root.right
        leftT = root.left
        rDepth = getDepth(rightT)
        lDepth = getDepth(leftT)
        #如果左、右子树深度相同,那么说明右子数是满二叉树,左子树是完全二叉树
        if rDepth == lDepth:
            return self.countNodes(rightT) + 2 ** lDepth
        #否则说明左子树是满二叉树,右子树是完全二叉树
        else:
            return self.countNodes(leftT) + 2 ** rDepth
def printTree(root):
    res = []
    if root is None:
        print(res)
    queue = []
    queue.append(root)
    while len(queue) != 0:
        tmp = []
        length = len(queue)
        for i in range(length):
            r = queue.pop(0)
            if r.left is not None:
                queue.append(r.left)
            if r.right is not None:
                queue.append(r.right)
            tmp.append(r.val)
        res.append(tmp)
    print(res)
if __name__ == '__main__':
    root = TreeNode(1)
    root.left = TreeNode(2)
    root.right = TreeNode(3)
    root.left.left = TreeNode(4)
    root.left.right = TreeNode(5)
    root.right.left = TreeNode(6)
    solution = Solution()
    print("原始二叉树为")
    printTree(root)
    total = solution.countNodes(root)
    print("完全树节点数是:", total)
```

4. 运行结果

原始二叉树为：[[1],[2,3],[4,5,6]]
完全树节点数是：6

例 144

二叉搜索树迭代器

1. 问题描述

本例将实现一个带有下列属性的二叉查找树迭代器：

① next()返回二叉树中下一个最小的元素；

② 元素按照递增的顺序被访问(例如中序遍历)；

③ next()和 hasNext()的询问操作要求平均时间复杂度是 $O(1)$。

2. 问题示例

对于下列二叉查找树，使用迭代器进行中序遍历的结果为[1，6，10，11，12]。

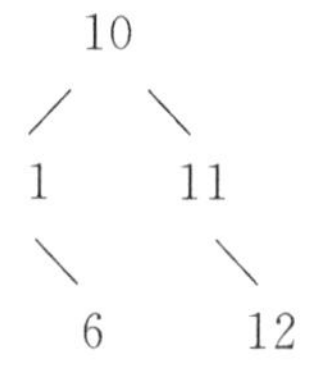

3. 代码实现

```
class TreeNode:
    def __init__(self, val):
        self.val = val
        self.left, self.right = None, None
class BSTIterator:
#参数 root 是二叉树的根节点
    def __init__(self, root):
        self.stack = []
        self.curt = root
#如果有下一个节点就返回 True,否则返回 false
    def hasNext(self):
        return self.curt is not None or len(self.stack) > 0
#返回下一个节点
```

```
    def next(self):
        while self.curt is not None:
            self.stack.append(self.curt)
            self.curt = self.curt.left
        self.curt = self.stack.pop()
        nxt = self.curt
        self.curt = self.curt.right
        return nxt
if __name__ == '__main__':
    root = TreeNode(10)
    root.left = TreeNode(1)
    root.right = TreeNode(11)
    root.left.right = TreeNode(6)
    root.right.right = TreeNode(12)
    iterator = BSTIterator(root)
    print("使用迭代器进行中序遍历的结果是:")
    while iterator.hasNext():
        node = iterator.next()
        print(node.val)
```

4. 运行结果

使用迭代器进行中序遍历的结果是：

1

6

10

11

12

例 145

翻转二叉树

1. 问题描述

翻转一棵二叉树。

2. 问题示例

原始的二叉树如左侧所示，翻转后的二叉树如右侧所示。

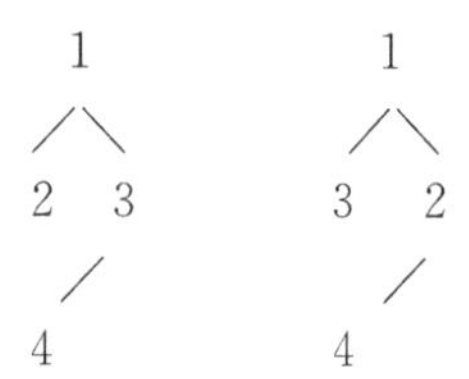

3. 代码实现

```
#树的定义
#参数 root 是一个树节点，表示二叉树的根节点
#返回翻转后的值
class invertBinaryTree:
    def __init__(self, val):
        self.val = val
        self.left, self.right = None, None
class Solution:
    def invertBinaryTree(self, root):
        self.dfs(root)
    def dfs(self, node):
        left = node.left
        right = node.right
        node.left = right
        node.right = left
        if (left != None): self.dfs(left)
        if (right != None): self.dfs(right)
```

```
def printTree(root):
    res = []
    if root is None:
        print(res)
    queue = []
    queue.append(root)
    while len(queue) != 0:
        tmp = []
        length = len(queue)
        for i in range(length):
            r = queue.pop(0)
            if r.left is not None:
                queue.append(r.left)
            if r.right is not None:
                queue.append(r.right)
            tmp.append(r.val)
        res.append(tmp)
    print(res)
if __name__ == '__main__':
    root = invertBinaryTree(1)
    root.left = invertBinaryTree(2)
    root.right = invertBinaryTree(3)
    root.right.left = invertBinaryTree(4)
    print("原始二叉树为:")
    printTree(root)
    solution = Solution()
    solution.invertBinaryTree(root)
    print("翻转后的二叉树为:")
    printTree(root)
```

4. 运行结果

原始二叉树为：

[[1],[2, 3],[4]]

翻转后的二叉树为：

[[1],[3, 2],[4]]

例 146

相同二叉树

1. 问题描述

检查两棵二叉树是否等价,即两棵二叉树必须拥有相同的结构,并且每个对应位置节点上的数都相等。

2. 问题示例

下面的两棵二叉树就是两棵等价的二叉树,将返回 True。

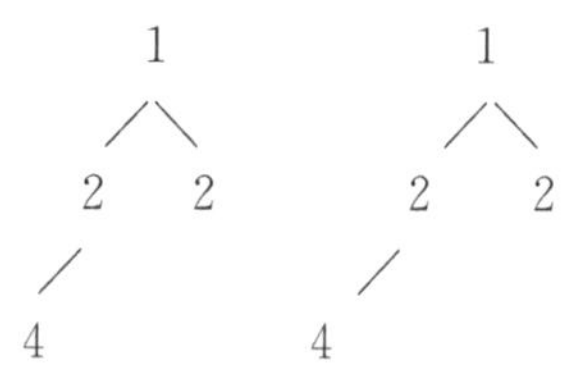

下面的两棵二叉树是不等价的,将返回 False。

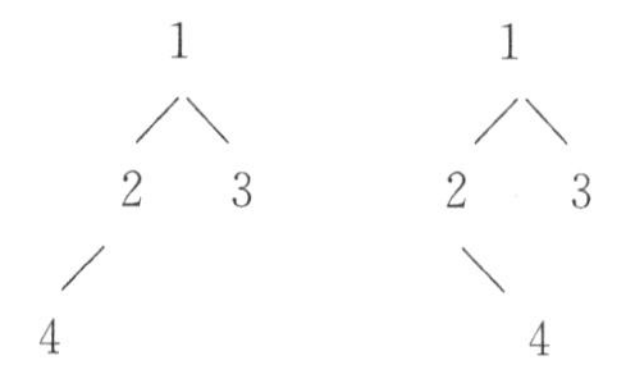

3. 代码实现

```
#树的定义
#参数 a 是二叉树 a 的根节点
#参数 b 是二叉树 b 的根节点
#当他们相同则返回 True,否则返回 False
class TreeNode:
    def __init__(self, val):
        self.val = val
        self.left, self.right = None, None
class Solution:
    def isIdentical(self, a, b):
        if a == None and b == None:
```

```
            return True
        if a == None or b == None:
            return False
        if a.val != b.val:
            return False
        a1 = self.isIdentical(a.left, b.left)
        b1 = self.isIdentical(a.right, b.right)
        return a1 and b1
def printTree(root):
    res = []
    if root is None:
        print(res)
    queue = []
    queue.append(root)
    while len(queue) != 0:
        tmp = []
        length = len(queue)
        for i in range(length):
            r = queue.pop(0)
            if r.left is not None:
                queue.append(r.left)
            if r.right is not None:
                queue.append(r.right)
            tmp.append(r.val)
        res.append(tmp)
    print(res)
if __name__ == '__main__':
    root1 = TreeNode(1)
    root1.left = TreeNode(2)
    root1.right = TreeNode(3)
    root1.left.left = TreeNode(4)
    print("原始二叉树 1 为")
    printTree(root1)
    root2 = TreeNode(1)
    root2.left = TreeNode(2)
    root2.right = TreeNode(3)
    root2.left.right = TreeNode(4)
    print("原始二叉树 2 为")
    printTree(root2)
    solution = Solution()
    print("二叉树 1 与二叉树 1 进行判断:", solution.isIdentical(root1, root1))
    print("二叉树 1 与二叉树 2 进行判断:", solution.isIdentical(root1, root2))
```

4. 运行结果

原始二叉树 1 为：[[1],[2, 3],[4]]

原始二叉树 2 为：[[1],[2, 3],[4]]

二叉树 1 与二叉树 1 进行判断：True

二叉树 1 与二叉树 2 进行判断：False

例 147 前序遍历树和中序遍历树构造二叉树

1. 问题描述

根据前序遍历树和中序遍历树构造二叉树。

2. 问题示例

给出中序遍历[1,2,3]和前序遍历[2,1,3],返回的二叉树如下所示。

```
  2
 / \
1   3
```

3. 代码实现

```
#树的定义
#参数 preorder 是前序遍历一个树的整数数组
#参数 inorder 是中序遍历一个树的整数数组
#返回值是一个树的根节点
class TreeNode:
    def __init__(self, val):
        self.val = val
        self.left, self.right = None, None
class Solution:
    def buildTree(self, preorder, inorder):
        if not inorder: return None # inorder is empty
        root = TreeNode(preorder[0])
        rootPos = inorder.index(preorder[0])
        root.left = self.buildTree(preorder[1: 1 + rootPos], inorder[: rootPos])
        root.right = self.buildTree(preorder[rootPos + 1:], inorder[rootPos + 1:])
        return root
def printTree(root):
    res = []
    if root is None:
        print(res)
```

```
        queue = []
        queue.append(root)
        while len(queue) != 0:
            tmp = []
            length = len(queue)
            for i in range(length):
                r = queue.pop(0)
                if r.left is not None:
                    queue.append(r.left)
                if r.right is not None:
                    queue.append(r.right)
                tmp.append(r.val)
            res.append(tmp)
        print(res)
if __name__ == '__main__':
    inorder = [1, 2, 3]
    preorder = [2, 1, 3]
    print("前序遍历为:", preorder)
    print("中序遍历为:", inorder)
    solution = Solution()
    root = solution.buildTree(preorder, inorder)
    print("构造的二叉树为:")
    printTree(root)
```

4. 运行结果

前序遍历为：[2,1,3]
中序遍历为：[1,2,3]
构造的二叉树为：[[2],[1,3]]

例 148

二叉树的后序遍历

1. 问题描述

给出一棵二叉树,返回其节点值的后序遍历。

2. 问题示例

给出一棵二叉树{1,x,2,3},其中 x 代表空。后序遍历后,返回[3,2,1]。

```
1
  \
    2
  /
3
```

3. 代码实现

```
#树的定义
#参数 root 是二叉树的根节点
#返回值是二叉树节点值的后序遍历
class TreeNode:
    def __init__(self, val):
        self.val = val
        self.left, self.right = None, None
class Solution:
    result = []
    def traverse(self, root):
        if root is None:
            return
        self.traverse(root.left)
        self.traverse(root.right)
        self.results.append(root.val)
    def postorderTraversal(self, root):
        self.results = []
```

```
        self.traverse(root)
        return self.results
        #
def printTree(root):
    res = []
    if root is None:
        print(res)
    queue = []
    queue.append(root)
    while len(queue) != 0:
        tmp = []
        length = len(queue)
        for i in range(length):
            r = queue.pop(0)
            if r.left is not None:
                queue.append(r.left)
            if r.right is not None:
                queue.append(r.right)
            tmp.append(r.val)
        res.append(tmp)
    print(res)
if __name__ == '__main__':
    root = TreeNode(1)
    root.right = TreeNode(2)
    root.right.left = TreeNode(3)
    print("原始二叉树为")
    printTree(root)
    solution = Solution()
    print("后序遍历的结果为", solution.postorderTraversal(root))
```

4. 运行结果

原始二叉树为：[[1],[2],[3]]
后序遍历的结果为：[3,2,1]

例 149

二叉树的所有路径

1. 问题描述

给出一棵二叉树,找出从根节点到叶子节点的所有路径。

2. 问题示例

给出下面这棵二叉树:

```
   1
 /  \
2    3
 \
  5
```

可以得到所有根到叶子的路径,如下所示。

```
[
  "1->2->5",
  "1->3"
]
```

3. 代码实现

```
#树的定义
#参数 root 是二叉树的根节点
#返回值是从根节点到叶子节点的所有路径
class TreeNode:
    def __init__(self, val):
        self.val = val
        self.left, self.right = None, None
class Solution:
    def binaryTreePaths(self, root):
        if root is None:
            return []
```

```
        result = []
        self.dfs(root, [], result)
        return result
    def dfs(self, node, path, result):
        path.append(str(node.val))
        if node.left is None and node.right is None:
            result.append('->'.join(path))
            path.pop()
            return
        if node.left:
            self.dfs(node.left, path, result);
        if node.right:
            self.dfs(node.right, path, result)
        path.pop()
def printTree(root):
    res = []
    if root is None:
        print(res)
    queue = []
    queue.append(root)
    while len(queue) != 0:
        tmp = []
        length = len(queue)
        for i in range(length):
            r = queue.pop(0)
            if r.left is not None:
                queue.append(r.left)
            if r.right is not None:
                queue.append(r.right)
            tmp.append(r.val)
        res.append(tmp)
    print(res)
if __name__ == '__main__':
    root = TreeNode(1)
    root.left = TreeNode(2)
    root.right = TreeNode(3)
    root.left.right = TreeNode(5)
    print("原始二叉树为")
    printTree(root)
    solution = Solution()
    print("后序遍历的结果为", solution.binaryTreePaths(root))
```

4. 运行结果

原始二叉树为[[1],[2,3],[5]]

后序遍历的结果为['1->2->5', '1->3']

例 150 中序遍历树和后序遍历树构造二叉树

1. 问题描述

根据中序遍历树和后序遍历树构造二叉树。

2. 问题示例

给出树的中序遍历[1,2,3]和后序遍历[1,3,2],返回的二叉树如下所示。

```
  2
 / \
1   3
```

3. 代码实现

```
#树的定义
#参数 inorder 是一棵树中序遍历的整数数组,postorder 是一棵树后序遍历的整数数组
#返回一个树的根节点
class TreeNode:
    def __init__(self, val):
        self.val = val
        self.left, self.right = None, None
class Solution:
    def buildTree(self, inorder, postorder):
        if not inorder: return None
        root = TreeNode(postorder[-1])
        rootPos = inorder.index(postorder[-1])
        root.left = self.buildTree(inorder[: rootPos], postorder[: rootPos])
        root.right = self.buildTree(inorder[rootPos + 1:], postorder[rootPos: -1])
        return root
def printTree(root):
    res = []
    if root is None:
        print(res)
    queue = []
```

```
    queue.append(root)
    while len(queue) != 0:
        tmp = []
        length = len(queue)
        for i in range(length):
            r = queue.pop(0)
            if r.left is not None:
                queue.append(r.left)
            if r.right is not None:
                queue.append(r.right)
            tmp.append(r.val)
        res.append(tmp)
    print(res)
if __name__ == '__main__':
    inorder = [1, 2, 3]
    postorder = [1, 3, 2]
    print("中序遍历为:", inorder)
    print("后序遍历为:", postorder)
    solution = Solution()
    root = solution.buildTree(inorder, postorder)
    print("构造的二叉树为:")
    printTree(root)
```

4. 运行结果

中序遍历为：[1，2，3]
后序遍历为：[1，3，2]
构造的二叉树为：[[2],[1,3]]

例 151

二叉树的序列化和反序列化

1. 问题描述

将树写入一个文件被称为“序列化”，读取该文件后重建同样的二叉树被称为“反序列化”。本例将设计算法并编写代码来序列化和反序列化二叉树。如何反序列化或序列化二叉树是没有限制的，只需要确保可以将二叉树序列化为一个字符串，并且可以将字符串反序列化为原来的树结构。

2. 问题示例

给出一个测试数据样例，二叉树[3,9,20,#,#,15,7]，#表示空，表示的二叉树如下所示。

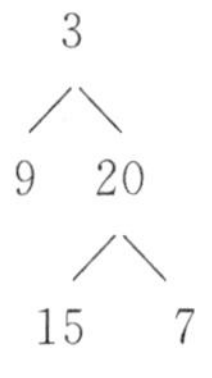

3. 代码实现

```
#树的定义
class TreeNode:
    def __init__(self, val):
        self.val = val
        self.left, self.right = None, None
class Solution:
    def serialize(self, root):
        if not root:
            return ['#']
        ans = []
        ans.append(str(root.val))
        ans += self.serialize(root.left)
        ans += self.serialize(root.right)
```

```
            return ans
    def deserialize(self, data):
        ch = data.pop(0)
        if ch == '#':
            return None
        else:
            root = TreeNode(int(ch))
        root.left = self.deserialize(data)
        root.right = self.deserialize(data)
        return root
def printTree(root):
    res = []
    if root is None:
        print(res)
    queue = []
    queue.append(root)
    while len(queue) != 0:
        tmp = []
        length = len(queue)
        for i in range(length):
            r = queue.pop(0)
            if r.left is not None:
                queue.append(r.left)
            if r.right is not None:
                queue.append(r.right)
            tmp.append(r.val)
        res.append(tmp)
    print(res)
if __name__ == '__main__':
    root = TreeNode(3)
    root.left = TreeNode(9)
    root.right = TreeNode(20)
    root.right.left = TreeNode(15)
    root.right.right = TreeNode(7)
    print("原始二叉树为:")
    printTree(root)
    solution = Solution()
    print("将二叉树序列化:")
    list0 = solution.serialize(root)
    print(list0)
    print("将序列化的数字再次反序列化:")
    root0 = solution.deserialize(list0)
    printTree(root0)
```

4. 运行结果

原始二叉树为：[[3],[9,20],[15,7]]

将二叉树序列化：['3', '9', '#', '#', '20', '15', '#', '#', '7', '#', '#']

将序列化的数字再次反序列化：[[3],[9,20],[15,7]]

例 152

二叉树的层次遍历 I

1. 问题描述

给定一棵二叉树,返回其节点值的层次遍历,即逐层从左往右访问。

2. 问题示例

给定一棵二叉树{3,9,20,x,x,15,7},x 代表空:

```
   3
  / \
 9   20
    /  \
   15   7
```

返回分层遍历结果:[[3],[9,20],[15,7]]。

3. 代码实现

```
from collections import deque
# 树的定义
#参数 root 是一棵树
#返回值是节点整数的层次遍历
class TreeNode:
    def __init__(self, val):
        self.val = val
        self.left, self.right = None, None
class Solution:
    def levelOrder(self, root):
        if root is None:
            return []
        queue = deque([root])
        result = []
        while queue:
            level = []
```

```
            for _ in range(len(queue)):
                node = queue.popleft()
                level.append(node.val)
                if node.left:
                    queue.append(node.left)
                if node.right:
                    queue.append(node.right)
            result.append(level)
        return result
# 主函数
if __name__ == '__main__':
    root = TreeNode(3)
    root.left = TreeNode(9)
    root.right = TreeNode(20)
    root.right.left = TreeNode(15)
    root.right.right = TreeNode(7)
    solution = Solution()
    print("层次遍历的结果是:", solution.levelOrder(root))
```

4. 运行结果

层次遍历的结果是:[[3],[9,20],[15,7]]

例 153

二叉树的层次遍历Ⅱ

1. 问题描述

给出一棵二叉树,返回其节点值从底向上的层次遍历,即按从叶节点所在层到根节点所在层遍历,然后逐层从左往右遍历。

2. 问题示例

给出一棵如下所示的二叉树[3,9,20,♯,♯,15,7],♯代表空。按照从下往上的层次遍历为:[[15,7],[9,20],[3]]。

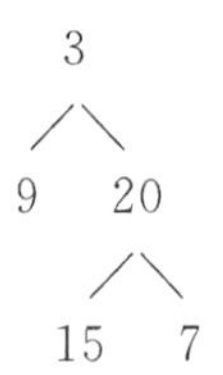

3. 代码实现

```
# 树的定义
#参数 root 是二叉树的根节点
#返回值是节点值从底向上的层次遍历
class TreeNode:
    def __init__(self, val):
        self.val = val
        self.left, self.right = None, None
class Solution:
    def levelOrderBottom(self, root):
        self.results = []
        if not root:
            return self.results
        q = [root]
        while q:
            new_q = []
```

```
            self.results.append([n.val for n in q])
            for node in q:
                if node.left:
                    new_q.append(node.left)
                if node.right:
                    new_q.append(node.right)
            q = new_q
        return list(reversed(self.results))
# 主函数
if __name__ == '__main__':
    root = TreeNode(3)
    root.left = TreeNode(9)
    root.right = TreeNode(20)
    root.right.left = TreeNode(15)
    root.right.right = TreeNode(7)
    solution = Solution()
    print("层次遍历的结果是:", solution.levelOrderBottom(root))
```

4. 运行结果

层次遍历的结果是：[[15,7],[9,20],[3]]

例 154

二叉树的锯齿形层次遍历

1. 问题描述

给出一棵二叉树,返回其节点值的锯齿形层次遍历,即先从左往右,下一层再从右往左,层与层之间交替进行。

2. 问题示例

给出一棵如下所示的二叉树[3,9,20,#,#,15,7],#表示空。返回其锯齿形的层次遍历为:[[3],[20,9],[15,7]]。

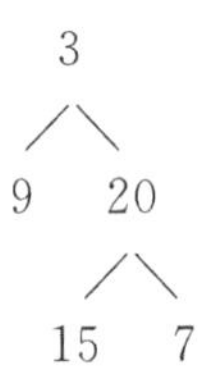

3. 代码实现

```
#树的定义
#参数 root 是一个二叉树的根节点
#返回值是其节点值的锯齿形层次遍历
class TreeNode:
    def __init__(self, val):
        self.val = val
        self.left, self.right = None, None
class Solution:
    def preorder(self, root, level, res):
        if root:
            if len(res) < level + 1: res.append([])
            if level % 2 == 0:
                res[level].append(root.val)
            else:
                res[level].insert(0, root.val)
```

```
            self.preorder(root.left, level + 1, res)
            self.preorder(root.right, level + 1, res)
    def zigzagLevelOrder(self, root):
        self.results = []
        self.preorder(root, 0, self.results)
        return self.results
# 主函数
if __name__ == '__main__':
    root = TreeNode(3)
    root.left = TreeNode(9)
    root.right = TreeNode(20)
    root.right.left = TreeNode(15)
    root.right.right = TreeNode(7)
    solution = Solution()
    print("锯齿形层次遍历的结果是:", solution.zigzagLevelOrder(root))
```

4. 运行结果

锯齿形层次遍历的结果是：[[3],[20,9],[15,7]]

例 155

寻找二叉树叶子节点

1. 问题描述

给定一棵二叉树,收集并移除所有叶子,直到二叉树为空。

2. 问题示例

给定一棵如下所示的二叉树。返回[[4, 5, 3], [2], [1]]。

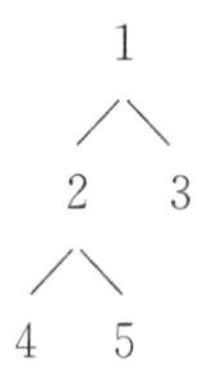

3. 代码实现

```
#树的定义
class TreeNode:
    def __init__(self, val):
        self.val = val
        self.left, self.right = None, None
class Solution:
#参数 root 是一个二叉树的根节点
#返回值是收集并移除的所有叶子节点
    def findLeaves(self, root):
        ans = []
        self.depth = {}
        maxDepth = self.dfs(root)
        for i in range(1, maxDepth + 1):
            ans.append(self.depth.get(i))
        return ans
    def dfs(self, node):
        #寻找树深度
```

```
        if node is None:
            return 0
        d = max(self.dfs(node.left), self.dfs(node.right)) + 1
        if d not in self.depth:
            self.depth[d] = []
        self.depth[d].append(node.val)
        return d
# 主函数
if __name__ == '__main__':
    root = TreeNode(1)
    root.left = TreeNode(2)
    root.right = TreeNode(3)
    root.left.left = TreeNode(4)
    root.left.right = TreeNode(5)
    solution = Solution()
    print("收集的节点是:", solution.findLeaves(root))
```

4. 运行结果

收集的节点是：[[4,5,3],[2],[1]]

例 156

平衡二叉树

1. 问题描述

高度平衡的二叉树定义是：一棵二叉树中每个节点的两个子树深度相差不超过 1。本例将给定一棵二叉树，确定其高度是否平衡。

2. 问题示例

给出如下所示的二叉树 **A**=[3,9,20,#,#,15,7],**B**=[3,#,20,15,7],# 表示空。**A** 是高度平衡的二叉树，但 **B** 不是高度平衡的二叉树。

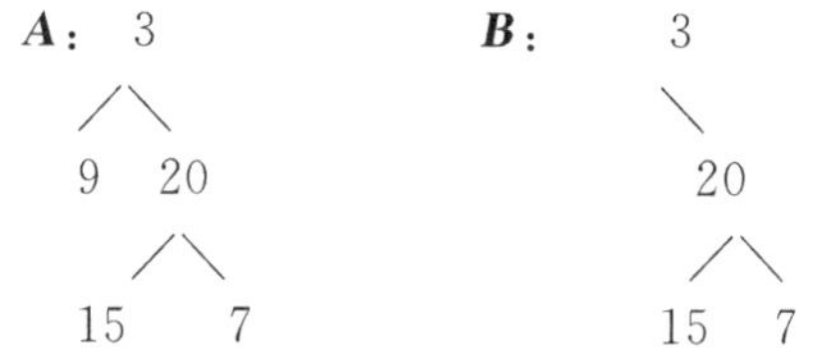

3. 代码实现

```
#树的定义
#参数 root 是二叉树的根节点
#返回值是一个布尔值,如果二叉树是平衡树则返回 True,否则返回 False
class TreeNode:
    def __init__(self, val):
        self.val = val
        self.left, self.right = None, None
class Solution:
    def isBalanced(self, root):
        balanced, _ = self.validate(root)
        return balanced
    def validate(self, root):
        if root is None:
            return True, 0
        balanced, leftHeight = self.validate(root.left)
```

```
        if not balanced:
            return False, 0
        balanced, rightHeight = self.validate(root.right)
        if not balanced:
            return False, 0
        return abs(leftHeight - rightHeight) <= 1, max(leftHeight, rightHeight) + 1
# 主函数
if __name__ == '__main__':
    # 树 A
    root = TreeNode(3)
    root.left = TreeNode(9)
    root.right = TreeNode(20)
    root.right.left = TreeNode(15)
    root.right.right = TreeNode(7)
    # 树 B
    root1 = TreeNode(3)
    root1.right = TreeNode(20)
    root1.right.left = TreeNode(15)
    root1.right.right = TreeNode(7)
    solution = Solution()
    print("树 A 是否平衡:", solution.isBalanced(root))
    print("树 B 是否平衡:", solution.isBalanced(root1))
```

4. 运行结果

树 A 是否平衡：True
树 B 是否平衡：False

例 157

二叉树中的最大路径和

1. 问题描述

给出一棵二叉树，本例将寻找一条路径使其路径和最大，路径可以在任一节点中开始和结束，其中路径和是两个节点之间所在路径的节点权值之和。

2. 问题示例

给出一棵如下所示的二叉树，返回 6。

```
    1
```

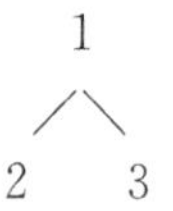

```
  2     3
```

3. 代码实现

```
#树的定义
#参数 root 是二叉树的根节点
#返回值是一个整数
class TreeNode:
    def __init__(self, val):
        self.val = val
        self.left, self.right = None, None
class Solution:
    def maxPathSum(self, root):
        self.maxSum = float('-inf')
        self._maxPathSum(root)
        return self.maxSum
    def _maxPathSum(self, root):
        if root is None:
            return 0
        left = self._maxPathSum(root.left)
        right = self._maxPathSum(root.right)
        left = left if left > 0 else 0
```

```
        right = right if right > 0 else 0
        self.maxSum = max(self.maxSum, root.val + left + right)
        return max(left, right) + root.val
# 主函数
if __name__ == '__main__':
    # 树的定义
    root = TreeNode(1)
    root.left = TreeNode(2)
    root.right = TreeNode(3)
    solution = Solution()
    print("路径和最大为:", solution.maxPathSum(root))
```

4. 运行结果

路径和最大值为：6

例 158

验证二叉查找树

1. 问题描述

一棵二叉查找树 BST 定义为：①节点左子树中的值要严格小于该节点的值；②节点右子树中的值要严格大于该节点的值；③左、右子树也必须是二叉查找树；④一个节点的树也是二叉查找树。给定一个二叉树，本例将判断它是否为合法的二叉查找树 BST。

2. 问题示例

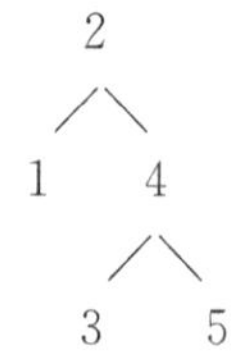

上述这棵二叉树序列可化为[2,1,4,＃,＃,3,5]，＃表示空，返回 True。

3. 代码实现

```
#树的定义
#参数 root 是一个二叉树的根节点
#返回值是一个布尔值,如果二叉树是二叉查找树则返回 True,否则返回 False
class TreeNode:
    def __init__(self, val):
        self.val = val
        self.left, self.right = None, None
class Solution:
    def isValidBST(self, root):
        self.lastVal = None
        self.isBST = True
        self.validate(root)
        return self.isBST
    def validate(self, root):
        if root is None:
```

```
            return
        self.validate(root.left)
        if self.lastVal is not None and self.lastVal >= root.val:
            self.isBST = False
            return
        self.lastVal = root.val
        self.validate(root.right)
# 主函数
if __name__ == '__main__':
    root = TreeNode(2)
    root.left = TreeNode(1)
    root.right = TreeNode(4)
    root.right.left = TreeNode(3)
    root.right.right = TreeNode(5)
    solution = Solution()
print("是否为 BST:", solution.isValidBST(root))
```

4. 运行结果

是否为二叉查找树 BST：True

例 159

二叉树的最大深度

1. 问题描述

二叉树的深度为根节点到最远叶子节点的距离，给定一棵二叉树，本例将找出其最大深度。

2. 问题示例

给定一棵如下的二叉树，其最大深度为 3。

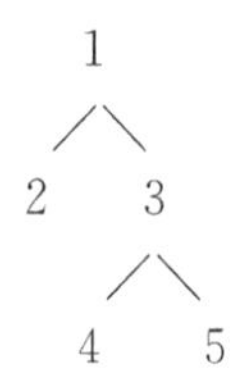

3. 代码实现

```
#树的定义
#参数 root 是一棵二叉树的根节点
#返回值是一个整数
class TreeNode:
    def __init__(self, val):
        self.val = val
        self.left, self.right = None, None
class Solution:
    def maxDepth(self, root):
        if root is None:
            return 0
        return max(self.maxDepth(root.left), self.maxDepth(root.right)) + 1
#主函数
if __name__ == '__main__':
    root = TreeNode(1)
```

```
root.left = TreeNode(2)
root.right = TreeNode(3)
root.right.left = TreeNode(4)
root.right.right = TreeNode(5)
solution = Solution()
print("树的最大深度是:", solution.maxDepth(root))
```

4. 运行结果

树的最大深度是：3

例 160

二叉树的前序遍历

1. 问题描述

给定一棵二叉树,返回其节点值的前序遍历。

2. 问题示例

给定一棵如下的二叉树[1,#,2,3],#代表空。前序遍历后将返回[1,2,3]。

```
1
  \
    2
  /
3
```

3. 代码实现

```
#树的定义
class TreeNode:
    def __init__(self, val):
        self.val = val
        self.left, self.right = None, None
class Solution:
#参数 root 是一棵二叉树的根节点
#返回值是 ArrayList 中包含节点值的前序遍历
    def preorderTraversal(self, root):
        self.results = []
        self.traverse(root)
        return self.results
    def traverse(self, root):
        if root is None:
            return
        self.results.append(root.val)
        self.traverse(root.left)
```

```
            self.traverse(root.right)
    def printTree(root):
        res = []
        if root is None:
            print(res)
        queue = []
        queue.append(root)
        while len(queue) != 0:
            tmp = []
            length = len(queue)
            for i in range(length):
                r = queue.pop(0)
                if r.left is not None:
                    queue.append(r.left)
                if r.right is not None:
                    queue.append(r.right)
                tmp.append(r.val)
            res.append(tmp)
        return (res)
    # 主函数
    if __name__ == '__main__':
        root = TreeNode(1)
        root.right = TreeNode(2)
        root.right.left = TreeNode(3)
        print("要遍历的树是:", printTree(root))
        solution = Solution()
        print("前序遍历的结果是:", solution.preorderTraversal(root))
```

4. 运行结果

要遍历的树是：[[1],[2],[3]]

前序遍历的结果是：[1,2,3]

例 161

二叉树的中序遍历

1. 问题描述

给定一棵二叉树,返回其节点值的中序遍历。

2. 问题示例

给定一棵如下的二叉树[1,#,2,3],#代表空,中序遍历后将返回[1,3,2]。

```
1
  \
   2
  /
3
```

3. 代码实现

```
#树的定义
class TreeNode:
    def __init__(self, val):
        self.val = val
        self.left, self.right = None, None
class Solution:
#参数 root 是一棵二叉树的根节点
#返回值是 ArrayList 中包含节点值的前序遍历
    def inorderTraversal(self, root):
        if root is None:
            return []
        return self.inorderTraversal(root.left) + [root.val] \
                + self.inorderTraversal(root.right)
# 主函数
if __name__ == '__main__':
```

```
root = TreeNode(1)
root.right = TreeNode(2)
root.right.left = TreeNode(3)
solution = Solution()
print("树的中序遍历是:", solution.inorderTraversal(root))
```

4. 运行结果

树的中序遍历是：[1,3,2]

例 162 将排序列表转换成二叉搜索树

1. 问题描述

给定一个所有元素以升序排列的单链表,本例将它转换成一棵高度平衡的二叉搜索树。

2. 问题示例

给定排列序列 1→2→3,生成如下的二叉搜索树。

```
  2
 / \
1   3
```

3. 代码实现

```
#链表的定义
class ListNode(object):
    def __init__(self, val, next = None):
        self.val = val
        self.next = next
#树的定义
class TreeNode:
    def __init__(self, val):
        self.val = val
        self.left, self.right = None, None
class Solution:
#参数 head 是连接链表的第一个节点
#返回一个树节点
    def sortedListToBST(self, head):
        if not head:
            return head
        if not head.next:
            return TreeNode(head.val)
        slow, fast = head, head.next
        while fast.next and fast.next.next:
```

```
                slow = slow.next
                fast = fast.next.next
            mid = slow.next
            slow.next = None
            root = TreeNode(mid.val)
            root.left = self.sortedListToBST(head)
            root.right = self.sortedListToBST(mid.next)
            return root
#层次打印树函数
def printTree(root):
    res = []
    if root is None:
        print(res)
    queue = []
    queue.append(root)
    while len(queue) != 0:
        tmp = []
        length = len(queue)
        for i in range(length):
            r = queue.pop(0)
            if r.left is not None:
                queue.append(r.left)
            if r.right is not None:
                queue.append(r.right)
            tmp.append(r.val)
        res.append(tmp)
    return (res)
#主函数
if __name__ == '__main__':
    head = ListNode(1)
    head.next = ListNode(2)
    head.next.next = ListNode(3)
    solution = Solution()
    print("转换后的二叉搜索树是:", printTree(solution.sortedListToBST(head)))
```

4. 运行结果

转换后的二叉搜索树是：[[2],[1, 3]]

例 163

二叉树的最小深度

1. 问题描述

给定一棵二叉树，本例将找出其最小深度，二叉树的最小深度为根节点到最近叶子节点的距离。

2. 问题示例

给定一棵如下的二叉树，其最小深度为 2。

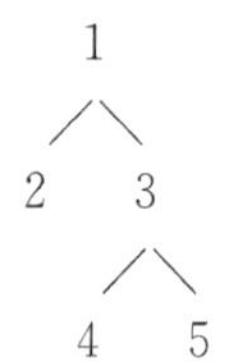

3. 代码实现

```
#树的定义
class TreeNode:
    def __init__(self, val):
        self.val = val
        self.left, self.right = None, None
class Solution:
#参数 root 是一个二叉树的根节点
#返回值是一个整数
    def minDepth(self, root):
        return self.find(root)
    def find(self, node):
        if node is None:
            return 0
        left, right = 0, 0
        if node.left != None:
            left = self.find(node.left)
```

```
        else:
            return self.find(node.right) + 1
        if node.right != None:
            right = self.find(node.right)
        else:
            return left + 1
        return min(left, right) + 1
#主函数
if __name__ == '__main__':
    root = TreeNode(1)
    root.left = TreeNode(2)
    root.right = TreeNode(3)
    root.right.left = TreeNode(4)
    root.right.right = TreeNode(5)
    solution = Solution()
    print("二叉树的最小深度是:", solution.minDepth(root))
```

4. 运行结果

二叉树的最小深度是：2

例 164

不同的二叉搜索树

1. 问题描述

给出整数 n，本例将生成所有由[1,n]为节点组成的不同二叉搜索树。

2. 问题示例

给出 n=3，生成所有 5 种不同形态的二叉搜索树：

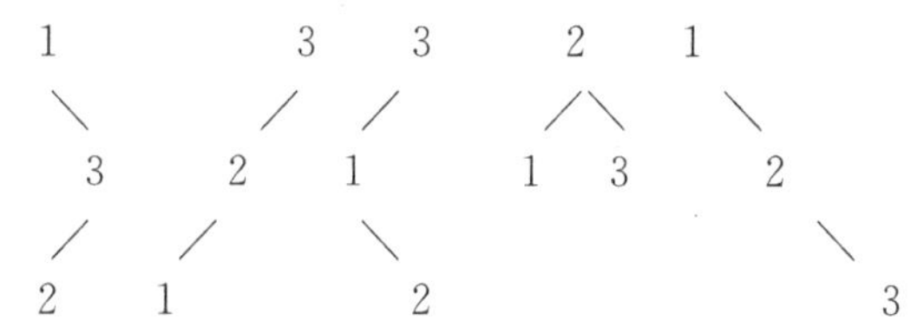

3. 代码实现

```
#树的定义
#参数 n 是一个整数
#返回值是一个树根节点的列表
class TreeNode:
    def __init__(self, val):
        self.val = val
        self.left, self.right = None, None
class Solution:
    def generateTrees(self, n):
        return self.dfs(1, n)
    def dfs(self, start, end):
        if start > end: return [None]
        res = []
        for rootval in range(start, end + 1):
            LeftTree = self.dfs(start, rootval - 1)
            RightTree = self.dfs(rootval + 1, end)
            for i in LeftTree:
```

```
                for j in RightTree:
                    root = TreeNode(rootval)
                    root.left = i
                    root.right = j
                    res.append(root)
        return res
def printTree(root):
    res = []
    if root is None:
        print(res)
    queue = []
    queue.append(root)
    while len(queue) != 0:
        tmp = []
        length = len(queue)
        for i in range(length):
            r = queue.pop(0)
            if r.left is not None:
                queue.append(r.left)
            if r.right is not None:
                queue.append(r.right)
            tmp.append(r.val)
        res.append(tmp)
    return (res)
# 主函数
if __name__ == '__main__':
    n = int(input("请输入一个整数:"))
    solution = Solution()
    list = solution.generateTrees(n)
    print("生成树的层次遍历分别是:")
    for i in list:
        print(printTree(i))
```

4. 运行结果

请输入一个整数：3

生成树的层次遍历分别是：

[[1],[2],[3]]

[[1],[3],[2]]

[[2],[1, 3]]

[[3],[1],[2]]

[[3],[2],[1]]

例 165

将二叉树拆成链表

1. 问题描述

将一棵二叉树按照前序遍历拆解成为一个假链表，假链表就是用二叉树的 right 指针，来表示链表中的 next 指针。

2. 问题示例

如下所示，左侧为二叉树，右侧为假链表：

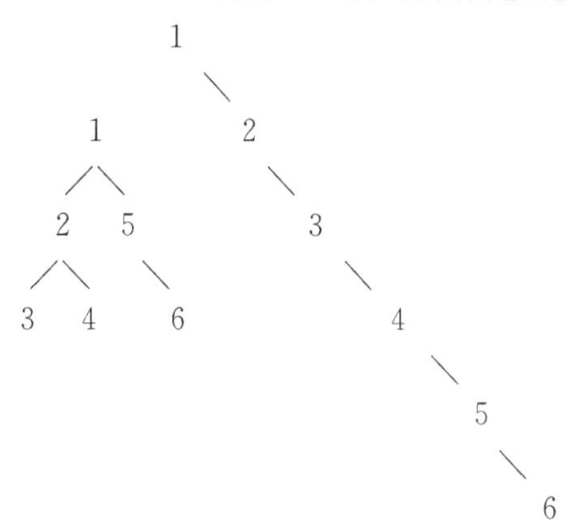

3. 代码实现

```
#树的定义
class TreeNode:
    def __init__(self, val):
        self.val = val
        self.left, self.right = None, None
class Solution:
#参数 root 是一棵二叉树的根节点
#返回结果值
    def flatten(self, root):
        self.helper(root)
    #重组并按顺序返回最后一个节点
```

```
    def helper(self, root):
        if root is None:
            return None
        left_last = self.helper(root.left)
        right_last = self.helper(root.right)
        #连接
        if left_last is not None:
            left_last.right = root.right
            root.right = root.left
            root.left = None
        if right_last is not None:
            return right_last
        if left_last is not None:
            return left_last
        return root
#打印树函数
def printTree(root):
    res = []
    if root is None:
        print(res)
    queue = []
    queue.append(root)
    while len(queue) != 0:
        tmp = []
        length = len(queue)
        for i in range(length):
            r = queue.pop(0)
            if r.left is not None:
                queue.append(r.left)
            if r.right is not None:
                queue.append(r.right)
            tmp.append(r.val)
        res.append(tmp)
    return (res)
# 主函数
if __name__ == '__main__':
    root = TreeNode(1)
    root.left = TreeNode(2)
    root.right = TreeNode(5)
    root.left.left = TreeNode(3)
    root.left.right = TreeNode(4)
    root.right.right = TreeNode(6)
    solution = Solution()
    solution.flatten(root)
    print("变形后的结果是:", printTree(root))
```

4. 运行结果

变形后的结果是：[[1],[2],[3],[4],[5],[6]]

例 166

排序数组转为高度最小二叉搜索树

1. 问题描述

给出一个排序数组(从小到大),将其转换为一棵高度最小的二叉搜索树。

2. 问题示例

给出数组[1,2,3,4,5,6,7],返回如下二叉树。

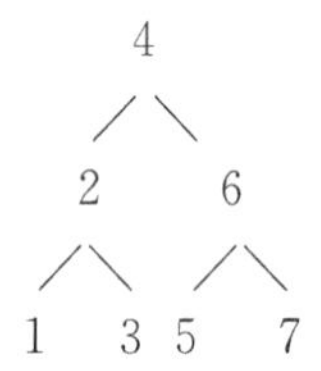

3. 代码实现

```
#树的定义
class TreeNode:
    def __init__(self, val):
        self.val = val
        self.left, self.right = None, None
class Solution:
#参数 A 是一个整数数组
#返回值是一个树节点
    def sortedArrayToBST(self, A):
        return self.convert(A, 0, len(A) - 1)
    def convert(self, A, start, end):
        if start > end:
            return None
        if start == end:
            return TreeNode(A[start])
        mid = (start + end) // 2
        root = TreeNode(A[mid])
```

```
        root.left = self.convert(A, start, mid - 1)
        root.right = self.convert(A, mid + 1, end)
        return root
def printTree(root):
    res = []
    if root is None:
        print(res)
    queue = []
    queue.append(root)
    while len(queue) != 0:
        tmp = []
        length = len(queue)
        for i in range(length):
            r = queue.pop(0)
            if r.left is not None:
                queue.append(r.left)
            if r.right is not None:
                queue.append(r.right)
            tmp.append(r.val)
        res.append(tmp)
    return (res)
# 主函数
if __name__ == '__main__':
    list = [1, 2, 3, 4, 5, 6, 7]
    print("列表为:", list)
    solution = Solution()
    print("排列完成的二叉树是:", printTree(solution.sortedArrayToBST(list)))
```

4. 运行结果

列表为：[1,2,3,4,5,6,7]

排列完成的二叉树是：[[4],[2,6],[1,3,5,7]]

例 167

最近二叉搜索树值 I

1. 问题描述

给定一棵非空二叉搜索树和一个目标值，在二叉搜索树中搜索最接近目标值的数。

2. 问题示例

给定二叉搜索树 root={1}，target =4.428571，返回 1。

3. 代码实现

```
#树的定义
class TreeNode:
    def __init__(self, val):
        self.val = val
        self.left, self.right = None, None
class Solution:
#参数 root 是一棵给定的二叉搜索树
#参数 target 是一个给定的目标值
#返回值是二叉树中最接近 target 的值
    def closestValue(self, root, target):
        upper = root
        lower = root
        while root:
            if root.val > target:
                upper = root
                root = root.left
            elif root.val < target:
                lower = root
                root = root.right
            else:
                return root.val
        if abs(upper.val - target) > abs(lower.val - target):
            return lower.val
```

```
        return upper.val
def printTree(root):
    res = []
    if root is None:
        print(res)
    queue = []
    queue.append(root)
    while len(queue) != 0:
        tmp = []
        length = len(queue)
        for i in range(length):
            r = queue.pop(0)
            if r.left is not None:
                queue.append(r.left)
            if r.right is not None:
                queue.append(r.right)
            tmp.append(r.val)
        res.append(tmp)
    print(res)
if __name__ == '__main__':
    root = TreeNode(1)
    solution = Solution()
    print("原始二叉树为:")
    printTree(root)
    target = 4.428571
    print("target=", target)
    root0 = solution.closestValue(root, target)
    print("最接近 target 的是:", root0)
```

4. 运行结果

原始二叉树为：[[1]]

target=4.428571

最接近 target 的是：1

例 168

最近二叉搜索树值Ⅱ

1. 问题描述

给定一棵非空二叉搜索树和一个目标值，在二叉搜索树中查找 k 个最接近目标值的数。

2. 问题示例

给定 root=[1]，target=0.000000，k=1，返回[1]。

3. 代码实现

```
#树的定义
class TreeNode:
    def __init__(self, val):
        self.val = val
        self.left, self.right = None, None
class Solution:
#参数 root 是给定的二叉搜索树
#参数 target 是给定的目标值
#参数 k 是一个给定的 k 个值
#返回值是在二叉搜索树中最接近 target 的 k 个值
    def closestKValues(self, root, target, k):
        stack_upper = []
        stack_lower = []
        cur = root
        while cur:
            stack_upper.append(cur)
            cur = cur.left
        cur = root
        while cur:
            stack_lower.append(cur)
            cur = cur.right
        while len(stack_upper) > 0 and stack_upper[-1].val < target:
            self.move_upper(stack_upper)
```

```
        while len(stack_lower) > 0 and stack_lower[-1].val >= target:
            self.move_lower(stack_lower)
        ans = []
        for i in range(k):
            if len(stack_lower) == 0:
                upper = stack_upper[-1].val
                ans.append(upper)
                self.move_upper(stack_upper)
            elif len(stack_upper) == 0:
                lower = stack_lower[-1].val
                ans.append(lower)
                self.move_lower(stack_lower)
            else:
                upper, lower = stack_upper[-1].val, stack_lower[-1].val
                if upper - target < target - lower:
                    ans.append(upper)
                    self.move_upper(stack_upper)
                else:
                    ans.append(lower)
                    self.move_lower(stack_lower)
        return ans
    def move_upper(self, stack):
        cur = stack.pop()
        if cur.right:
            cur = cur.right
            while cur:
                stack.append(cur)
                cur = cur.left
    def move_lower(self, stack):
        cur = stack.pop()
        if cur.left:
            cur = cur.left
            while cur:
                stack.append(cur)
                cur = cur.right
def printTree(root):
    res = []
    if root is None:
        print(res)
    queue = []
    queue.append(root)
    while len(queue) != 0:
        tmp = []
        length = len(queue)
        for i in range(length):
            r = queue.pop(0)
            if r.left is not None:
```

```
                    queue.append(r.left)
                if r.right is not None:
                    queue.append(r.right)
                tmp.append(r.val)
            res.append(tmp)
        print(res)
if __name__ == '__main__':
    root = TreeNode(1)
    solution = Solution()
    print("原始二叉树为:")
    printTree(root)
    target = 0.000000
    k = 1
    print("target=", target, "\nk=", k)
    root0 = solution.closestKValues(root, target, k)
    print("最接近 target 的是:", root0)
```

4. 运行结果

原始二叉树为:[[1]]

target=0.0

k=1

最接近 target 的是：[1]

例 169

买卖股票的最佳时机 I

1. 问题描述

假设有一个数组，它的第 i 个元素是一只给定的股票在第 i 天的价格，如果最多只允许完成一次交易（即一次买卖股票），本例将设计一个算法找出最大利润。

2. 问题示例

给出一个数组[3,2,3,1,2]，返回 1。

3. 代码实现

```
#采用 UTF-8 编码格式
#参数 prices 是一个给定的数组
#返回最大利润值
import sys
class Solution:
    def maxProfit(self, prices):
        total = 0
        low, high = sys.maxsize, 0
        for x in prices:
            if x - low > total:
                total = x - low
            if x < low:
                low = x
        return total
if __name__ == '__main__':
    temp = Solution()
    nums1 = [3,2,3,1,2]
    nums2 = [5,3,3,4,6]
    print(("输入:" + str(nums1)))
```

```
    print(("输出:" + str(temp.maxProfit(nums1))))
    print(("输入:" + str(nums2)))
    print(("输出:" + str(temp.maxProfit(nums2))))
```

4. 运行结果

输入：[3,2,3,1,2]

输出：1

输入：[5,3,3,4,6]

输出：3

例 170

买卖股票的最佳时机Ⅱ

1. 问题描述

假设有一个数组，它的第 i 个元素是一个给定的股票在第 i 天的价格，本例将设计一个算法来找到最大利润。可以完成尽可能多的交易(即多次买卖股票)，但是不能同时参与多个交易(即再次购买前必须出售股票)。

2. 问题示例

给出一个数组[2,1,2,0,1]，返回2。

3. 代码实现

```
#采用 UTF-8 编码格式
#参数 prices 是一个给定的整数
#返回最大的利润值
import sys
class Solution:
    def maxProfit(self, prices):
        total = 0
        low, high = sys.maxsize, sys.maxsize
        for x in prices:
            if x > high:
                high = x
            else:
                total += high - low
                high, low = x, x
        return total + high - low
if __name__ == '__main__':
    temp = Solution()
    nums1 = [2,1,2,0,1]
```

```
nums2 = [5,3,3,4,6]
print(("输入:" + str(nums1)))
print(("输出:" + str(temp.maxProfit(nums1))))
print(("输入:" + str(nums2)))
print(("输出:" + str(temp.maxProfit(nums2))))
```

4. 运行结果

输入：[2, 1, 2, 0, 1]

输出：2

输入：[5, 3, 3, 4, 6]

输出：3

例 171 买卖股票的最佳时机Ⅲ

1. 问题描述

假设有一个数组，它的第 i 个元素是一只给定的股票在第 i 天的价格，本例将设计一个算法找到最大利润，最多可以完成两笔交易。

2. 问题示例

给出一个数组[4,4,6,1,1,4,2,5]，返回 6。

3. 代码实现

```
#采用 UTF-8 编码格式
#参数 prices 是一个给定的整数
#返回最大利润值
class Solution:
    def maxProfit(self, prices):
        n = len(prices)
        if n <= 1:
            return 0
        p1 = [0] * n
        p2 = [0] * n
        minV = prices[0]
        for i in range(1,n):
            minV = min(minV, prices[i])
            p1[i] = max(p1[i - 1], prices[i] - minV)
        maxV = prices[-1]
        for i in range(n-2, -1, -1):
            maxV = max(maxV, prices[i])
            p2[i] = max(p2[i + 1], maxV - prices[i])
        res = 0
        for i in range(n):
            res = max(res, p1[i] + p2[i])
        return res
```

```
if __name__ == '__main__':
    temp = Solution()
    nums1 = [2,1,3,5,5,3,2,1]
    nums2 = [1,3,1,4,4,2,5,3]
    print ("输入:" + str(nums1))
    print ("输出:" + str(temp.maxProfit(nums1)))
    print ("输入:" + str(nums2))
    print ("输出:" + str(temp.maxProfit(nums2)))
```

4. 运行结果

输入：[2,1,3,5,5,3,2,1]

输出：4

输入：[1,3,1,4,4,2,5,3]

输出：6

例 172

主元素 I

1. 问题描述

给定一个整型数组，找出主元素，要求它在数组中出现次数大于数组元素个数的 1/2。注意，数组中只有唯一的主元素。

2. 问题示例

给出数组[1,1,1,1,2,2,2]，返回 1。

3. 代码实现

```
#参数 nums 是一个整数数组
#返回找到一个主元素
class Solution:
    def majorityNumber(self, nums):
        key, count = None, 0
        for num in nums:
            if key is None:
                key, count = num, 1
            else:
                if key == num:
                    count += 1
                else:
                    count -= 1
            if count == 0:
                key = None
        return key
if __name__ == '__main__':
    temp = Solution()
    nums1 = [2,2,2,3,3,3,3]
```

```
    nums2 = [1,2,3,4]
    print ("输入的数组:" + "[2,2,2,3,3,3,3]" + "\n 输出:" + str(temp.majorityNumber
(nums1)))
print ("输入的数组:" + "[1,2,3,4]" + "\n 输出:" + str(temp.majorityNumber(nums2)))
```

4. 运行结果

输入的数组：[2,2,2,3,3,3,3]
输出：3
输入的数组：[1,2,3,4]
输出：None

例 173

主元素 Ⅱ

1. 问题描述

给定一个整型数组，找到主元素，要求它在数组中出现次数严格大于数组元素个数的 $1/k$。注意，数组中只有唯一的主元素。

2. 问题示例

给出数组[3,1,2,3,2,3,3,4,4,4]和 $k=3$，返回 3。

3. 代码实现

```
#参数 nums 是一个整数数组
#参数 k 是一个描述参数
#返回主元素
class Solution:
    def majorityNumber(self, nums, k):
        counts = {}
        max = 0
        for num in nums:
            counts[num] = counts.get(num, 0) + 1
            if counts[num] > max:
                max = counts[num]
                majority = num
        return majority
#主函数
if __name__ == "__main__":
    nums = [3, 1, 2, 3, 2, 3, 3, 4, 4, 4]
    k = 3
    #创建对象
```

```
solution = Solution()
print("输入的数组是：", nums)
print("输出的结果是:", solution.majorityNumber(nums, k))
```

4. 运行结果

输入的数组是：[3,1,2,3,2,3,3,4,4,4]
输出的结果是：3

例 174

第 *k* 大元素

1. 问题描述

给定数组和整数 k,本例将在数组中找到第 k 大元素。

2. 问题示例

给出数组[9,3,2,4,8],第三大元素是 4;给出数组[1,2,3,4,5],第一大元素是 5,第二大元素是 4,第三大元素是 3,以此类推。

3. 代码实现

```
#参数 k 是一个整数,A 是一个数组
#返回值是一个整数
class Solution:
    def kthLargestElement(self, k, A):
        if not A or k < 1 or k > len(A):
            return None
        return self.partition(A, 0, len(A) - 1, len(A) - k)
    def partition(self, nums, start, end, k):
        if start == end:
            return nums[k]
        left, right = start, end
        pivot = nums[(start + end) // 2]
        while left <= right:
            while left <= right and nums[left] < pivot:
                left += 1
            while left <= right and nums[right] > pivot:
                right -= 1
            if left <= right:
                nums[left], nums[right] = nums[right], nums[left]
                left, right = left + 1, right - 1
        #left is not bigger than right
        if k <= right:
```

```
            return self.partition(nums, start, right, k)
        if k >= left:
            return self.partition(nums, left, end, k)
        return nums[k]
#主函数
if __name__ == '__main__':
    A = [2, 3, 4, 1, 6, 5]
    k = 2
    print('初始数组和 k 值:', A, k)
    solution = Solution()
    print('第 2 大元素是:'.format(k), solution.kthLargestElement(k, A))
```

4. 运行结果

初始数组和 k 值：[2,3,4,1,6,5]　2

第 2 大元素是：5

例 175

滑动窗口内唯一元素数量和

1. 问题描述

给定一个数组和一个滑动窗口的大小，求每一个窗口内唯一元素的个数和。注意，当滑动窗口的大小大于数组长度时，可以认为窗口大小就是数组长度，即窗口不会滑动。

2. 问题示例

给定一个数组 nums=[1,2,1,3,3]和 $k=3$，第一个窗口为[1,2,1]，只有 2 是唯一的，计数为 1；第二个窗口为[2,1,3]，所有的元素都是唯一的，计数为 3；第三个窗口为[1,3,3]，只有 1 是唯一的，计数为 1；总数为 1+3+1=5，返回 5。

3. 代码实现

```
from collections import Counter
class Solution:
    count, keylist = 0, []
    def Add(self, value):
        self.count += 1
        self.keylist.append(value)
    def Remove(self, value):
        self.count -= 1
        self.keylist.remove(value)
    def slidingWindowUniqueElementsSum(self, nums, k):
        res = 0
        if len(nums) <= k:
            d = Counter(nums)
            for key in d:
                if d[key] == 1:
                    res += 1
        else:
            dic = Counter(nums[:k])
            for key in dic:
```

```
                if dic[key] == 1:
                    self.Add(key)
            start, end = 0, k - 1
            res += self.count
            while end + 1 < len(nums):
                v, u = nums[start], nums[end + 1]
                dic[v] -= 1
                if dic[v] == 0 and v in self.keylist:
                    del dic[v]
                    self.Remove(v)
                if u not in dic and u not in self.keylist:
                    dic[u] = 0
                    self.Add(u)
                dic[u] += 1
                if dic[u] == 2 and u in self.keylist:
                    self.Remove(u)
                if v in dic and dic[v] == 1 and v not in self.keylist:
                    self.Add(v)
                res += self.count
                start += 1
                end += 1
        return res
#主函数
if __name__ == "__main__":
    nums = [1, 2, 1, 3, 3]
    k = 3
    #创建对象
    solution = Solution()
    print("输入的数组是:", nums, "滑动窗口的大小k=", k)
    print("每一个窗口内唯一元素的个数和是:", solution.slidingWindowUniqueElementsSum
(nums, k))
```

4. 运行结果

输入的数组是：[1,2,1,3,3]　滑动窗口的大小 k=3

每一个窗口内唯一元素的个数和是：5

例 176

单词拆分 I

1. 问题描述

给定字符串 s 和单词字典 dict，本例将判断 *s* 是否可以分成一个或多个以空格分隔的子字符串，并且这些子字符串都在字典中存在。

2. 问题示例

给出 *s*= "helloworld"，*dict*= ["hello","world"]，返回 True，因为"helloworld"可以被空格切分成"hello world"。

3. 代码实现

```
#采用 UTF-8 编码格式
#参数 s 是一个字符串
#参数 dict 是一个单词的字典
class Solution:
    def wordBreak(self, s, dict):
        if len(dict) == 0:
            return len(s) == 0
        n = len(s)
        f = [False] * (n + 1)
        f[0] = True
        maxLength = max([len(w) for w in dict])
        for i in range(1, n + 1):
            for j in range(1, min(i, maxLength) + 1):
                if not f[i - j]:
                    continue
                if s[i - j:i] in dict:
                    f[i] = True
                    break
        return f[n]
if __name__ == '__main__':
```

```
temp = Solution()
string1 = "helloworld"
List = ["hello","world","hahah"]
print(("输入:" + string1 + " " + str(List)))
print(("输出:" + str(temp.wordBreak(string1,List))))
```

4. 运行结果

输入：helloworld ['hello','world','hahah']

输出：True

例 177

单词拆分Ⅱ

1. 问题描述

给定字符串 s 和单词字典 dict，在字符串中增加空格来构建一个句子，并且所有单词都来自字典，返回所有可能的句子。

2. 问题示例

给定字符串 *expressions* 和单词字典{'press','ex','express','ions','demo'}，结果是['ex press ions','express ions']。

3. 代码实现

```
#参数 s 是一个字符串
#参数 wordDict 是一个单词字典
#返回所有可能的句子
class Solution:
    def wordBreak(self, s, wordDict):
        return self.dfs(s, wordDict, {})
    #找到 s 的所有切割方案并返回
    def dfs(self, s, wordDict, memo):
        if s in memo:
            return memo[s]
        if len(s) == 0:
            return []
        partitions = []
        for i in range(1, len(s)):
            prefix = s[:i]
            if prefix not in wordDict:
                continue
            sub_partitions = self.dfs(s[i:], wordDict, memo)
            for partition in sub_partitions:
                partitions.append(prefix + " " + partition)
        if s in wordDict:
```

```
                partitions.append(s)
            memo[s] = partitions
            return partitions
#主函数
if __name__ == '__main__':
    s = "expressions"
    wordDict = set(["express", "ex", "press", "demo", "ions"])
    print("String 是:", s)
    print("dict 是:", wordDict)
    solution = Solution()
print("结果是:", solution.wordBreak(s, wordDict))
```

4. 运行结果

String 是：expressions

dict 是：{'press','ex','express','ions','demo'}

结果是：['ex press ions','express ions']

例 178

单 词 矩 阵

1. 问题描述

给出一系列不重复的单词，本例将找出所有可能构成的单词矩阵。一个有效的单词矩阵是指，如果从第 k 行读出来的单词和第 k 列读出来的单词相同($0\leqslant k<\max(numRows, numColumns)$)，那么就是一个单词矩阵。

2. 问题示例

给出["area","lead","wall","lady","ball"]，单词序列为["ball","area","lead","lady"]，构成一个单词矩阵。因为对于每一行和每一列，读出来的单词都是相同的，单词矩阵如下。

b a l l

a r e a

l e a d

l a d y

返回[["wall","area","lead","lady"],["ball","area","lead","lady"]]，输出包含两个单词矩阵，这两个矩阵输出的顺序没有影响(只要求矩阵内部有序)。

3. 代码实现

```
class TrieNode:
    def __init__(self):
        self.children = {}
        self.is_word = False
        self.word_list = []
class Trie:
    def __init__(self):
        self.root = TrieNode()
    def add(self, word):
```

```
        node = self.root
        for c in word:
            if c not in node.children:
                node.children[c] = TrieNode()
            node = node.children[c]
            node.word_list.append(word)
        node.is_word = True
    def find(self, word):
        node = self.root
        for c in word:
            node = node.children.get(c)
            if node is None:
                return None
        return node
    def get_words_with_prefix(self, prefix):
        node = self.find(prefix)
        return [] if node is None else node.word_list
    def contains(self, word):
        node = self.find(word)
        return node is not None and node.is_word
class Solution:
#参数words代表没有重复的一系列单词集合
#返回所有单词矩阵
    def wordSquares(self, words):
        trie = Trie()
        for word in words:
            trie.add(word)
        squares = []
        for word in words:
            self.search(trie, [word], squares)
        return squares
    def search(self, trie, square, squares):
        n = len(square[0])
        curt_index = len(square)
        if curt_index == n:
            squares.append(list(square))
            return
#修剪,可以删除它,但会比较慢
        for row_index in range(curt_index, n):
            prefix = ''.join([square[i][row_index] for i in range(curt_index)])
            if trie.find(prefix) is None:
                return
        prefix = ''.join([square[i][curt_index] for i in range(curt_index)])
        for word in trie.get_words_with_prefix(prefix):
            square.append(word)
            self.search(trie, square, squares)
            square.pop() # remove the last word
```

```
#主函数
if __name__ == '__main__':
    word = ["area", "lead", "wall", "lady", "ball"]
    print("单词序列是:", word)
    solution = Solution()
    print("构成的单词矩阵是:", solution.wordSquares(word))
```

4. 运行结果

单词序列是：['area','lead','wall','lady','ball']

构成的单词矩阵是：[['wall','area','lead','lady'],['ball','area','lead','lady']]

例 179

单 词 搜 索

1. 问题描述

给出一个二维的字母板和一个单词，本例将搜索字母板网格中是否存在这个单词。单词可以按顺序相邻单元的字母组成，其中相邻单元指的是水平或者垂直方向相邻，每个单元中的字母最多只能使用一次。

2. 问题示例

给出 board =

[

"ABCE",

"SFCS",

"ADEE"

]

word = "ABCCED"，返回 True；word ="ABCB"，返回 False。

3. 代码实现

```
#参数 board 是由一个长度为 1 的字符串组成的列表
#参数 word 是一个字符串
#返回一个布尔值
#边界条件
class Solution:
    def exist(self, board, word):
        if word == []:
            return True
        m = len(board)
        if m == 0:
            return False
        n = len(board[0])
        if n == 0:
```

```
                return False
#访问矩阵
            visited = [[False for j in range(n)] for i in range(m)]
            for i in range(m):
                for j in range(n):
                    if self.exist2(board, word, visited, i, j):
                        return True
            return False
        def exist2(self, board, word, visited, row, col):
            if word == '':
                return True
            m, n = len(board), len(board[0])
            if row < 0 or row >= m or col < 0 or col >= n:
                return False
            if board[row][col] == word[0] and not visited[row][col]:
                visited[row][col] = True
                # row - 1, col
                 if self.exist2(board, word[1:], visited, row - 1, col) or self.exist2(board,
word[1:], visited, row,
col - 1) or self.exist2(board,
word[1:],
visited,
row + 1,
col) or self.exist2(
                    board, word[1:], visited, row, col + 1):
                    return True
                else:
                    visited[row][col] = False
            return False
#主函数
if __name__ == '__main__':
    board = ["ABCE", "SFCS", "ADEE"]
    word1 = "ABCCED"
    word2 = "ABCB"
    solution = Solution()
    print("board 是:", board)
    print("word1 是:", word1, ",结果是:", solution.exist(board, word1))
    print("word2 是:", word2, ",结果是:", solution.exist(board, word2))
```

4. 运行结果

board 是：['ABCE','SFCS','ADEE']
word1 是：ABCCED,结果是：True
word2 是：ABCB ,结果是：False

例 180

单词接龙 I

1. 问题描述

给出两个单词(start 和 end)和一个字典,找出所有从 start 到 end 的最短转换序列。转换规则为:

① 每次只能改变一个字母;

② 转换过程中的中间单词必须在字典中出现。

2. 问题示例

给出两个单词 *start* = "hit", *end* = "cog",一个字典 ***dict*** = ["hot", "dot", "dog", "lot", "log"],返回如下字符串的数组。

```
[
    ["hit","hot","dot","dog","cog"],
    ["hit","hot","lot","log","cog"]
]
```

3. 代码实现

```
#参数 start 是一个字符串
#参数 end 是一个字符串
#参数 dict 是一个字符串的集合
#返回值是一个字符串的数组
from collections import deque
class Solution:
    def findLadders(self, start, end, dict):
        dict.add(start)
        dict.add(end)
        indexes = self.build_indexes(dict)
        distance = {}
        self.bfs(end, start, distance, indexes)
        results = []
        self.dfs(start, end, distance, indexes, [start], results)
        return results
    def build_indexes(self, dict):
        indexes = {}
```

```
        for word in dict:
            for i in range(len(word)):
                key = word[:i] + '%' + word[i + 1:]
                if key in indexes:
                    indexes[key].add(word)
                else:
                    indexes[key] = set([word])
        return indexes
    def bfs(self, start, end, distance, indexes):
        distance[start] = 0
        queue = deque([start])
        while queue:
            word = queue.popleft()
            for next_word in self.get_next_words(word, indexes):
                if next_word not in distance:
                    distance[next_word] = distance[word] + 1
                    queue.append(next_word)
    def get_next_words(self, word, indexes):
        words = []
        for i in range(len(word)):
            key = word[:i] + '%' + word[i + 1:]
            for w in indexes.get(key, []):
                words.append(w)
        return words
    def dfs(self, curt, target, distance, indexes, path, results):
        if curt == target:
            results.append(list(path))
            return
        for word in self.get_next_words(curt, indexes):
            if distance[word] != distance[curt] - 1:
                continue
            path.append(word)
            self.dfs(word, target, distance, indexes, path, results)
            path.pop()
#主函数
if __name__ == '__main__':
    start = "hit"
    end = "cog"
    dict = set(["hot", "dot", "dog", "lot", "log"])
    print("start是:", start)
    print("end是:", end)
    print("dict是:", dict)
    solution = Solution()
    print("结果是:", solution.findLadders(start, end, dict))
```

4. 运行结果

start 是：hit

end 是：cog

dict 是：{'lot','dog','log','dot','hot'}

结果是：[['hit', 'hot','dot','dog','cog'],['hit','hot','lot','log','cog']]

例 181

单词接龙 Ⅱ

1. 问题描述

给出两个单词(*start* 和 *end*)和一个字典,找到从 *start* 到 *end* 的最短转换序列。转换规则为:

① 每次只能改变一个字母;

② 转换过程中的中间单词必须在字典中出现,返回序列的长度。

2. 问题示例

给出两个单词 *start*="hit",*end*="cog",和一个词典 ***dict***=["hot","dot","dog","lot","log"],一个最短的变换序列是"hit"→"hot"→"dot"→"dog"→"cog",返回它的长度 5。

3. 代码实现

```
#参数 start 是一个字符串
#参数 end 是一个字符串
#参数 dict 是一个字符串的集合
#返回一个整数
import collections
class Solution:
    def ladderLength(self, start, end, dict):
        dict.add(end)
        queue = collections.deque([start])
        visited = set([start])
        distance = 0
        while queue:
            distance += 1
            for i in range(len(queue)):
                word = queue.popleft()
                if word == end:
                    return distance
                for next_word in self.get_next_words(word):
```

```
                    if next_word not in dict or next_word in visited:
                        continue
                    queue.append(next_word)
                    visited.add(next_word)
        return 0
    def get_next_words(self, word):
        words = []
        for i in range(len(word)):
            left, right = word[:i], word[i + 1:]
            for char in 'abcdefghijklmnopqrstuvwxyz':
                if word[i] == char:
                    continue
                words.append(left + char + right)
        return words
#主函数
if __name__ == '__main__':
    start = "hit"
    end = "cog"
    dict = {"hot", "dot", "dog", "lot", "log"}
    print("start 是:", start)
    print("end 是:", end)
    print("dict 是:", dict)
    solution = Solution()
    print("它的长度是:", solution.ladderLength(start, end, dict))
```

4. 运行结果

start 是：hit

end 是：cog

dict 是：{'dot','log','lot','dog','hot'}

它的长度是：5

例 182 包含所有单词连接的子串

1. 问题描述

给定一个字符串 s 和一个单词列表 ***words***，在 s 中查找子串的所有起始索引，这个子串是 ***words*** 中每个单词恰好一次的连接，且没有任何插入字符。

2. 问题示例

输入 s="barfoothefoobarman"，***words***=["foo","bar"]，输出[0,9]，从索引 0 和 9 开始的子串分别是"barfoo"和"foobar"，输出顺序无关紧要，输出[9,0]也可以。

输入 s="wordgoodstudentgoodword"，***words***=["word","student"]，输出[]。

3. 代码实现

```
#采用 UTF-8 编码格式
class Solution(object):
    def findSubstring(self, s, words):
        hash = {}
        res = []
        wsize = len(words[0])
        for str in words:
            if str in hash:
                hash[str] += 1
            else:
                hash[str] = 1
        for start in range(0, len(words[0])):
            slidingWindow = {}
            wCount = 0
            for i in range(start, len(s), wsize):
                word = s[i : i + wsize]
                if word in hash:
                    if word in slidingWindow:
                        slidingWindow[word] += 1
```

```
                else:
                    slidingWindow[word] = 1
                wCount += 1
                while hash[word] < slidingWindow[word]:
                    pos = i - wsize * (wCount - 1)
                    removeWord = s[pos : pos + wsize]
                    print(i, removeWord)
                    slidingWindow[removeWord] -= 1
                    wCount -= 1
            else:
                slidingWindow.clear()
                wCount = 0
            if wCount == len(words):
                res.append(i - wsize * (wCount - 1))
        return res
if __name__ == '__main__':
    temp = Solution()
    string1 = "barfoothefoobarman"
    List1 = ["foo","bar"]
    print(("输入:" + str(string1) + " " + str(List1)))
    print(("输出:" + str(temp.findSubstring(string1,List1))))
```

4. 运行结果

输入：barfoothefoobarman ['foo', 'bar']

输出：[0,9]

例 183

最后一个单词的长度

1. 问题描述

给定一个字符串，其中包含大小写字母、空格，本例将返回其最后一个单词的长度，如果不存在最后一个单词，则返回 0。

2. 问题示例

给定 s=“Hello World”，返回 5。

3. 代码实现

```
#采用 UTF-8 编码格式
#参数 s 是一个字符串
#返回一个整数型，代表最后一个单词的长度
class Solution:
    def lengthOfLastWord(self, s):
        return len(s.strip().split(' ')[-1])
if __name__ == '__main__':
    temp = Solution()
    string1 = "hello world"
    print(("输入:" + string1))
    print(("输出:" + str(temp.lengthOfLastWord(string1))))
```

4. 运行结果

输入：hello world

输出：5

例 184

电话号码的字母组合

1. 问题描述

传统的电话拨号盘如图 1 所示，2～9 数字键盘上的每个数字可以代表 3 个字母之一。例如，数字 2，可以代表 a、b 和 c。输入任何 2～9 的数字组合，本例将返回所有可能的字母组合。

图 1　电话拨号盘

2. 问题示例

给定"23"，返回["ad","ae","af","bd","be","bf","cd","ce","cf"]。

3. 代码实现

```
#采用 UTF-8 编码格式
#题意:输出电话号码对应所有可能的字符串
#可以递归或直接模拟
import copy
class Solution(object):
    def letterCombinations(self, digits):
        chr = ["", "", "abc", "def", "ghi", "jkl", "mno", "pqrs", "tuv", "wxyz"]
        res = []
        for i in range(0, len(digits)):
            num = int(digits[i])
            tmp = []
            for j in range(0, len(chr[num])):
                if len(res):
                    for k in range(0, len(res)):
                        tmp.append(res[k] + chr[num][j])
                else:
                    tmp.append(str(chr[num][j]))
            res = copy.copy(tmp)
        return res
```

```
if __name__ == '__main__':
    temp = Solution()
    string1 = "3"
    string2 = "5"
    print(("输入:" + string1))
    print(("输出:" + str(temp.letterCombinations(string1))))
    print(("输入:" + string2))
    print(("输出:" + str(temp.letterCombinations(string2))))
```

4. 运行结果

输入：3

输出：['d','e','f']

输入：5

输出：['j','k','l']

例 185

会议室 I

1. 问题描述

给定一系列的会议时间间隔的数组 ***intervals***,包括起始和结束时间$[[s_1,e_1],[s_2,e_2],\cdots]$ $(s_i<e_i)$,本例将找到所需的最小会议室数量。

2. 问题示例

给出 ***intervals***=[(0,30),(5,10),(15,20)],返回 2。

3. 代码实现

```
#参数 intervals 是一个会议时间间隔的数组
#返回值是所需的最小会议室数量
class Interval(object):
    def __init__(self, start, end):
        self.start = start
        self.end = end
class Solution:
    def minMeetingRooms(self, intervals):
        points = []
        for interval in intervals:
            points.append((interval.start, 1))
            points.append((interval.end, -1))
        meeting_rooms = 0
        ongoing_meetings = 0
        for _, delta in sorted(points):
            ongoing_meetings += delta
            meeting_rooms = max(meeting_rooms, ongoing_meetings)
        return meeting_rooms
#主函数
if __name__ == '__main__':
    node1 = Interval(0, 30)
    node2 = Interval(5, 10)
```

```
    node3 = Interval(15, 20)
    print("会议时间间隔:", [[node1.start, node1.end], [node2.start, node2.end], [node3.
start, node3.end]])
    intervals = [node1, node2, node3]
    solution = Solution()
    print("最小的会议室数量:", solution.minMeetingRooms(intervals))
```

4. 运行结果

会议时间间隔：[[0,30],[5,10],[15,20]]
最小的会议室数量：2

例 186

会议室Ⅱ

1. 问题描述

给定一系列的会议时间间隔，包括起始和结束时间[[s_1，e_1]，[s_2，e_2]，…]($s_i<e_i$)，判断一个人是否可以参加所有会议。

2. 问题示例

给定会议时间间隔：[[0,30],[5,10],[15,20]]，返回 false。

3. 代码实现

```
class Interval(object):
    def __init__(self, start, end):
        self.start = start
        self.end = end
class Solution(object):
    def canAttendMeetings(self, intervals):
        """
        intervals 的类型是列表，返回值的类型是布尔值
        """
        if len(intervals) == 0:
            return True
        intervals = sorted(intervals, key = lambda x: x.start)
        end = intervals[0].end
        for i in range(1, len(intervals)):
            if end > intervals[i].start:
                return False
            end = intervals[i].end
        return True
#主函数
if __name__ == '__main__':
    node1 = Interval(0, 30)
    node2 = Interval(5, 10)
```

```
    node3 = Interval(15, 20)
    print("会议时间间隔:", [[node1.start, node1.end], [node2.start, node2.end], [node3.start, node3.end]])
    intervals = [node1, node2, node3]
    solution = Solution()
    print("是否参加所有会议:", solution.canAttendMeetings(intervals))
```

4. 运行结果

会议时间间隔：[[0,30],[5,10],[15,20]]
是否参加所有会议：False

例 187

区间最小数

1. 问题描述

给定一个整数数组(下标为[0,$n-1$],其中 n 表示数组的大小)以及一个查询列表,每一个查询列表有两个整数[start, end]。对于每个查询,计算出数组中从下标 start 到 end 之间的最小值,并返回结果列表。

2. 问题示例

对于数组[1,2,7,8,5],查询[(1,2)、(0,4)、(2,4)],返回[2,1,5]。

3. 代码实现

```
class Interval(object):
    def __init__(self, start, end):
        self.start = start
        self.end = end
class SegmentTree(object):
    def __init__(self, start, end, min = 0):
        self.start = start
        self.end = end
        self.min = min
        self.left, self.right = None, None
    @classmethod
    def build(cls, start, end, a):
        if start > end:
            return None
        if start == end:
            return SegmentTree(start, end, a[start])
        node = SegmentTree(start, end, a[start])
        mid = (start + end) // 2
        node.left = cls.build(start, mid, a)
        node.right = cls.build(mid + 1, end, a)
        node.min = min(node.left.min, node.right.min)
```

```
            return node
        @classmethod
        def query(self, root, start, end):
            if root.start > end or root.end < start:
                return 0x7fffff
            if start <= root.start and root.end <= end:
                return root.min
            return min(self.query(root.left, start, end), \
                       self.query(root.right, start, end))
class Solution:
    """
    参数A、queries是一个给定的整数数组和一个间隔列表，第i个查询是[queries[i-1].start,
queries[i-1].end]，返回结果列表
    """
    def intervalMinNumber(self, A, queries):
        root = SegmentTree.build(0, len(A) - 1, A)
        result = []
        for query in queries:
            result.append(SegmentTree.query(root, query.start, query.end))
        return result
#主函数
if __name__ == '__main__':
    A = [1, 2, 7, 8, 5]
    print("输入的数组是:", A)
    interval1 = Interval(1, 2)
    interval2 = Interval(0, 4)
    interval3 = Interval(2, 4)
    print("要查询的区间为:(", interval1.start, ",", interval1.end, "),(", interval2.start, ",
", interval2.end, "),(",interval3.start, ",", interval3.end, ")")
    solution = Solution()
    print("区间最小数是:", solution.intervalMinNumber(A, [interval1, interval2, interval3]))
```

4. 运行结果

```
输入的数组是：[1,2,7,8,5]
要查询的区间为：(1,2 ),(0,4),(2,4)
区间最小数是：[2,1,5]
```

例 188

搜索区间

1. 问题描述

给定一个包含 n 个整数的排序数组，找出给定目标值 target 的起始和结束位置。如果目标值不在数组中，则返回[－1，－1]。

2. 问题示例

给出[5，7，7，8，8，10]和目标值 target＝8，返回[3，4]。

3. 代码实现

```
#采用 UTF - 8 编码格式
#参数 A 是一个整数数组
#参数 target 是一个要被搜索的整数
#返回一个长度是 2 的数组，[索引 1，索引 2]
class Solution:
    def searchRange(self, A, target):
        if len(A) == 0:
            return [ - 1, - 1]
        start, end = 0, len(A) - 1
        while start + 1 < end:
            mid = (start + end) // 2
            if A[mid] < target:
                start = mid
            else:
                end = mid
        if A[start] == target:
            leftBound = start
        elif A[end] == target:
            leftBound = end
        else:
            return [ - 1, - 1]
        start, end = leftBound, len(A) - 1
```

```
        while start + 1 < end:
            mid = (start + end) // 2
            if A[mid] <= target:
                start = mid
            else:
                end = mid
        if A[end] == target:
            rightBound = end
        else:
            rightBound = start
        return [leftBound, rightBound]
if __name__ == '__main__':
    temp = Solution()
    List1 = [1,2,4,5,6,7,8]
    target = 8
    print(("输入:" + str(List1) + " " + str(target)))
    print(("输出:" + str(temp.searchRange(List1,target))))
```

4. 运行结果

输入：[1,2,4,5,6,7,8] 8

输出：[6,6]

例 189

无重叠区间

1. 问题描述

给定一些区间，找到需要移除的最小区间数，以使其余的区间不重叠。

2. 问题示例

输入[[1,2],[2,3],[3,4],[1,3]]，输出 1，[1,3]被移除后，剩下的区间将不再重叠。输入[[1,2],[1,2],[1,2]]，输出 2，将两个[1,2]移除后，剩下的区间不重合。输入[[1,2],[2,3]]，输出 0。

3. 代码实现

```
#采用 UTF-8 编码格式
import sys
class Solution:
    def eraseOverlapIntervals(self, intervals):
        ans = 0
        end = -sys.maxsize
        for i in sorted(intervals, key = lambda i: i[-1]):
            if i[0] >= end:
                end = i[-1]
            else:
                ans += 1
        return ans
if __name__ == '__main__':
    temp = Solution()
    List1 = [ [1,2], [2,3], [3,4], [1,3] ]
    List2 = [ [1,2], [1,2], [1,2] ]
    print(("输入:" + str(List1)))
    print(("输出:" + str(temp.eraseOverlapIntervals(List1))))
```

```
print(("输入:" + str(str(List2))))
print(("输出:" + str(temp.eraseOverlapIntervals(List2))))
```

4. 运行结果

输入：[[1,2],[2,3],[3,4],[1,3]]
输出：1
输入：[[1,2],[1,2],[1,2]]
输出：2

例 190

区 间 合 并

1. 问题描述

给出若干闭合区间,合并所有重叠部分。

2. 问题示例

给出下方左侧的区间列表,可以得到右侧合并后的区间列表。

```
[                         [
  (1,3),                  (1,6),
  (2,6),        →         (8,10),
  (8,10),                 (15,18)
  (15,18)                 ]
]
```

3. 代码实现

```
#参数 intervals 是一个间隔列表
#返回一个间隔的列表
class Interval(object):
    def __init__(self, start, end):
        self.start = start
        self.end = end
class Solution:
    def merge(self, intervals):
        intervals = sorted(intervals, key = lambda x: x.start)
        result = []
        for interval in intervals:
            if len(result) == 0 or result[-1].end < interval.start:
                result.append(interval)
            else:
                result[-1].end = max(result[-1].end, interval.end)
```

```
        return result
#主函数
if __name__ == "__main__":
    node1 = Interval(1, 3)
    node2 = Interval(2, 6)
    node3 = Interval(8, 10)
    node4 = Interval(15, 18)
    list1 = []
    # 创建对象
    solution = Solution()
    print("初始区间:",
          [(node1.start, node1.end), (node2.start, node2.end), (node3.start, node3.end),
(node4.start, node4.end)])
    mind = solution.merge([node1, node2, node3, node4])
    for rement in mind:
        list1.append((rement.start, rement.end))
    print("合并后区间:", list1)
```

4. 运行结果

初始区间：[(1,3),(2,6), (8,10), (15,18)]
合并后区间：[(1,6),(8,10),(15,18)]

例 191

区间求和 I

1. 问题描述

在类的构造函数中给定一个整数数组，实现两个方法 query(start，end)和 modify(index，value)。对于 query(start，end)，返回数组中索引为 start 到 end 之间的元素和。对于 modify(index，value)，将数组中索引为 index 的数修改为 value。

2. 问题示例

给定数组 **A**=[1，2，7，8，5]，query(0，2)，返回 10；modify(0，4)，将 **A**[0]修改为 4；query(0，1)，返回 6；modify(2，1)，将 **A**[2]修改为 1；query(2，4)，返回 14。

3. 代码实现

```
class SegmentTreeNode:
    def __init__(self, start, end, max):
        self.start, self.end, self.max = start, end, max
        self.left, self.right = None, None
class SegmentTree(object):
    def __init__(self, start, end, sum=0):
        self.start = start
        self.end = end
        self.sum = sum
        self.left, self.right = None, None
    @classmethod
    def build(cls, start, end, a):
        if start > end:
            return None
        if start == end:
            return SegmentTree(start, end, a[start])
        node = SegmentTree(start, end, a[start])
        mid = (start + end) // 2
```

```
            node.left = cls.build(start, mid, a)
            node.right = cls.build(mid + 1, end, a)
            node.sum = node.left.sum + node.right.sum
            return node
        @classmethod
        def modify(cls, root, index, value):
            if root is None:
                return
            if root.start == root.end:
                root.sum = value
                return
            if root.left.end >= index:
                cls.modify(root.left, index, value)
            else:
                cls.modify(root.right, index, value)
            root.sum = root.left.sum + root.right.sum
        @classmethod
        def query(cls, root, start, end):
            if root.start > end or root.end < start:
                return 0
            if start <= root.start and root.end <= end:
                return root.sum
            return cls.query(root.left, start, end) + \
                    cls.query(root.right, start, end)
    class Solution:
        # 参数 A 是整数序列
        def __init__(self, A):
            self.root = SegmentTree.build(0, len(A) - 1, A)
        #参数 start 和 end 是索引
        #返回值是从 start 到 end 的和
        def query(self, start, end):
             return SegmentTree.query(self.root, start, end)
        #参数 index、value 是将 A[index]修改为 value
        def modify(self, index, value):
             SegmentTree.modify(self.root, index, value)
    if __name__ == '__main__':
        A = [1, 2, 7, 8, 5]
        print("输入的数组是:", A)
        solution = Solution(A)
        solution.__init__(A)
        print("运行 query(0,2):", solution.query(0, 2))
        print("运行 modify(0,4)")
        solution.modify(0, 4)
        print("运行 query(0,1):", solution.query(0, 1))
        print("运行 modify(2,1)")
        solution.modify(2, 1)
        print("运行 query(2,3):", solution.query(2, 4))
```

4. 运行结果

输入的数组是：[1,2,7,8,5]
运行 query(0,2)：10
运行 modify(0,4)
运行 query(0,1)：6
运行 modify(2,1)
运行 query(2,3)：14

例 192

区间求和Ⅱ

1. 问题描述

给定一个整数数组(数组长度为 n),以及一个查询列表,每一个查询列表区间由两个整数[start,end]定义。对于每个查询,计算出数组中从下标 start 到 end 之间元素的总和,并返回求和结果列表。

2. 问题示例

对于数组[1,2,7,8,5],查询[(1,2),(0,4),(2,4)],返回[9,23,20]。

3. 代码实现

```
class Interval(object):
    def __init__(self, start, end):
        self.start = start
        self.end = end
class SegmentTree(object):
    def __init__(self, start, end, sum = 0):
        self.start = start
        self.end = end
        self.sum = sum
        self.left, self.right = None, None
    @classmethod
    def build(cls, start, end, a):
        if start > end:
            return None
        if start == end:
            return SegmentTree(start, end, a[start])
        node = SegmentTree(start, end, a[start])
        mid = (start + end) // 2
        node.left = cls.build(start, mid, a)
        node.right = cls.build(mid + 1, end, a)
        node.sum = node.left.sum + node.right.sum
```

```
        return node
    @classmethod
    def query(self, root, start, end):
        if root.start > end or root.end < start:
            return 0
        if start <= root.start and root.end <= end:
            return root.sum
        return self.query(root.left, start, end) + \
               self.query(root.right, start, end)
class Solution:
#参数A、queries是给定的一个整数数组和一个区间列表
#第i个查询是[queries[i-1].start, queries[i-1].end]
#返回结果列表
    def intervalSum(self, A, queries):
        root = SegmentTree.build(0, len(A) - 1, A)
        result = []
        for query in queries:
            result.append(SegmentTree.query(root, query.start, query.end))
        return result
if __name__ == '__main__':
    A = [1, 2, 7, 8, 5]
    print("输入的数组是", A)
    interval1 = Interval(1, 2)
    interval2 = Interval(0, 4)
    interval3 = Interval(2, 4)
    print("要查询的区间为:(", interval1.start, ",", interval1.end, "),(", interval2.start, ",
", interval2.end, "),(",interval3.start, ",", interval3.end, ")")
    solution = Solution()
    print("区间求和:", solution.intervalSum(A, [interval1, interval2, interval3]))
```

4. 运行结果

输入的数组是[1,2,7,8,5]

要查询的区间为：(1,2),(0,4),(2,4)

区间求和：[9,23,20]

例 193

是否为子序列

1. 问题描述

给定字符串 s 和 t，判断 s 是否为 t 的子序列，默认在 s 和 t 中都只包含小写字母。t 可能是一个非常长(length≤500,000)的字符串，而 s 是一个较短的字符串(length≤100)。一个字符串的子序列是指在原字符串中删去一些字符(也可以不删除)后，不改变剩余字符的相对位置形成的新字符串(例如，"ace"是"abcde"的子序列而"aec"不是)。

2. 问题示例

s="abc"，t="ahbgdc"，返回 True；s="axc"，t="ahbgdc"，返回 False。

3. 代码实现

```
#采用 UTF-8 编码格式
#s 的类型是字符串
#t 的类型是字符串
#返回值的类型是布尔值
class Solution(object):
    def isSubsequence(self, s, t):
        i = 0
        j = 0
        while i < len(s) and j < len(t):
            if s[i] == t[j]:
                i += 1
            j += 1
        if i == len(s):
            return True
        else :
            return False
if __name__ == '__main__':
```

```
temp = Solution()
string1 = "abc"
string2 = "abcdefg"
print(("输入:" + string1 + " " + string2))
print(("输出:" + str(temp.isSubsequence(string1,string2))))
```

4. 运行结果

输入：abc abcdefg

输出：True

例 194

最长上升子序列

1. 问题描述

给定一个整数序列,找到最长上升子序列(LIS),返回 LIS 的长度。其中,LIS 是指一个序列中最长的单调递增的子序列。

2. 问题示例

给出[5,4,1,2,3],LIS 是[1,2,3],返回 3;给出[4,2,4,5,3,7],LIS 是[2,4,5,7],返回 4。

3. 代码实现

```
#采用 UTF-8 编码格式
#参数 nums 是一个整数数组
#返回最长上升子序列的长度
class Solution:
    def longestIncreasingSubsequence(self, nums):
        if nums is None or not nums:
            return 0
        dp = [1] * len(nums)
        for curr, val in enumerate(nums):
            for prev in range(curr):
                if nums[prev] < val:
                    dp[curr] = max(dp[curr], dp[prev] + 1)
        return max(dp)
if __name__ == '__main__':
    temp = Solution()
    List1 = [1,2,4,5,6,7,8]
    List2 = [4,2,4,5,3,7]
    print(("输入:" + str(List1)))
    print(("输出:" + str(temp.longestIncreasingSubsequence(List1))))
```

```
print(("输入:" + str(List2)))
print(("输出:" + str(temp.longestIncreasingSubsequence(List2))))
```

4. 运行结果

输入：[1,2,4,5,6,7,8]

输出：7

输入：[4,2,4,5,3,7]

输出：4

例 195

有效的括号序列

1. 问题描述

给定一个字符串所表示的括号序列,包含字符:'(',')','{','}','[',']',判定是否为有效的括号序列。注意,括号必须依照组合的顺序表示,"()[]{}"是有效的括号,但"([)]"则是无效的括号。

2. 问题示例

输入"([)]",输出 False;输入"()[]{}",输出 True。

3. 代码实现

```
#输入一个只包含括号的字符串,判断括号是否匹配
#模拟堆栈,读到左括号压栈,读到右括号判断栈,括号是否匹配
class Solution(object):
    def isValidParentheses(self, s):
        stack = []
        for ch in s:
            #压栈
            if ch == '{' or ch == '[' or ch == '(':
                stack.append(ch)
            else:
                #栈需非空
                if not stack:
                    return False
                #判断栈顶是否匹配
                if ch == ']' and stack[-1] != '[' or ch == ')' and stack[-1] != '(' or ch ==
'}' and stack[-1] != '{':
                    return False
                #弹栈
                stack.pop()
        return not stack
#主函数
```

```
if __name__ == "__main__":
    s = "([)]"
    #创建对象
    solution = Solution()
    print("输入包含括号的字符串是:",s)
    print("输出的结果是:", solution.isValidParentheses(s))
```

4. 运行结果

输入包含括号的字符串是：([)]
输出的结果是：False

例 196

对 称 树

1. 问题描述

给定二叉树,检查它是否为自身的镜像,即围绕其中心对称。

2. 问题示例

二叉树[1,2,2,3,4,4,3]是对称的,结构如下。

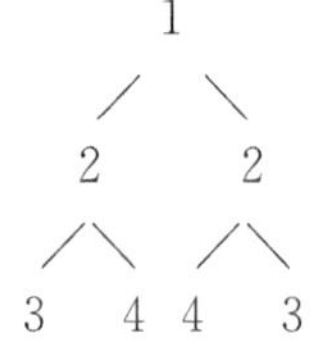

[1,2,2,#,3,#,3],#表示空,不是对称树,如下所示。

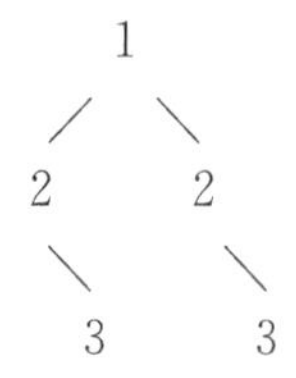

3. 代码实现

```
#树的定义
#参数 root 是一个给定树的根节点
#返回值是一个布尔值,判断是否为它自己的对称树
class TreeNode:
    def __init__(self, val):
        self.val = val
        self.left, self.right = None, None
class Solution:
    def check_symmetry(self, nodeA, nodeB):
```

```
        if nodeA is None and nodeB is None:
            return True
        if nodeA is None or nodeB is None:
            return False
        if nodeA.val != nodeB.val:
            return False
        outer_result = self.check_symmetry(nodeA.left, nodeB.right)
        inner_result = self.check_symmetry(nodeA.right, nodeB.left)
        return outer_result and inner_result
    def isSymmetric(self, root):
        if root is None:
            return True
        return self.check_symmetry(root.left, root.right)
def printTree(root):
    res = []
    if root is None:
        print(res)
    queue = []
    queue.append(root)
    while len(queue) != 0:
        tmp = []
        length = len(queue)
        for i in range(length):
            r = queue.pop(0)
            if r.left is not None:
                queue.append(r.left)
            if r.right is not None:
                queue.append(r.right)
            tmp.append(r.val)
        res.append(tmp)
    print(res)
#主函数
if __name__ == '__main__':
    root = TreeNode(1)
    root.left = TreeNode(2)
    root.right = TreeNode(2)
    root.left.left = TreeNode(3)
    root.left.right = TreeNode(4)
    root.right.left = TreeNode(4)
    root.right.right = TreeNode(3)
    solution = Solution()
    printTree(root)
    print("是否为对称的:", solution.isSymmetric(root))
    root = TreeNode(1)
    root.left = TreeNode(2)
    root.right = TreeNode(2)
    root.left.right = TreeNode(3)
```

```
root.right.right = TreeNode(3)
printTree(root)
print("是否为对称的:", solution.isSymmetric(root))
```

4. 运行结果

[[1],[2,2],[3,4,4,3]]
是否为对称的：True
[[1],[2,2],[3,3]]
是否为对称的：False

例 197

图是否为树

1. 问题描述

给出 n 个节点,索引为[0,$n-1$],并且给出一个无向边的列表(即给出每条边的两个顶点),本例将判断这张无向图是否为一棵树。

2. 问题示例

给出 $n=5$,并且 ***edges***=[[0,1],[0,2],[0,3],[1,4]],返回 True。

3. 代码实现

```
#参数 n 是一个整数
#参数 edges 是一个无向边的列表
#如果是一棵树,就返回 True,否则返回 False
class Solution:
    def validTree(self, n, edges):
        if n - 1 != len(edges):
            return False
        self.father = {i: i for i in range(n)}
        self.size = n
        for a, b in edges:
            self.union(a, b)
        return self.size == 1
    def union(self, a, b):
        root_a = self.find(a)
        root_b = self.find(b)
        if root_a != root_b:
            self.size -= 1
            self.father[root_a] = root_b
    def find(self, node):
        path = []
        while node != self.father[node]:
            path.append(node)
```

```
            node = self.father[node]
        for n in path:
            self.father[n] = node
        return node
#主函数
if __name__ == '__main__':
    n = 5
    edges = [[0, 1], [0, 2], [0, 3], [1, 4]]
    print("n = ", n)
    print("edges 是:", edges)
    solution = Solution()
    print("图是否为树:", solution.validTree(n, edges))
```

4. 运行结果

n=5

edges 是：[[0,1],[0,2],[0,3],[1,4]]

图是否为树：True

例 198

表达树的构造

1. 问题描述

表达树具有二叉树的结构，用于衡量特定的表达，所有表达树的叶子都有一个数字字符串值，而所有非叶子都有一个操作符。给定一个表达数组，本例将构造该数组的表达树，并返回表达树的根节点。

2. 问题示例

(2×6－(23＋7)/(1＋2))的表达数组为：["2" "*" "6" "－" "(" "23" "＋" "7" ")" "/" "(" "1" "＋" "2" ")"])。其表达树如下：

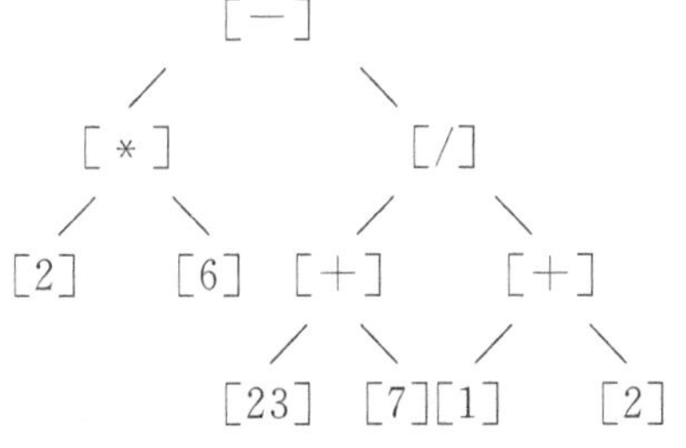

该表达树构造完成后，只需返回根节点[－]。

3. 代码实现

```
#参数 expression 是一个字符串数组
#返回 expression 树的根节点
class MyTreeNode:
    def __init__(self, val, s):
        self.left = None
        self.right = None
        self.val = val
        self.exp_node = ExpressionTreeNode(s)
class Solution:
    def get_val(self, a, base):
```

```
        if a == '+' or a == '-':
            if base == sys.maxint:
                return base
            return 1 + base
        if a == '*' or a == '/':
            if base == sys.maxint:
                return base
            return 2 + base
        return sys.maxint
    def build(self, expression):
        root = self.create_tree(expression)
        return self.copy_tree(root)
    def copy_tree(self, root):
        if not root:
            return None
        root.exp_node.left = self.copy_tree(root.left)
        root.exp_node.right = self.copy_tree(root.right)
        return root.exp_node
    def create_tree(self, expression):
        stack = []
        base = 0
        for i in range(len(expression)):
            if i != len(expression):
                if expression[i] == '(':
                    if base != sys.maxint:
                        base += 10
                    continue
                elif expression[i] == ')':
                    if base != sys.maxint:
                        base -= 10
                    continue
                val = self.get_val(expression[i], base)
            node = MyTreeNode(val, expression[i])
            while stack and val <= stack[-1].val:
                node.left = stack.pop()
            if stack:
                stack[-1].right = node
            stack.append(node)
        if not stack:
            return None
        return stack[0]
```

4. 运行结果

输入的数组为：["2","*","6","-","(","23","+","7",")","/","(","1","+","2",")"]

输出的结果为：{[-],[*],[/],[2],[6],[+],[+],#,#,#,#,[23],[7],[1],[2]}

例 199

表达式求值

1. 问题描述

给出一个用字符串表示的数组，本例将求出该表达式的值。注意，表达式只包含整数、+、-、×、/、(、)。

2. 问题示例

对于表达式(2×6-(23+7)/(1+2))，对应的数组如下，其值为 2。

```
[
  "2","*","6","-","(",
  "23","+","7",")","/",
  "(","1","+","2",")"
]
```

3. 代码实现

```
#字符串列表
#返回一个整数
class Solution:
    def evaluateExpression(self, expression):
        if expression is None or len(expression) == 0:
            return 0
        integers = []
        symbols = []
        for c in expression:
            if c.isdigit():
                integers.append(int(c))
            elif c == "(":
                symbols.append(c)
            elif c == ")":
```

```
                while symbols[-1] != "(":
                    self.calculate(integers, symbols)
                symbols.pop()
            else:
                if symbols and symbols[-1] != "(" and self.get_level(c) >= self.get_level
(symbols[-1]):
                    self.calculate(integers, symbols)
                symbols.append(c)
        while symbols:
            print(integers, symbols)
            self.calculate(integers, symbols)
        if len(integers) == 0:
            return 0
        return integers[0]
    def get_level(self, c):
        if c == "+" or c == "-":
            return 2
        if c == "*" or c == "/":
            return 1
        return sys.maxsize
    def calculate(self, integers, symbols):
        if integers is None or len(integers) < 2:
            return False
        after = integers.pop()
        before = integers.pop()
        symbol = symbols.pop()
        # print(after, before, symbol)
        if symbol == "-":
            integers.append(before - after)
        elif symbol == "+":
            integers.append(before + after)
        elif symbol == "*":
            integers.append(before * after)
        elif symbol == "/":
            integers.append(before // after)
        return True
#主函数
if __name__ == "__main__":
    str = "(2 * 6 - (23 + 7)/(1 + 2))"
    num = ["2", "*", "6", "-", "(", "23", "+", "7", ")", "/","(", "1", "+", "2", ")"]
    #创建对象
    solution = Solution()
```

```
    print("输入的表达式为:", str)
    print("其表达式对应的数组是:", num)
    print("表达式的值是:",solution.evaluateExpression(num))
```

4. 运行结果

输入的表达式为：(2 * 6－(23＋7)/(1＋2))

其表达式对应的数组是：['2','×','6','－','(','23','＋','7',')','/','(','1','＋','2',')']

[12,30,3]['－','/']

[12,10]['－']

表达式的值是：2

例 200

逆波兰表达式求值

1. 问题描述

求逆波兰表达式的值,在逆波兰表达式中,有效的运算符号包括+、-、×、/,每个运算对象既可以是整数,也可以是另一个逆波兰计数表达式。

2. 问题示例

式((2+1)×3)的逆波兰表达式为["2","1","+","3","×"],计算结果为 9;式(4+(13/5))的逆波兰表达式为["4","13","5","/","+"],计算结果为 6。

3. 代码实现

```
#参数为一个字符串列表
#返回一个整数
class Solution:
    def evalRPN(self, tokens):
        stack = []
        for i in tokens:
            if i not in ('+', '-', '*', '/'):
                stack.append(int(i))
            else:
                op2 = stack.pop()
                op1 = stack.pop()
                if i == '+': stack.append(op1 + op2)
                elif i == '-': stack.append(op1 - op2)
                elif i == '*': stack.append(op1 * op2)
                else: stack.append(int(op1 * 1.0 / op2))
        return stack[0]
#主函数
if __name__ == "__main__":
```

```
tokens = ["2", "1", "+", "3", "*"]
#创建对象
solution = Solution()
print("输入的逆波兰表达式是:",tokens)
print("计算逆波兰表达式的结果是:", solution.evalRPN(tokens))
```

4. 运行结果

输入的逆波兰表达式是：["2","1","+","3","*"]
计算逆波兰表达式的结果是：9

例 201 将表达式转换为逆波兰表达式

1. 问题描述

给定一个表达式字符串数组,返回逆波兰表达式(即去掉括号)。

2. 问题示例

对于表达式[3－4＋5](该表达式可表示为["3","－","4","＋","5"]),返回[3 4－5＋](该表达式可表示为["3","4","－","5","＋"])。

3. 代码实现

```
#给出一个字符串数组
#返回该表达式的逆波兰表达式
class Stack:
    def __init__(self):
        self.items = []
    def isEmpty(self):
        return len(self.items) == 0
    def push(self, item):
        self.items.append(item)
    def pop(self):
        return self.items.pop()
    def peek(self):
        if not self.isEmpty():
            return self.items[-1]
    def size(self):
        return len(self.items)
class Solution:
    def getLevel(self, s):
        if s == "+" or s == "-":
            return 1
        if s == "*" or s == "/":
            return 2
```

```
            return 0
    def convertToRPN(self, expression):
        RPN = []
        cal = Stack()
        for s in expression:
            if s == "(":
                cal.push(s)
            elif s == ")":
                while not cal.isEmpty() and cal.peek() != "(":
                    RPN.append(cal.peek())
                    cal.pop()
                cal.pop()
            elif s.isdigit():
                RPN.append(s)
            else:
                if not cal.isEmpty():
                    if cal.peek() != "(":
                        while self.getLevel(cal.peek()) >= self.getLevel(s):
                            RPN.append(cal.peek())
                            cal.pop()
                            if cal.isEmpty():
                                break
                cal.push(s)
        while not cal.isEmpty():
            RPN.append(cal.peek())
            cal.pop()
        return RPN
#主函数
if __name__ == "__main__":
    str = ["3","-","4","+","5"]
    #创建对象
    solution = Solution()
    print("输入的表达式数组是:",str)
    print("表达式的逆波兰表达式是",solution.convertToRPN(str))
```

4. 运行结果

输入的表达式数组是：["3","－","4","＋","5"]
表达式的逆波兰表达式是['3','4','－','5','＋']

例 202

最长公共子序列

1. 问题描述

给出两个字符串，找到最长公共子序列(LCS)，返回 LCS 的长度。最长公共子序列的定义为：一组序列(通常 2 个)的最长公共子序列。注意，不同于子字符串，LCS 不需要是连续的子字符串。该问题是典型的计算机科学问题，是文件差异比较程序的基础，在生物信息学中也有所应用。

2. 问题示例

给出"ABCD"和"EDCA"，LCS 是"A"(或 D 或 C)，返回 1；给出"ABCD"和"EACB"，LCS 是"AC"，返回 2。

3. 代码实现

```
#参数 A,B 为两个字符串
#返回最长公共子序列长度
class Solution:
    def longestCommonSubsequence(self, A, B):
        n, m = len(A), len(B)
        f = [[0] * (n + 1) for i in range(m + 1)]
        for i in range(n):
            for j in range(m):
                f[i + 1][j + 1] = max(f[i][j + 1], f[i + 1][j])
                if A[i] == B[j]:
                    f[i + 1][j + 1] = f[i][j] + 1
        return f[n][m]
#主函数
if __name__ == '__main__':
    A = "ABCD"
    B = "EACB"
    print("序列 A:", A)
```

```
print("序列 B:", B)
solution = Solution()
print("最长公共子序列长度:", solution.longestCommonSubsequence(A, B))
```

4. 运行结果

序列 A：ABCD
序列 B：EACB
最长公共子序列长度：2

例 203

乘积最大子序列

1. 问题描述

找出一个序列中乘积最大的连续子序列(至少包含一个数)。

2. 问题示例

序列[2,3,−2,4]中乘积最大的子序列为[2,3],其乘积为 6。

3. 代码实现

```
#参数 nums 是整数数组
#返回一个整数
class Solution:
    def maxProduct(self, nums):
        if not nums:
            return None
        global_max = prev_max = prev_min = nums[0]
        for num in nums[1:]:
            if num > 0:
                curt_max = max(num, prev_max * num)
                curt_min = min(num, prev_min * num)
            else:
                curt_max = max(num, prev_min * num)
                curt_min = min(num, prev_max * num)
            global_max = max(global_max, curt_max)
            prev_max, prev_min = curt_max, curt_min
        return global_max
#主函数
if __name__ == '__main__':
    nums = [2, 3, -2, 4]
```

```
    print("初始序列:", nums)
    solution = Solution()
    print("乘积最大子序列的积:", solution.maxProduct(nums))
```

4. 运行结果

初始序列：[2,3,－2,4]
乘积最大子序列的积：6

例 204

最长上升连续子序列

1. 问题描述

给定一个整数数组(数组长度为 n,下标为[0,$n-1$]),本例将找出该数组中最长的上升连续子序列(LICS),LICS 定义为按照元素大小从右到左或从左到右排列的序列。

2. 问题示例

给定[5,4,2,1,3],其 LICS 为[5,4,2,1],返回 4;给定[5,1,2,3,4],其 LICS 为[1,2,3,4],返回 4。

3. 代码实现

```
#采用 UTF-8 编码格式
#参数 A 是一个整数数组
#返回一个整数
class Solution:
    def longestIncreasingContinuousSubsequence(self, A):
        if not A:
            return 0
        longest, incr, desc = 1, 1, 1
        for i in range(1, len(A)):
            if A[i] > A[i - 1]:
                incr += 1
                desc = 1
            elif A[i] < A[i - 1]:
                incr = 1
                desc += 1
            else:
                incr = 1
                desc = 1
            longest = max(longest, max(incr, desc))
        return longest
if __name__ == '__main__':
```

```
temp = Solution()
nums1 = [6,5,4,3,2]
nums2 = [2,1,2,1,2,1]
print ("输入:" + str(nums1))
print ("输出:" + str(temp.longestIncreasingContinuousSubsequence(nums1)))
print ("输入:" + str(nums2))
print ("输出:" + str(temp.longestIncreasingContinuousSubsequence(nums2)))
```

4. 运行结果

输入：[6,5,4,3,2]

输出：5

输入：[2,1,2,1,2,1]

输出：2

例 205

序 列 重 构

1. 问题描述

给定一个由[1,n]的正整数排列而成的序列 org,$1 \leqslant n \leqslant 10^4$。重构表示依据序列列表 seqs 将序列 org 组合成一个最短父序列,即组成一个最短的序列,使得 seqs 中的所有序列都是 org 的子序列。本例将判断序列 org 是否能唯一地由 seqs 重构得到。

2. 问题示例

给定 org=[1,2,3],seqs=[[1,2],[1,3]],返回 False。

3. 代码实现

```
#参数 org 是一个取值为[1,n]的整数序列
#参数 seqs 是一个序列列表
#返回值是一个布尔值,若有且仅有一个能从 seqs 重构出来的序列则返回 True
class Solution:
    def sequenceReconstruction(self, org, seqs):
        from collections import defaultdict
        edges = defaultdict(list)
        indegrees = defaultdict(int)
        nodes = set()
        for seq in seqs:
            nodes |= set(seq)
            for i in range(len(seq)):
                if i == 0:
                    indegrees[seq[i]] += 0
                if i < len(seq) - 1:
                    edges[seq[i]].append(seq[i + 1])
                    indegrees[seq[i + 1]] += 1
        cur = [k for k in indegrees if indegrees[k] == 0]
        res = []
        while len(cur) == 1:
            cur_node = cur.pop()
```

```
            res.append(cur_node)
            for node in edges[cur_node]:
                indegrees[node] -= 1
                if indegrees[node] == 0:
                    cur.append(node)
        if len(cur) > 1:
            return False
        return len(res) == len(nodes) and res == org
#主函数
if __name__ == '__main__':
    org = [1, 2, 3]
    seqs = [[1, 2], [1, 3]]
    solution = Solution()
    print("org 是:", org, "seqs 是:", seqs)
    print("可否从 seqs 唯一重构出 org:", solution.sequenceReconstruction(org, seqs))
    org = [1, 2, 3]
    seqs = [[1, 2], [1, 3], [2, 3]]
    print("org 是:", org, "seqs 是:", seqs)
    print("可否从 seqs 唯一重构出 org:", solution.sequenceReconstruction(org, seqs))
```

4. 运行结果

org 是：[1,2,3] seqs 是：[[1,2],[1,3]]
可否从 seqs 唯一重构出 org：False
org 是：[1,2,3] seqs 是：[[1,2],[1,3],[2,3]]
可否从 seqs 唯一重构出 org：True

例 206

不同的子序列

1. 问题描述

给出字符串 S 和字符串 T，计算在 S 中不同子序列 T 出现的个数。子序列字符串是原始字符串通过删除一些(或零个)字符产生的一个新字符串，并且对剩下字符的相对位置没有影响。例如，"ACE"是"ABCDE"的子序列字符串，而"AEC"不是。

2. 问题示例

给出 S="rabbbit"，T="rabbit"，返回 3。

3. 代码实现

```
#参数 S, T 为两个字符串
#返回不同子序列的个数
class Solution:
    def numDistinct(self, S, T):
        dp = [[0 for j in range(len(T) + 1)] for i in range(len(S) + 1)]
        for i in range(len(S) + 1):
            dp[i][0] = 1
        for i in range(len(S)):
            for j in range(len(T)):
                if S[i] == T[j]:
                    dp[i + 1][j + 1] = dp[i][j + 1] + dp[i][j]
                else:
                    dp[i + 1][j + 1] = dp[i][j + 1]
        return dp[len(S)][len(T)]
#主函数
if __name__ == '__main__':
    S = "rabbbit"
    T = "rabbit"
```

```
print("字符串 S:", S)
print("字符串 T:", T)
solution = Solution()
print("结果:", solution.numDistinct(S, T))
```

4. 运行结果

字符串 S：rabbbit
字符串 T：rabbit
结果：3

例 207

跳跃游戏 I

1. 问题描述

给出一个非负整数数组,最初定位在数组的第一个位置。数组中的每个元素代表在那个位置可以跳跃的最大长度,本例将判断能否到达数组的最后一个位置。

2. 问题示例

A=[2,3,1,1,4],返回 True; **A**=[3,2,1,0,4],返回 False。

3. 代码实现

```
#采用 UTF-8 编码格式
#参数 A 是一个整数数组
#返回一个布尔值
class Solution:
    def canJump(self, A):
        p = 0
        ans = 0
        for item in A[:-1]:
            ans = max(ans, p + item)
            if(ans <= p):
                return False
            p += 1
        return True
if __name__ == '__main__':
    temp = Solution()
    List1 = [1, 1, 0, 1]
    List2 = [1, 2, 0, 1]
    print(("输入:" + str(List1)))
    print(("输出:" + str(temp.canJump(List1))))
```

```
print(("输入:" + str(str(List2))))
print(("输出:" + str(temp.canJump(List2))))
```

4. 运行结果

输入：[1,1,0,1]
输出：False
输入：[1,2,0,1]
输出：True

例 208

跳跃游戏Ⅱ

1. 问题描述

给出一个非负整数数组,最初定位在数组的第一个位置。数组中的每个元素代表在那个位置可以跳跃的最大长度,本例将使用最少的跳跃次数到达数组的最后一个位置,并返回将跳跃次数。

2. 问题示例

给出数组 **A**=[2,3,1,1,4],到达数组最后一个位置的最少跳跃次数是 2,即从数组下标 0 跳 1 步到数组下标 1,然后跳 3 步到数组的最后一个位置,一共跳跃 2 次。

3. 代码实现

```
#采用 UTF-8 编码格式
#参数 A 是一个整数数组
#返回一个整数
class Solution:
    def jump(self, A):
        p = [0]
        for i in range(len(A) - 1):
            while(i + A[i] >= len(p) and len(p) < len(A)):
                p.append(p[i] + 1)
        return p[-1]
if __name__ == '__main__':
    temp = Solution()
    List1 = [2,3,1,1,4]
    List2 = [1,4,2,2,3]
    print(("输入:" + str(List1)))
    print(("输出:" + str(temp.jump(List1))))
```

```
print(("输入:" + str(str(List2))))
print(("输出:" + str(temp.jump(List2))))
```

4. 运行结果

输入：[2,3,1,1,4]
输出：2
输入：[1,4,2,2,3]
输出：2

例 209

翻转游戏

1. 问题描述

翻转游戏,给定一个只包含两种字符+和一的字符串,两个人轮流翻转"++"变成"——"。当一个人无法采取行动时游戏结束,另一个人将是赢家,本例将判断能否保证先手胜利。

2. 问题示例

给定 s="++++",先手可以通过翻转中间的"++"使字符串变成"+——+"来保证胜利,返回 True。

3. 代码实现

```
#参数 s 是一个给定的字符串
#返回值是一个布尔值,如果能够保证先手胜利则返回 True
class Solution:
    memo = {}
    def canWin(self, s):
        if s in self.memo:
            return self.memo[s]
        for i in range(len(s) - 1):
            if s[i:i + 2] == '++':
                tmp = s[:i] + '--' + s[i + 2:]
                flag = self.canWin(tmp)
                self.memo[tmp] = flag
                if not flag:
                    return True
        return False
#主函数
```

```
if __name__ == '__main__':
    s = "++++"
    print("s 是:", s)
    solution = Solution()
    print("是否可以赢:", solution.canWin(s))
```

4. 运行结果

s 是：++++

是否可以赢：True

例 210

棒球游戏

1. 问题描述

对于棒球比赛成绩记录，给定一个字符串数组，每一个字符串可以是以下 4 种中的其中一个：

① 整数(一个回合的分数)，直接表示这个回合所得到的分数；

② "+"(一个回合的分数)，表示这个回合获得的分数为前两个有效分数之和；

③ "D"(一个回合的分数)，表示这个回合得到的分数是上一次获得的有效分数的两倍；

④ "C"(一种操作，而非一个回合的分数)，表示上个回合的有效分数是无效的，需要移除。

每一轮的操作都是永久性的，本例将返回在所有回合中获得总分数。需要注意的是输入列表的大小为[1,1000]，列表中的整数大小为[-30000,30000]。

2. 问题示例

输入：["5","2","C","D","+"]，输出 30。回合 1 可以得到 5 分，和为 5；回合 2 可以得到 2 分，和为 7；操作 1，回合 2 的数据无效，所以和为 5；回合 3 可以得到 10 分(回合 2 的数据已经被移除了)，和为 15；回合 4 可以得到 5+10=15 分，和为 30。

输入：["5","-2","4","C","D","9","+","+"]，输出 27。回合 1 可以得到 5 分，和为 5；回合 2 可以得到 -2 分，和为 3；回合 3 可以得到 4 分，和为 7；操作 1，回合 3 的数据无效，所以和为 3；回合 4 可以得到 -4 分(回合 3 的数据已经被移除了)，和为 -1；回合 5 可以得到 9 分，和为 8；回合 6 可以得到 -4+9=5(分)，和为 13；回合 7 可以得到 9+5=14(分)，和为 27。

3. 代码实现

```
#参数 ops 是一个表示操作的数组
#返回值是在所有回合中获得的总分数
class Solution:
    def calPoints(self, ops):
```

```
        # Time: O(n)
        # Space: O(n)
        history = []
        for op in ops:
            if op == 'C':
                history.pop()
            elif op == 'D':
                history.append(history[-1] * 2)
            elif op == '+':
                history.append(history[-1] + history[-2])
            else:
                history.append(int(op))
        return sum(history)
#主函数
if __name__ == "__main__":
    ops = ["5", "2", "C", "D", "+"]
    # 创建对象
    solution = Solution()
    print("初始字符串数组是:", ops)
    print("总得分数是:", solution.calPoints(ops))
```

4. 运行结果

初始字符串数组是：["5","2","C","D","+"]
总得分数是：30

例 211

中位数

1. 问题描述

给定一个未排序的整数数组，找到其中位数并返回，中位数是排序后数组的中间值，如果数组的个数是偶数，则返回排序后数组的第 $N/2$ 个数。

2. 问题示例

给出数组[4,5,1,2,3]，返回 3；给出数组[7,9,4,5]，返回 5。

3. 代码实现

```
#参数 nums 是一个整数数组
#返回一个整数,代表整数数组的中位数
class Solution:
    def median(self, nums):
        nums.sort()
        return nums[(len(nums) - 1) // 2]
#主函数
if __name__ == "__main__":
    nums = [7, 9, 4, 5]
    #创建对象
    solution = Solution()
    print("输入的未排序的整数数组是:", nums)
    print("中位数是:", solution.median(nums))
```

4. 运行结果

输入的未排序的整数数组是：[7,9,4,5]
中位数是：5

例 212

滑动窗口的中位数

1. 问题描述

给定一个包含 n 个整数的数组和一个大小为 k 的滑动窗口，从左到右在数组中滑动这个窗口，找到数组中每个窗口内的中位数。注意，如果数组个数是偶数，则在该窗口排序数字后，返回第 $N/2$ 个数字。

2. 问题示例

对于数组[1,2,7,8,5]，滑动窗口大小 $k=3$ 时，返回[2,7,7]。最初的窗口数组是[|1,2,7|,8,5]，返回中位数 2；窗口向前滑动一次，[1,|2,7,8|,5]，返回中位数 7；窗口继续向前滑动一次，[1,2,|7,8,5|]，返回中位数 7。

3. 代码实现

```
class HashHeap:
    def __init__(self, desc = False):
        self.hash = dict()
        self.heap = []
        self.desc = desc
    @property
    def size(self):
        return len(self.heap)
    def push(self, item):
        self.heap.append(item)
        self.hash[item] = self.size - 1
        self._sift_up(self.size - 1)
    def pop(self):
        item = self.heap[0]
        self.remove(item)
        return item
    def top(self):
        return self.heap[0]
```

```
    def remove(self, item):
        if item not in self.hash:
            return
        index = self.hash[item]
        self._swap(index, self.size - 1)
        del self.hash[item]
        self.heap.pop()
        # in case of the removed item is the last item
        if index < self.size:
            self._sift_up(index)
            self._sift_down(index)
    def _smaller(self, left, right):
        return right < left if self.desc else left < right
    def _sift_up(self, index):
        while index != 0:
            parent = index // 2
            if self._smaller(self.heap[parent], self.heap[index]):
                break
            self._swap(parent, index)
            index = parent
    def _sift_down(self, index):
        if index is None:
            return
        while index * 2 < self.size:
            smallest = index
            left = index * 2
            right = index * 2 + 1
            if self._smaller(self.heap[left], self.heap[smallest]):
                smallest = left
            if right < self.size and self._smaller(self.heap[right], self.heap[smallest]):
                smallest = right
            if smallest == index:
                break
            self._swap(index, smallest)
            index = smallest
    def _swap(self, i, j):
        elem1 = self.heap[i]
        elem2 = self.heap[j]
        self.heap[i] = elem2
        self.heap[j] = elem1
        self.hash[elem1] = j
        self.hash[elem2] = i
class Solution:
#参数 nums 是一个整数数组
#参数 k 是一个整数
#返回值是在滑动窗口的中位数
    def medianSlidingWindow(self, nums, k):
```

```
        if not nums or len(nums) < k:
            return []
        self.maxheap = HashHeap(desc = True)
        self.minheap = HashHeap()
        for i in range(0, k - 1):
            self.add((nums[i], i))
        medians = []
        for i in range(k - 1, len(nums)):
            self.add((nums[i], i))
            # print(self.maxheap.heap, self.median, self.minheap.heap)
            medians.append(self.median)
            self.remove((nums[i - k + 1], i - k + 1))
            # print(self.maxheap.heap, self.median, self.minheap.heap)
        return medians
    def add(self, item):
        if self.maxheap.size > self.minheap.size:
            self.minheap.push(item)
        else:
            self.maxheap.push(item)
        if self.maxheap.size == 0 or self.minheap.size == 0:
            return
        if self.maxheap.top() > self.minheap.top():
            self.maxheap.push(self.minheap.pop())
            self.minheap.push(self.maxheap.pop())
    def remove(self, item):
        self.maxheap.remove(item)
        self.minheap.remove(item)
        if self.maxheap.size < self.minheap.size:
            self.maxheap.push(self.minheap.pop())
    @property
    def median(self):
        return self.maxheap.top()[0]
if __name__ == '__main__':
    A = [1, 2, 7, 8, 5]
    print("输入的数组是:", A)
    solution = Solution()
    print("滑动窗口的中位数是:", solution.medianSlidingWindow(A, 3))
```

4. 运行结果

输入的数组是：[1,2,7,8,5]

滑动窗口的中位数是：[2,7,7]

例 213

数据流中位数

1. 问题描述

在数据流中，数字是不断进入数组的，每当添加一个新数进入数组的同时，返回当前新数组的中位数。

2. 问题示例

持续进入数组的列表为[1,2,3,4,5]，则返回[1,1,2,2,3]；持续进入数组的列表为[4,5,1,3,2,6,0]，则返回[4,4,4,3, 3,3,3]；持续进入数组的列表为[2,20,100]，则返回[2,2,20]。

3. 代码实现

```
#参数 nums 为整数序列
#返回中位数序列
import heapq
class Solution:
    def medianII(self, nums):
        self.minheap, self.maxheap = [], []
        medians = []
        for num in nums:
            self.add(num)
            medians.append(self.median)
        return medians
    @property
    def median(self):
        return - self.maxheap[0]
    def add(self, value):
        if len(self.maxheap) <= len(self.minheap):
            heapq.heappush(self.maxheap, - value)
        else:
            heapq.heappush(self.minheap, value)
```

```
        if len(self.minheap) == 0 or len(self.maxheap) == 0:
            return
        if - self.maxheap[0] > self.minheap[0]:
            heapq.heappush(self.maxheap, - heapq.heappop(self.minheap))
            heapq.heappush(self.minheap, - heapq.heappop(self.maxheap))
if __name__ == '__main__':
    nums1 = [1, 2, 3, 4, 5]
nums2 = [4, 5, 1, 3, 2, 6, 0]
nums3 = [2, 20, 100]
    solution = Solution()
    print("持续进入数组的列表是:", nums1)
print("新数组的中位数是:", solution.medianII(nums1))
print("持续进入数组的列表是:", nums2)
    print("新数组的中位数是:", solution.medianII(nums2))
print("持续进入数组的列表是:", nums3)
    print("新数组的中位数是:", solution.medianII(nums3))
```

4. 运行结果

持续进入数组的列表是：[1,2,3,4,5]
新数组的中位数是：[1,1,2,2,3]
持续进入数组的列表是：[4,5,1,3,2,6,0]
新数组的中位数是：[4,4,4,3,3,3,3]
持续进入数组的列表是：[2,20,100]
新数组的中位数是：[2,2,20]

例 214

两个排序数组的中位数

1. 问题描述

给定两个排序的数组 $\boldsymbol{A}$ 和 $\boldsymbol{B}$，数组中分别含有 m 和 n 个数，找到两个排序数组的中位数，要求时间复杂度应为 $O(\log(m+n))$。

2. 问题示例

给出数组 $\boldsymbol{A}=[1,2,3,4,5,6]$，$\boldsymbol{B}=[2,3,4,5]$，则中位数为 3.5。

3. 代码实现

```
#参数 A 是一个整数数组
#参数 B 是一个整数数组
#返回一个 double 型的结果，形式是 *.5 或者 *.0
class Solution:
    def findMedianSortedArrays(self, A, B):
        n = len(A) + len(B)
        if n % 2 == 1:
            return self.findKth(A, B, n // 2 + 1)
        else:
            smaller = self.findKth(A, B, n // 2)
            bigger = self.findKth(A, B, n // 2 + 1)
            return (smaller + bigger) / 2.0
    def findKth(self, A, B, k):
        if len(A) == 0:
            return B[k - 1]
        if len(B) == 0:
            return A[k - 1]
        if k == 1:
            return min(A[0], B[0])
        a = A[k // 2 - 1] if len(A) >= k // 2 else None
        b = B[k // 2 - 1] if len(B) >= k // 2 else None
        if b is None or (a is not None and a < b):
```

```
            return self.findKth(A[k // 2:], B, k - k // 2)
        return self.findKth(A, B[k // 2:], k - k // 2)
#主函数
if __name__ == '__main__':
    A = [1, 2, 3, 4, 5, 6]
    B = [2, 3, 4, 5]
    print('数组 A 是:', A)
    print('数组 B 是:', B)
    solution = Solution()
    print('他们的中位数是:', solution.findMedianSortedArrays(A, B))
```

4. 运行结果

数组 A 是：[1,2,3,4,5,6]
数组 B 是：[2,3,4,5]
他们的中位数是：3.5

例 215

打劫房屋 I

1. 问题描述

假设一个专业的窃贼准备沿着一条街打劫房屋，每个房子都存放着特定金额的钱。面临的唯一约束条件是：相邻的房子装着相互联系的防盗系统，且当相邻的两个房子同一天被打劫时，该系统会自动报警。

给定一个非负整数列表，表示每个房子中存放的钱，如果窃贼今晚去打劫，则在不触动报警装置的情况下，求最多可以得到多少钱。

2. 问题示例

给定[3,8,4]，返回 8。

3. 代码实现

```
#参数 A 是非负整数列表
#返回一个整数
class Solution:
    def houseRobber(self, A):
        result = 0
        f, g, f1, g1 = 0, 0, 0, 0
        for x in A:
            f1 = g + x
            g1 = max(f, g)
            g, f = g1, f1
        return max(f, g)
#主函数
if __name__ == '__main__':
    A = [3, 8, 4]
    print("房屋存放金钱:", A)
```

```
solution = Solution()
print("打劫到的最多金钱:", solution.houseRobber(A))
```

4. 运行结果

房屋存放金钱：[3,8,4]
打劫到的最多金钱：8

例 216 打劫房屋Ⅱ

1. 问题描述

假设打劫的地方是一棵二叉树，每个房子都存放着特定金额的钱。面临的唯一约束条件是：相邻的房子都装着相互联系的防盗系统，且当相邻的两个房子同一天被打劫时，该系统会自动报警。如果窃贼今晚去打劫，在不触动报警装置的情况下，最多可以得到多少钱。

2. 问题示例

给定如下二叉搜索树，窃贼最多能偷窃的金钱数是 3+3+1=7。

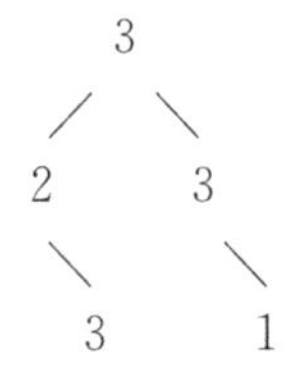

3. 代码实现

```
#树的定义
class TreeNode:
    def __init__(self, val):
        self.val = val
        self.left, self.right = None, None
class Solution:
#参数 root 是一个二叉树的根节点
#返回值是今晚打劫能够得到的最多金额
    def houseRobber3(self, root):
        rob, not_rob = self.visit(root)
        return max(rob, not_rob)
    def visit(self, root):
        if root is None:
            return 0, 0
        left_rob, left_not_rob = self.visit(root.left)
```

```
        right_rob, right_not_rob = self.visit(root.right)
        rob = root.val + left_not_rob + right_not_rob
        not_rob = max(left_rob, left_not_rob) + max(right_rob, right_not_rob)
        return rob, not_rob
#主函数
if __name__ == '__main__':
    root = TreeNode(3)
    root.left = TreeNode(2)
    root.right = TreeNode(3)
    root.left.right = TreeNode(3)
    root.right.right = TreeNode(1)
    solution = Solution()
    print("最多可以抢劫的金钱数是:", solution.houseRobber3(root))
```

4. 运行结果

最多可以抢劫的金钱数是：7

例 217

子集 I

1. 问题描述

给定一个可能含有重复数字的列表,返回其所有的子集。

2. 问题示例

如果 **S**=[1,2,2],则可能的子集为:[[2],[1],[1,2,2],[2,2],[1,2],[]]。

3. 代码实现

```
from functools import reduce
class Solution:
    def subsetsWithDup(self, S):
        S.sort()
        p = [[S[x] for x in range(len(S)) if i >> x & 1] for i in range(2 ** len(S))]
        func = lambda x, y: x if y in x else x + [y]
        p = reduce(func, [[], ] + p)
        return list(reversed(p))
#主函数
if __name__ == '__main__':
    S = [1, 2, 2]
    print("S是:", S)
    solution = Solution()
    print("可能的子集是:", solution.subsetsWithDup(S))
```

4. 运行结果

S是:[1,2,2]

可能的子集是:[[1,2,2],[2,2],[1,2],[2],[1],[]]

例 218

子集 Ⅱ

1. 问题描述

给定一个含不同整数的集合,返回其所有的子集。

2. 问题示例

如果 ***S***=[1,2,3],则包含的所有子集为:[[3],[1],[2],[1,2,3],[1,3],[2,3],[1,2],[]]。

3. 代码实现

```
class Solution:
    def search(self, nums, S, index):
        if index == len(nums):
            self.results.append(list(S))
            return
        S.append(nums[index])
        self.search(nums, S, index + 1)
        S.pop()
        self.search(nums, S, index + 1)
    def subsets(self, nums):
        self.results = []
        self.search(sorted(nums), [], 0)
        return self.results
#主函数
if __name__ == '__main__':
    nums = [1, 2, 3]
    print("整数集合是:", nums)
    solution = Solution()
    print("包含的所有子集有:", solution.subsets(nums))
```

4. 运行结果

整数集合是:[1, 2, 3]

包含的所有子集有:[[1,2,3],[1,2],[1,3],[1],[2,3],[2],[3],[]]

例 219

迷 宫 I

1. 问题描述

在迷宫中有一个球,且其中有空间和墙壁。球可以上、下、左、右滚动,但不会停止滚动直至撞到墙上。当球停止时,可以选择下一个方向。迷宫由二维数组表示,1 表示墙、0 表示空的空间,并假设迷宫的边界都是墙,开始和目标坐标用行和列的索引表示。给定球的起始位置、目的地和迷宫,判断球是否可以停在终点。

2. 问题示例

给定如下由二维数组表示的迷宫,开始坐标($rowStart$,$colStart$)=(0,4),目标坐标($rowDest$,$colDest$)=(4,4),返回 True。

```
0 0 1 0 0
0 0 0 0 0
0 0 0 1 0
1 1 0 1 1
0 0 0 0 0
```

3. 代码实现

```
DIRECTIONS = [(1, 0), (-1, 0), (0, -1), (0, 1)]
class Solution(object):
    def hasPath(self, maze, start, destination):
        if not maze:
            return False
        visited, self.ans = {(start[0], start[1])}, False
        self.dfs_helper(maze, start[0], start[1], destination, visited)
        return self.ans
    def dfs_helper(self, maze, x, y, destination, visited):
        if self.ans or self.is_des(x, y, destination):
            self.ans = True
```

```
            return
        for dx, dy in DIRECTIONS:
            new_x, new_y = x, y
            while self.is_valid(maze, new_x + dx, new_y + dy):
                new_x += dx
                new_y += dy
            coor = (new_x, new_y)
            if coor not in visited:
                visited.add(coor)
                self.dfs_helper(maze, new_x, new_y, destination, visited)
    def is_valid(self, maze, x, y):
        row, col = len(maze), len(maze[0])
        return 0 <= x < row and 0 <= y < col and maze[x][y] == 0
    def is_des(self, x, y, destination):
        return x == destination[0] and y == destination[1]
#主函数
if __name__ == '__main__':
    maze = [[0, 0, 1, 0, 0], [0, 0, 0, 0, 0], [0, 0, 0, 1, 0], [1, 1, 0, 1, 1], [0, 0, 0, 0, 0]]
    start = [0, 4]
    destination = [4, 4]
    print("迷宫是:", maze)
    print("初始地点是:", start)
    print("终点是:", destination)
    solution = Solution()
    print("是否可以走出迷宫:", solution.hasPath(maze, start, destination))
```

4. 运行结果

迷宫是：[[0,0,1,0,0],[0,0,0,0,0],[0,0,0,1,0],[1,1,0,1,1],[0,0,0,0,0]]

初始地点是：[0,4]

终点是：[4,4]

是否可以走出迷宫：True

例 220

迷宫 Ⅱ

1. 问题描述

在迷宫中有一个球,且其中有空间和墙壁。球可以上、下、左、右滚动,但不会停止滚动直到撞到墙上。当球停止时,它可以选择下一个方向。迷宫由二维数组表示,1 表示墙、0 表示空的空间,并假设迷宫的边界都是墙,开始和目标坐标用行和列的索引表示。

给定球的起始位置、目标和迷宫,找出到达终点最短距离。距离是由球起始位置(被排除)到目的地(包括)所走过的空间数量来定义。如果球不能停在目的地,则返回-1。

2. 问题示例

给定如下由二维数组表示的迷宫,开始坐标($rowStart$,$colStart$)=(0,4),目的坐标($rowDest$,$colDest$)=(4,4),返回 12。

```
0 0 1 0 0
0 0 0 0 0
0 0 0 1 0
1 1 0 1 1
0 0 0 0 0
```

3. 代码实现

```
class Solution(object):
    def shortestDistance(self, maze, start, destination):
        if maze is None or len(maze) == 0 or len(maze[0]) == 0:
            return -1
        marked = set()
        dist_to = {}
        pq = IndexPriorityQueue()
        x, y = start
        pq.push((x, y), 0)
        while pq.size() != 0:
            (x, y), dist = pq.pop()
```

```
            if x == destination[0] and y == destination[1]:
                return dist
            self.relaxVertex(maze, marked, pq, x, y, dist)
        return -1
    def relaxVertex(self, maze, marked, pq, x, y, dist):
        marked.add((x, y))
        for key, next_dist in self.nextSpaces(maze, x, y, dist):
            if key in marked:
                continue
            if pq.contains(key):
                if pq.getDistance(key) > next_dist:
                    pq.change(key, next_dist)
            else:
                pq.push(key, next_dist)
    def nextSpaces(self, maze, x, y, dist):
        next_spaces = []
        vectors = [(1, 0), (-1, 0), (0, 1), (0, -1)]
        for v in vectors:
            next_x, next_y = x, y
            next_dist = dist
            while self.isSpace(maze, next_x + v[0], next_y + v[1]):
                next_x, next_y = next_x + v[0], next_y + v[1]
                next_dist += 1
            if next_x != x or next_y != y:
                next_spaces.append(((next_x, next_y), next_dist))
        return next_spaces
    def isSpace(self, maze, x, y):
        m, n = len(maze), len(maze[0])
        return 0 <= x < m and 0 <= y < n and maze[x][y] == 0
class IndexPriorityQueue(object):
    def __init__(self):
        self.data = []
        self.key_index = {}
    def size(self):
        return len(self.data)
    def contains(self, key):
        return key in self.key_index
    def getDistance(self, key):
        return self.data[self.key_index[key]][1]
    def push(self, key, val):
        self.data.append((key, val))
        index = self.size() - 1
        self.key_index[key] = index
        self.shiftUp(index)
    def pop(self):
        self.swap(0, self.size() - 1)
        key, val = self.data.pop()
        del self.key_index[key]
        self.shiftDown(0)
        return key, val
```

```
    def change(self, key, val):
        index = self.key_index[key]
        self.data[index][1] = val
        self.shiftUp(index)
        self.shiftDown(index)
    def shiftUp(self, index):
        while index > 0:
            parent = (index - 1) // 2
            if not self.less(index, parent):
                break
            self.swap(index, parent)
            index = parent
    def shiftDown(self, index):
        while index * 2 + 1 < self.size():
            left_child = index * 2 + 1
            right_child = left_child + 1
            min_child = left_child
            if right_child < self.size() and self.less(right_child, left_child):
                min_child = right_child
            if not self.less(min_child, index):
                break
            self.swap(min_child, index)
            index = min_child
    def less(self, index1, index2):
        return self.data[index1][1] < self.data[index2][1]
    def swap(self, index1, index2):
        self.data[index1], self.data[index2] = self.data[index2], self.data[index1]
        self.key_index[self.data[index1][0]] = index1
        self.key_index[self.data[index2][0]] = index2
#主函数
if __name__ == '__main__':
    maze = [[0, 0, 1, 0, 0], [0, 0, 0, 0, 0], [0, 0, 0, 1, 0], [1, 1, 0, 1, 1], [0, 0, 0, 0, 0]]
    start = [0, 4]
    destination = [4, 4]
    print("迷宫是:", maze)
    print("初始地点是:", start)
    print("终点是:", destination)
    solution = Solution()
    print("最少的步数是:", solution.shortestDistance(maze, start, destination))
```

4. 运行结果

迷宫是：[[0,0,1,0,0],[0,0,0,0,0],[0,0,0,1,0],[1,1,0,1,1],[0,0,0,0,0]]

初始地点是：[0,4]

终点是：[4,4]

最少的步数是：12

例 221

迷 宫 Ⅲ

1. 问题描述

给定由三个值初始化的 m 行 n 列的二维网格，－1 表示墙壁或障碍物，0 表示门，INF 表示空房间，使用值 $2^{31}-1=2147483647$ 表示 INF，假设到门的距离小于 2147483647。在代表每个空房间的网格中填入与门最近的距离，如果不可能到达门口，则应填入 INF。

2. 问题示例

给定二维网格：

```
INF  -1    0  INF
INF  INF  INF  -1
INF  -1   INF  -1
  0  -1   INF  INF
```

返回结果：

```
3  -1  0   1
2   2  1  -1
1  -1  2  -1
0  -1  3   4
```

3. 代码实现

```
#参数 rooms 是一个 m×n 的二维网格
#返回结果
class Solution:
    def wallsAndGates(self, rooms):
        if len(rooms) == 0 or len(rooms[0]) == 0:
            return rooms
        m = len(rooms)
        n = len(rooms[0])
        import queue
```

```
        queue = queue.Queue()
        directions = [(1, 0), (-1, 0), (0, 1), (0, -1)]
        for i in range(m):
            for j in range(n):
                if rooms[i][j] == 0:
                    queue.put((i, j))
        while not queue.empty():
            x, y = queue.get()
            for dx, dy in directions:
                new_x = x + dx
                new_y = y + dy
                if new_x < 0 or new_x >= m or new_y < 0 or new_y >= n or rooms[new_x][new_y] <
rooms[x][y] + 1:
                    continue
                rooms[new_x][new_y] = rooms[x][y] + 1
                queue.put((new_x, new_y))
        return rooms
#主函数
if __name__ == '__main__':
    INF = 2147483647
    matrix = [[INF, -1, 0, INF],
              [INF, INF, INF, -1],
              [INF, -1, INF, -1],
              [0, -1, INF, INF]]
    solution = Solution()
    print("运行的结果是:", solution.wallsAndGates(matrix))
```

4. 运行结果

[[3,−1,0,1]、[2,2,1,−1]、[1,−1,2,−1]、[0,−1,3,4]]

例 222

迷 宫 Ⅳ

1. 问题描述

给定一个 m 行 n 列的二维字符数组表示迷宫。它有四种房间,'S'代表从哪开始(只有一个起点),'E'代表迷宫的出口(当抵达出口时,将离开迷宫,该题目可能会有多个出口),'*'代表这个房间可以经过,'#'代表一堵墙,不能经过墙。每次可以上下左右移动到达一个房间,花费一分钟时间,但是不能到达墙。本例将得出离开这个迷宫所需的最少时间,如果不能离开,则返回-1。

2. 问题示例

给出如下迷宫,返回 1。

```
[
['S','E','*'],
['*','*','*'],
['*','*','*']
]
```

3. 代码实现

```
class Point:
    def __init__(self, a = 0, b = 0):
        self.x = a
        self.y = b
class Solution:
    def portal(self, grid):
        n = len(grid)
        m = len(grid[0])
        import sys
        record = [[sys.maxsize for _ in range(m)] for i in range(n)]
        for i in range(0, n):
```

```
            for j in range(0, m):
                if (grid[i][j] == 'S'):
                    source = Point(i, j)
        record[source.x][source.y] = 0
        import queue
        q = queue.Queue(maxsize = n * m)
        q.put(source)
        d = [(0, 1), (0, -1), (-1, 0), (1, 0)]
        while not q.empty():
            head = q.get()
            for dx, dy in d:
                x, y = head.x + dx, head.y + dy
                if 0 <= x < n and 0 <= y < m and grid[x][y] != '#' and \
                        record[head.x][head.y] + 1 < record[x][y]:
                    record[x][y] = record[head.x][head.y] + 1
                    if grid[x][y] == 'E':
                        return record[x][y]
                    q.put(Point(x, y))
        return -1
#主函数
if __name__ == '__main__':
    grid = [
        ['S', 'E', '*'],
        ['*', '*', '*'],
        ['*', '*', '*']
    ]
    print("迷宫是:", grid)
    solution = Solution()
    print("离开迷宫需要的最少时间是:", solution.portal(grid))
```

4. 运行结果

迷宫是：[['S', 'E', '*']、['*', '*', '*']、['*', '*', '*']]

离开迷宫需要的最少时间是：1

例 223

数字组合 I

1. 问题描述

给定两个整数 n 和 1，返回[1,n]中 k 个数字的所有可能组合。

2. 问题示例

给定 $n=4$，$k=2$，返回结果是：

```
[
    [2,4],
    [3,4],
    [2,3],
    [1,2],
    [1,3],
    [1,4]
]
```

3. 代码实现

```
#参数n是一个给定的数字范围
#参数k是一个数字组合
#返回值是[1,n]中k个数字的所有可能组合
class Solution:
    def combine(self, n, k):
        self.res = []
        tmp = []
        self.dfs(n, k, 1, 0, tmp)
        return self.res
    def dfs(self, n, k, m, p, tmp):
        if k == p:
            self.res.append(tmp[:])
            return
```

```
        for i in range(m, n + 1):
            tmp.append(i)
            self.dfs(n, k, i + 1, p + 1, tmp)
            tmp.pop()
#主函数
if __name__ == '__main__':
    n = int(input("请输入 n:"))
    k = int(input("请输入 k:"))
    solution = Solution()
    print("结果是:", solution.combine(n, k))
```

4. 运行结果

请输入 n：4

请输入 k：2

结果是：[[1,2]、[1,3]、[1,4]、[2,3]、[2,4]、[3,4]]

例 224

数字组合Ⅱ

1. 问题描述

给出一组候选数字 ***C*** 和目标数字 ***T***，本例将找出 ***C*** 中所有的组合，使组合中数字的和为 ***T***，***C*** 中每个数字在每个组合中只能使用一次。

2. 问题示例

给定候选数字集合[10,1,6,7,2,1,5]和目标数字 8，解集为：[[1,7],[1,2,5],[2,6],[1,1,6]]。

3. 代码实现

```
#参数 candidates 是一个给定的候选数字
#参数 target 是一个给定的目标数字
#返回值是和为 target 的所有组合
class Solution:
    def combinationSum2(self, candidates, target):
        candidates.sort()
        self.ans, tmp, use = [], [], [0] * len(candidates)
        self.dfs(candidates, target, 0, 0, tmp, use)
        return self.ans
    def dfs(self, can, target, p, now, tmp, use):
        if now == target:
            self.ans.append(tmp[:])
            return
        for i in range(p, len(can)):
            if now + can[i] <= target and (i == 0 or can[i] != can[i - 1] or use[i - 1] == 1):
                tmp.append(can[i])
                use[i] = 1
                self.dfs(can, target, i + 1, now + can[i], tmp, use)
                tmp.pop()
                use[i] = 0
#主函数
```

```
if __name__ == '__main__':
    candidates = [10, 1, 6, 7, 2, 1, 5]
    target = 8
    print("候选数字:", candidates)
    print("目标数字:", target)
    solution = Solution()
    print("结果是:", solution.combinationSum2(candidates, target))
```

4. 运行结果

候选数字：[10,1,6,7,2,1,5]

目标数字：8

结果是：[[1,1,6],[1,2,5],[1,7],[2,6]]

例 225

数字组合Ⅲ

1. 问题描述

给出一个候选数字的 C 和目标数字 T，本例将找到 C 中所有的组合，使找出的数字和为 T，C 中的数字可以被无限制地重复选取。

2. 问题示例

给出候选数组[2,3,6,7]和目标数字 7，所求的解为：[7]，[2,2,3]。

3. 代码实现

```
#参数 candidates 是一个整数数组
#参数 target 是一个整数
#返回一个整数数组
class Solution:
    def combinationSum(self, candidates, target):
        candidates = sorted(list(set(candidates)))
        results = []
        self.dfs(candidates, target, 0, [], results)
        return results
    def dfs(self, candidates, target, start, combination, results):
        if target == 0:
            return results.append(list(combination))
        for i in range(start, len(candidates)):
            if target < candidates[i]:
                return
            # [2] => [2,2]
            combination.append(candidates[i])
            self.dfs(candidates, target - candidates[i], i, combination, results)
            # [2,2] => [2]
            combination.pop()
#主函数
```

```
if __name__ == '__main__':
    candidates = [2, 3, 6, 7]
    target = 7
    solution = Solution()
    print("candidates 是:", candidates, ",target 是: ", target)
    print("结果是:", solution.combinationSum(candidates, target))
```

4. 运行结果

candidates 是：[2,3,6,7] ,target 是：7

结果是：[[2,2,3],[7]]

例 226

摆动排序问题

1. 问题描述

给出没有排序的数组，本例将重新排列原数组，使其满足 $nums[0] \leqslant nums[1] \geqslant nums[2] \leqslant nums[3], \cdots$

2. 问题示例

给出数组为 $nums=[3,5,2,1,6,4]$，一种输出方案为[1,6,2,5,3,4]。

3. 代码实现

```
#参数 nums 是一个整数数组
#返回整数数组
class Solution:
    def wiggleSort(self, nums):
        if not nums:
            return
        for i in range(1, len(nums)):
            should_swap = nums[i] < nums[i - 1] if i % 2 else nums[i] > nums[i - 1]
            if should_swap:
                nums[i], nums[i - 1] = nums[i - 1], nums[i]
#主函数
if __name__ == '__main__':
    nums = [3, 5, 2, 1, 6, 4]
    print("初始数组是:", nums)
    solution = Solution()
    solution.wiggleSort(nums)
    print("结果是:", nums)
```

4. 运行结果

初始数组是：[3,5,2,1,6,4]
结果是：[3,5,1,6,2,4]

例 227

多关键字排序

1. 问题描述

给定 n 个学生的学号(索引编号为[1,n])以及考试成绩,表示为(学号,考试成绩),本例将这些学生按考试成绩降序排列,若考试成绩相同,则按学号升序排列。

2. 问题示例

输入:***array***=[[2,50],[1,50],[3,100]]

输出:[[3,100],[1,50],[2,50]]

输入:***array***=[[2,50],[1,50],[3,50]]

输出:[[1,50],[2,50],[3,50]]

3. 代码实现

```
#参数 array 是一个输入的数组
#返回值是一个排序后的数组
class Solution:
    def multiSort(self, array):
        array.sort(key = lambda x: ( - x[1], x[0]))
        return array
#主函数
if __name__ == '__main__':
    array = [[2, 50], [1, 50], [3, 100], ]
    print('初始数组:', array)
    solution = Solution()
    print('结果:', solution.multiSort(array))
```

4. 运行结果

初始数组:[[2,50],[1,50],[3,100]]

结果:[[3,100],[1,50], [2,50]]

例 228

排 颜 色

1. 问题描述

给出 n 个元素(包括 k 种不同的颜色,并按照[1,k]进行编号)的数组,将其中元素进行分类,使相同颜色的元素相邻,并按照 1,2,…,k 的顺序进行排列。注意,数组应原地排序。

2. 问题示例

给出 ***colors***=[3,2,2,1,4],k=4,使得数组变成[1,2,2,3,4]。

3. 代码实现

```
#参数 colors 是一个整数数组
#参数 k 是一个整数
#返回排序后的数组
class Solution:
    def sortColors2(self, colors, k):
        self.sort(colors, 1, k, 0, len(colors) - 1)
    def sort(self, colors, color_from, color_to, index_from, index_to):
        if color_from == color_to or index_from == index_to:
            return
        color = (color_from + color_to) // 2
        left, right = index_from, index_to
        while left <= right:
            while left <= right and colors[left] <= color:
                left += 1
            while left <= right and colors[right] > color:
                right -= 1
            if left <= right:
                colors[left], colors[right] = colors[right], colors[left]
                left += 1
                right -= 1
        self.sort(colors, color_from, color, index_from, right)
        self.sort(colors, color + 1, color_to, left, index_to)
```

```
#主函数
if __name__ == '__main__':
    colors = [3, 2, 2, 1, 4]
    k = 4
    print("初始对象和颜色种类:", colors,k)
    solution = Solution()
    solution.sortColors2(colors, k)
    print("结果:", colors)
```

4. 运行结果

初始对象和颜色种类：[3,2,2,1,4]　4

结果：[1,2,2,3,4]

例 229

颜色分类

1. 问题描述

给定一个颜色包含红、白、蓝且长度为 n 的数组，将数组元素进行分类，使相同颜色的元素相邻，并按照红、白、蓝的顺序进行排列，可以使用整数 0、1 和 2 分别代表红、白、蓝。注意，数组应原地排序。

2. 问题示例

给出数组[1,0,1,2]，该数组排序后为[0,1,1,2]。

3. 代码实现

```
#参数 nums 是一个整数数组，包括 0、1、2
#返回排序后的数组
class Solution:
    def sortColors(self, A):
        left, index, right = 0, 0, len(A) - 1
        #注意 index < right 不正确
        while index <= right:
            if A[index] == 0:
                A[left], A[index] = A[index], A[left]
                left += 1
                index += 1
            elif A[index] == 1:
                index += 1
            else:
                A[right], A[index] = A[index], A[right]
                right -= 1
#主函数
if __name__ == '__main__':
    A = [1, 0, 1, 2]
```

```
    print("初始数组:", A)
    solution = Solution()
    solution.sortColors(A)
    print("结果:", A)
```

4. 运行结果

初始数组：[1,0,1,2]
结果：[0,1,1,2]

例 230

简 化 路 径

1. 问题描述

给定一个文档(Unix-style)的完全路径,本例将进行路径简化。

2. 问题示例

"/home/"简化为"/home";"/a/./b/../../c/"简化为"/c"

3. 代码实现

```
#path是一个字符串
#返回一个字符串
class Solution:
    def simplifyPath(self, path):
        stack = []
        i = 0
        res = ''
        while i < len(path):
            end = i+1
            while end < len(path) and path[end] != "/":
                end += 1
            sub = path[i+1:end]
            if len(sub) > 0:
                if sub == "..":
                    if stack != []: stack.pop()
                elif sub != ".":
                    stack.append(sub)
            i = end
        if stack == []: return "/"
        for i in stack:
            res += "/"+i
        return res
#主函数
```

```
if __name__ == "__main__":
    path = "/home/"
    #创建对象
    solution = Solution()
    print("输入的路径是:",path)
    print("路径简化后的结果:",solution.simplifyPath(path))
```

4. 运行结果

输入的路径是：/home/
路径简化后的结果：/home

例 231

不同的路径 I

1. 问题描述

有一个机器人位于 m 行 n 列网格的左上角，每一时刻只能向下或者向右移动一步，机器人试图达到网格的右下角，本例将求出不同路径的条数。

2. 问题示例

给出 $m=3$ 和 $n=3$，返回 6；给出 $m=4$ 和 $n=5$，返回 35。

3. 代码实现

```
#返回一个整数
class Solution:
    def c(self, m, n):
        mp = {}
        for i in range(m):
            for j in range(n):
                if (i == 0 or j == 0):
                    mp[(i, j)] = 1
                else:
                    mp[(i, j)] = mp[(i - 1, j)] + mp[(i, j - 1)]
        return mp[(m - 1, n - 1)]
    def uniquePaths(self, m, n):
        return self.c(m, n)
#主函数
if __name__ == '__main__':
    m = 3
    n = 3
    print("网格行:{}和列:{}".format(m, n))
    solution = Solution()
    print("路径条数:", solution.c(m, n))
```

4. 运行结果

网格行：3 和列：3

路径条数：6

例 232

不同的路径Ⅱ

1. 问题描述

本例为不同路径的跟进问题，现在考虑网格中有障碍物，求出一共有多少条不同的路径，网格中的障碍和空位置分别用 1 和 0 来表示。

2. 问题示例

如下所示 3 行 3 列的网格中有一个障碍物，从左上角到右下角一共有 2 条不同的路径。

```
[
  [0,0,0],
  [0,1,0],
  [0,0,0]
]
```

3. 代码实现

```
class Solution:
    def uniquePathsWithObstacles(self, obstacleGrid):
        mp = obstacleGrid
        for i in range(len(mp)):
            for j in range(len(mp[i])):
                if i == 0 and j == 0:
                    mp[i][j] = 1 - mp[i][j]
                elif i == 0:
                    if mp[i][j] == 1:
                        mp[i][j] = 0
                    else:
                        mp[i][j] = mp[i][j - 1]
                elif j == 0:
                    if mp[i][j] == 1:
                        mp[i][j] = 0
```

```
                    else:
                        mp[i][j] = mp[i - 1][j]
                else:
                    if mp[i][j] == 1:
                        mp[i][j] = 0
                    else:
                        mp[i][j] = mp[i - 1][j] + mp[i][j - 1]
        if mp[-1][-1] > 2147483647:
            return -1
        else:
            return mp[-1][-1]
#主函数
if __name__ == '__main__':
    obstacleGrid = [
        [0, 0, 0],
        [0, 1, 0],
        [0, 0, 0]
    ]
    print("初始网格:")
    for i in range(0, len(obstacleGrid)):
        print(obstacleGrid[i])
    solution = Solution()
    print("路径条数:", solution.uniquePathsWithObstacles(obstacleGrid))
```

4. 运行结果

初始网格：

[0,0,0]

[0,1,0]

[0,0,0]

路径条数：2

例 233

换 硬 币

1. 问题描述

给出不同面额的硬币以及总金额，本例将计算给出的总金额可以换取的最小硬币数量，如果已有硬币的任意组合都无法与总金额面额相等，那么返回－1。

2. 问题示例

给出 ***coins***＝[1,2,5]，*amount*＝11，返回 3(11＝5＋5＋1)；给出 ***coins***＝[2]，*amount*＝3，返回－1。

3. 代码实现

```
#参数 coins 是一个整数数组
#参数 amount 是硬币数的总金额
#返回值是可以换取的最小的硬币数量
class Solution:
    def coinChange(self, coins, amount):
        import math
        dp = [math.inf] * (amount + 1)
        dp[0] = 0
        for i in range(amount + 1):
            for j in range(len(coins)):
                if i >= coins[j] and dp[i - coins[j]] < math.inf:
                    dp[i] = min(dp[i], dp[i - coins[j]] + 1)
        if dp[amount] == math.inf:
            return -1
        else:
            return dp[amount]
#主函数
if __name__ == '__main__':
    coins = [1, 2, 5]
    amount = 11
```

```
print("硬币面额:", coins)
print("总硬币:", amount)
solution = Solution()
print("换取的最小硬币数量:", solution.coinChange(coins, amount))
```

4. 运行结果

硬币面额：[1,2,5]

总硬币：11

换取的最小硬币数量：3

例 234

硬币摆放

1. 问题描述

有 n 枚硬币,想要摆放成阶梯形状,即第 k 行恰好有 k 枚硬币。给出 n,找到可以形成的完整楼梯行数,n 是一个非负整数,且在 32 位有符号整数范围内。

2. 问题示例

输入 $n=5$,硬币可以形成以下行,因为第 3 行不完整,返回 2。

¤

¤ ¤

¤ ¤

因为第 3 行不完整,返回 2。

输入 $n=8$,硬币可以形成以下行,因为第 4 行不完整,返回 3。

¤

¤ ¤

¤ ¤ ¤

¤ ¤

3. 代码实现

```
#采用 UTF-8 编码格式
#参数 n 是一个非负整数
#返回可以形成完整的楼梯行数
#n = (1 + x) * x/2,求解得 x = ( - 1 + sqrt(8 * n + 1))/2,答案对 x 取整
import math
class Solution:
    def arrangeCoins(self, n):
        return math.floor(( - 1 + math.sqrt(1 + 8 * n)) / 2)
if __name__ == '__main__':
    temp = Solution()
```

```
n1 = 5
n2 = 10
print(("输入:" + str(n1)))
print("输出:" + str(temp.arrangeCoins(n1)))
print(("输入:" + str(n2)))
print("输出:" + str(temp.arrangeCoins(n2)))
```

4. 运行结果

输入：5

输出：2

输入：10

输出：4

例 235

硬币排成线Ⅰ

1. 问题描述

有 n 个硬币排成一条线，两个参赛者轮流从右边依次拿走 1 或 2 个硬币，直到没有硬币为止，拿到最后一枚硬币的人获胜，判断第一个玩家是输还是赢，若第一个玩家赢则返回 True，否则返回 False。

2. 问题示例

$n=1$，返回 True；$n=2$，返回 True；$n=3$，返回 False；$n=4$，返回 True；$n=5$，返回 True。

3. 代码实现

```
#采用 UTF-8 编码格式
#参数 n 是一个整数
#返回值是一个布尔值，如果第一个玩家获胜，则返回 True
class Solution:
    def firstWillWin(self, n):
        return bool(n % 3)
if __name__ == '__main__':
    temp = Solution()
    n1 = 100
    n2 = 200
    print("输入:" + str(n1))
    print(("输出:" + str(temp.firstWillWin(n1))))
    print("输入:" + str(n2))
    print(("输出:" + str(temp.firstWillWin(n2))))
```

4. 运行结果

输入：100

输出：True

输入：200

输出：True

例 236

硬币排成线 Ⅱ

1. 问题描述

有 n 个不同面值的硬币排成一条线，两个参赛者轮流从左边依次拿走 1 或 2 个硬币，直到没有硬币为止。计算两个人分别拿到的硬币总值，值高的人获胜，判断第一个玩家是输还是赢。

2. 问题示例

给定数组 $\boldsymbol{A}$=[1,2,2]，返回 True；给定数组 $\boldsymbol{A}$=[1,2,4]，返回 False。

3. 代码实现

```
#参数 values 是一个整数向量
#返回一个布尔值，当第一个玩家获胜时为 True
class Solution:
    def firstWillWin(self, values):
        if not values:
            return False
        if len(values) <= 2:
            return True
        n = len(values)
        #动态规划
        f = [0] * 3
        prefix_sum = [0] * 3
        f[(n - 1) % 3] = prefix_sum[(n - 1) % 3] = values[n - 1]
        #按从 n-1～0 的相反顺序遍历值
        for i in range(n - 2, -1, -1):
            prefix_sum[i % 3] = prefix_sum[(i + 1) % 3] + values[i]
            f[i % 3] = max(
                values[i] + prefix_sum[(i + 1) % 3] - f[(i + 1) % 3],
                values[i] + values[i + 1] + prefix_sum[(i + 2) % 3] - f[(i + 2) % 3],
            )
        return f[0] > prefix_sum[0] - f[0]
```

```
#主函数
if __name__ == "__main__":
    values = [1,2,4]
    #创建对象
    solution = Solution()
    print("输入的数组是:",values)
    print("第一个玩家赢的情况是:",solution.firstWillWin(values))
```

4. 运行结果

输入的数组是：[1,2,4]

第一个玩家赢的情况是：False

例 237

搜索插入位置

1. 问题描述

给定一个排序数组和一个目标值，如果在数组中找到目标值则返回其索引；如果没有，则返回它将会被按顺序插入的位置，假设在数组中无重复元素。

2. 问题示例

给定数组[1,3,5,6]，目标值为5，返回2；给定数组[1,3,5,6]，目标值为2，返回1；给定数组[1,3,5,6]，目标值为7，返回4；给定数组为[1,3,5,6]，目标值为0，返回0。

3. 代码实现

```
#采用 UTF-8 编码格式
#参数 A 是一个整数数组
#参数 target 是一个要插入的整数
#返回值是一个整数
class Solution:
    def searchInsert(self, A, target):
        if len(A) == 0:
            return 0
        start, end = 0, len(A) - 1
        while start + 1 < end:
            mid = (start + end) // 2
            if A[mid] >= target:
                end = mid
            else:
                start = mid
        if A[start] >= target:
            return start
        if A[end] >= target:
            return end
        return len(A)
```

```
if __name__ == '__main__':
    temp = Solution()
    List1 = [1,2,4,5]
    target = 3
    print(("输入:" + str(List1) + " " + str(target)))
    print(("输出:" + str(temp.searchInsert(List1,target))))
```

4. 运行结果

输入：[1, 2, 4, 5] 3

输出：2

例 238

俄罗斯套娃信封

1. 问题描述

给定一定数量的信封，使用整数对(w,h)分别代表信封宽度和高度，一个信封的宽、高均大于另一个信封时可以放下另一个信封，求最大的信封嵌套层数。

2. 问题示例

给定一些信封[[5,4],[6,4],[6,7],[2,3]]，最大的信封嵌套层数是3，即[2,3]→[5,4]→[6,7]。

3. 代码实现

```
#采用 UTF-8 编码格式
#参数 envelopes 是一个整数对(w,h),分别代表信封宽度和长度
#返回值是一个整数,代表最大的信封嵌套层数
class Solution:
    def maxEnvelopes(self, envelopes):
        height = [a[1] for a in sorted(envelopes, key = lambda x: (x[0], -x[1]))]
        dp, length = [0] * len(height), 0
        import bisect
        for h in height:
            i = bisect.bisect_left(dp, h, 0, length)
            dp[i] = h
            if i == length:
                length += 1
        return length
if __name__ == '__main__':
    temp = Solution()
    List = [[1,3],[8,5],[6,2]]
```

```
print(("输入:" + str(List)))
print(("输出:" + str(temp.maxEnvelopes(List))))
```

4. 运行结果

输入：[[1,3],[8,5],[6,2]]
输出：2

例 239

包裹黑色像素点的最小矩形

1. 问题描述

在一个由二进制矩阵表示的图中，0 表示白色像素点，1 表示黑色像素点。黑色像素点是联通的，只有一块黑色区域。像素是水平和竖直连接的，给定一个黑色像素点的坐标(x，y)，本例将返回囊括所有黑色像素点矩阵的最小面积。

2. 问题示例

给出如下矩阵及黑色像素点 $x=0$，$y=2$，返回 6。

```
[
  "0010",
  "0110",
  "0100"
]
```

3. 代码实现

```python
#采用 UTF-8 编码格式
#数 image 是一个二进制数组,List[List[str]]
#参数 x、y 是整数,代表一个黑色像素点的坐标
#返回一个整数
class Solution(object):
    def minArea(self, image, x, y):
        m = len(image)
        if m == 0:
            return 0
        n = len(image[0])
        if n == 0:
            return 0
        start = y
```

```
        end = n - 1
        while start < end:
            mid = start + (end - start) // 2 + 1
            if self.checkColumn(image, mid):
                start = mid
            else:
                end = mid - 1
        right = start
        start = 0
        end = y
        while start < end:
            mid = start + (end - start) // 2
            if self.checkColumn(image, mid):
                end = mid
            else:
                start = mid + 1
        left = start
        start = x
        end = m - 1
        while start < end:
            mid = start + (end - start) // 2 + 1
            if self.checkRow(image, mid):
                start = mid
            else:
                end = mid - 1
        down = start
        start = 0
        end = x
        while start < end:
            mid = start + (end - start) // 2
            if self.checkRow(image, mid):
                end = mid
            else:
                start = mid + 1
        up = start
        return (right - left + 1) * (down - up + 1)
    def checkColumn(self, image, col):
        for i in range(len(image)):
            if image[i][col] == '1':
                return True
        return False
    def checkRow(self, image, row):
        for j in range(len(image[0])):
            if image[row][j] == '1':
                return True
        return False
if __name__ == '__main__':
```

```
temp = Solution()
image = ["1000","1100","0110"]
x = 1
y = 2
print(("输入:" + str(image)))
print(("输入:" + str(x) + "," + str(y)))
print(("输出:" + str(temp.minArea(image,x,y))))
```

4. 运行结果

输入：['1000','1100','0110']

输入：1,2

输出：9

例 240

薪水调整

1. 问题描述

给出薪水的数组，求一个 cap 使得调整过后的薪水总和至少为 $target$。cap 的定义是：若当前薪水小于 cap，则使用 cap 当作新的薪水，否则保持原来的薪水。

2. 问题示例

给定 $\boldsymbol{a}=[1,2,3,4]$，$target=13$，返回 3，如果 $cap=3$，薪水列表将会变成[3,3,3,4]；给定 $\boldsymbol{a}=[1,2,3,4]$，$target=16$，返回 4，如果 $cap=4$，薪水列表将会变成[4,4,4,4]。

3. 代码实现

```
#采用 UTF-8 编码格式
#参数 a 是一个薪水的数组
#参数 target 是目标的薪水总和
#返回应有的 cap
class Solution:
    def getCap(self, a, target):
        a.sort()
        l, r = a[0], a[len(a) - 1]
        while l + 1 < r:
            mid = l + ((r - l)>>1)
            ans = self.total(a, mid)
            if ans > target:
                r = mid
            elif ans < target:
                l = mid
            else:
                return mid
        if self.total(a, l) == target:
            return l
        if self.total(a, r) == target:
            return r
```

```
    def total(self, a, mid):
        res = 0
        for n in a:
            res += max(n, mid)
        return res
if __name__ == '__main__':
    temp = Solution()
    A = [1,2,3,4,5]
    target = 25
    print("输入:" + str(A))
    print("输入:" + str(target))
    print("输出:" + str(temp.getCap(A,target)))
```

4. 运行结果

输入：[1,2,3,4,5]

输入：25

输出：5

例 241

木材加工

1. 问题描述

给定一些原木,把它们切割成一些长度相同的小段木头,需要得到小段的数目至少为 k。但是希望得到的小段越长越好,本例将计算能够得到的小段木头的最大长度。

2. 问题示例

有 3 根木头[232,124,456],$k=7$,最大长度为 114。

3. 代码实现

```
#采用 UTF-8 编码格式
#参数 L 是一个给定的 n 块木材的长度 L[i]
#参数 k 是一个整数
#返回最小块的最大长度
class Solution:
    def woodCut(self, L, k):
        if not L:
            return 0
        start, end = 1, max(L)
        while start + 1 < end:
            mid = (start + end) // 2
            if self.get_pieces(L, mid) >= k:
                start = mid
            else:
                end = mid
        if self.get_pieces(L, end) >= k:
            return end
        if self.get_pieces(L, start) >= k:
            return start
        return 0
    def get_pieces(self, L, length):
        pieces = 0
```

```
        for l in L:
            pieces += l // length
        return pieces
if __name__ == '__main__':
    temp = Solution()
    L = [123,456,789]
    k = 10
    print("输入:" + str(L))
    print("输入:" + str(k))
    print("输出:" + str(temp.woodCut(L,k)))
```

4. 运行结果

输入：[123,456,789]

输入：10

输出：123

例 242

判断数独是否合法

1. 问题描述

本例将判断一个数独是否有效，该数独可能只填充了部分数字，其中缺少的数字用空格表示。

2. 问题示例

一个合法的数独（仅部分填充）并不一定是可解的，只需将要填充的空格有效即可，下列是一个合法的数独。

5	3			7				
6			1	9	5			
	9	8					6	
8				6				3
4			8		3			1
7				2				6
	6					2	8	
			4	1	9			5
				8			7	9

3. 代码实现

```
#参数 board 是一个 9x9 的二维数组
#返回值是布尔值
class Solution:
    def isValidSudoku(self, board):
        row = [set([]) for i in range(9)]
        col = [set([]) for i in range(9)]
        grid = [set([]) for i in range(9)]
        for r in range(9):
            for c in range(9):
                if board[r][c] == '.':
                    continue
                if board[r][c] in row[r]:
                    return False
                if board[r][c] in col[c]:
                    return False
                g = r // 3 * 3 + c // 3
                if board[r][c] in grid[g]:
                    return False
                grid[g].add(board[r][c])
                row[r].add(board[r][c])
                col[c].add(board[r][c])
```

```
        return True
#主函数
if __name__ == "__main__":
    board = [".87654321", "2........", "3........", "4........", "5........", "6........", "7........",
"8........","9........"]
    #创建对象
    solution = Solution()
    print("初始值是:", board)
    print("结果是:", solution.isValidSudoku(board))
```

4. 运行结果

初始值是：['.87654321','2........','3........','4........','5........','6........','7........',
'8........','9........']

结果是：True

例 243

移除多余字符

1. 问题描述

给定一个由小写字符组成的字符串 s,移除多余的字符使得每个字符只出现一次,必须保证结果是字典序列中最短的合法字符串。

2. 问题示例

输入 s="bcabc",输出"abc"; 输入 s="cbacdcbc",输出"acdb"。

3. 代码实现

```
#参数 s 是一个字符串
#返回值是一个字符串
class Solution:
    def removeDuplicateLetters(self, s):
        vis, num = [False] * 26, [0] * 26;
        S, cnt = [0] * 30, 0
        for c in s:
            num[ord(c) - ord('a')] += 1
        for c in s:
            id = ord(c) - ord('a')
            num[id] -= 1
            if (vis[id]):
                continue
            while cnt > 0 and S[cnt - 1] > id and num[S[cnt - 1]] > 0:
                vis[S[cnt - 1]] = False
                cnt -= 1
            S[cnt] = id
            cnt += 1
            vis[id] = True
        ans = ""
        for i in range(cnt):
            ans += chr(ord('a') + S[i])
```

```
        return ans
#主函数
if __name__ == "__main__":
    s = "bcabc"
    #创建对象
    solution = Solution()
    print("初始字符串是:", s)
    print("移除多余字符后的结果是:", solution.removeDuplicateLetters(s))
```

4. 运行结果

初始字符串是：bcabc

移除多余字符后的结果是：abc

例 244

三元式解析器

1. 问题描述

给定一个表示任意嵌套三元表达式的字符串 *expressions*，本例将计算表达式的结果。可以假设给定的表达式是有效的，并且只由数字 0～9、?、T 和 F 组成（T 和 F 分别表示 True 和 False）。需要注意的是：

① 给定字符串的长度≤10000；

② 每个整数都是个位数；

③ 条件表达式从右到左（跟大多数的语言一样）；

④ 条件永远是 T 或 F，不会是一个数字；

⑤ 表达式的结果总是对数字 0～9、T 或 F 求值。

2. 问题示例

给定 *expression*="T? 2: 3"，返回"2"，如果为真，则结果是 2，否则结果是 3。

给定 *expression*="F? 1: T? 4: 5"，返回"4"，条件表达式从右到左，使用括号后它被读取/解析为：

"(F ? 1 : (T ? 4 : 5))"→"(F ? 1 : 4)"→"4"，或者"(F ? 1 : (T ? 4 : 5))"→"(T ? 4 : 5)"→"4"。

给定 *expression*= "T? T? F: 5: 3"，返回"F"，条件表达式从右到左，使用括号后它被读取/解析为："(T ? (T ? F : 5) : 3)"→"(T ? F : 3)"→"F"，或者"(T ? (T ? F : 5) : 3)"→"(T ? F : 5)"→"F"。

3. 代码实现

```
#参数 expression 是一个字符串，表示一个三元表达式
#返回值是一个字符串
class Solution:
    def parseTernary(self, expression):
        objects = []
```

```
        i = len(expression) - 1
        while i >= 1:
            if expression[i] == '?':
                left, right = objects.pop(-1), objects.pop(-1)
                objects.append(left if expression[i - 1] == 'T' else right)
                i -= 1
            elif expression[i] != ':':
                objects.append(expression[i])
            i -= 1
        return objects[0]
#主函数
if __name__ == "__main__":
    expression = "F?1:T?4:5"
    #创建对象
    solution = Solution()
    print("输入的表达式是:", expression)
    print("表达式的结果是:", solution.parseTernary(expression))
```

4. 运行结果

输入的表达式是：F? 1:T? 4:5

表达式的结果是：4

例 245

符号串生成器

1. 问题描述

符号串生成器由两部分组成,开始符号和生成规则集合。例如,对于以下符号串生成器,开始符号为'S',生成规则集合为["S→abc","S→aA","A→b","A→c"],那么符号串*abc*可以被生成,因为S→abc;符号串*ab*可以被生成,因为S→aA→ab;符号串*ac*可以被生成,因为S→aA→ac。在本例中,给出一个符号串生成器、一个符号串,若该符号串可以被生成返回True,否则返回False。

2. 问题示例

给定 ***generator***=["S→abc","S→aA","A→b","A→c"],起始字符S,需要生成的字符串为"ac",返回True,也就是S→aA→ac。

3. 代码实现

```
#参数generator是生成规则集合
#参数startSymbol是开始标志
#参数symbolString是标志字符串
#返回值是个布尔值,如果可以生成符号字符串则返回True,否则返回False
class Solution:
    def getIdx(self, c):
        return ord(c) - ord('A')
    def nonTerminal(self, c):
        return ord(c) >= ord('A') and ord(c) <= ord('Z')
    def isMatched(self, s, pos, gen, sym):
        if pos == len(s):
            if len(gen) == 0:
                return True
            else:
                return False
        else:
            if len(gen) == 0:
```

```
                return False
            elif self.nonTerminal(gen[0]):
                idx = self.getIdx(gen[0])
                for i in sym[idx]:
                    if self.isMatched(s, pos, i + gen[1:], sym):
                        return True
            elif gen[0] == s[pos]:
                if self.isMatched(s, pos + 1, gen[1:], sym):
                    return True
            else:
                return False
        return False
    def canBeGenerated(self, generator, startSymbol, symbolString):
        sym = [[] for i in range(26)]
        for i in generator:
            sym[self.getIdx(i[0])].append(i[5:])
        idx = self.getIdx(startSymbol)
        for i in sym[idx]:
            if self.isMatched(symbolString, 0, i, sym):
                return True
        return False
#主函数
if __name__ == '__main__':
    generator = ["S -> abc", "S -> aA", "A -> b", "A -> c"]
    startSymbol = "S"
    symbolString = "ac"
    solution = Solution()
    print("generator 是:", generator, "startSymbol 是:", startSymbol, "symbolString 是:",
symbolString)
    print("是否可以被生成:", solution.canBeGenerated(generator, startSymbol, symbol-
String))
```

4. 运行结果

generator 是：['S->abc','S->aA','A->b','A ->c']　startSymbol 是：S　symbol-String 是：ac

是否可以被生成：True

例 246

用栈实现队列

1. 问题描述

使用两个栈实现队列的一些操作，队列应支持 *push*(*element*)、*pop*()和 *top*()操作，其中 *pop*()可以弹出队列中的第一个(最前面的)元素，*pop*()和 *top*()方法都会返回第一个元素的值。

2. 问题示例

push(1)、*pop*()、*push*(2)、*push*(3)、*top*()、*pop*()，应该返回 1,2 和 2。

3. 代码实现

```
class Solution:
    def __init__(self):
        self.stack1 = []
        self.stack2 = []
    def adjust(self):
        if len(self.stack2) == 0:
            while len(self.stack1) != 0:
                self.stack2.append(self.stack1.pop())
    def push(self, element):
        self.stack1.append(element)
    def top(self):
        self.adjust()
        return self.stack2[len(self.stack2) - 1]
    def pop(self):
        self.adjust()
        return self.stack2.pop()
#主函数
if __name__ == "__main__":
    solution = Solution()
    list1 = []
    solution.push(1)
```

```
list1.append(solution.pop())
solution.push(2)
solution.push(3)
list1.append(solution.top())
list1.append(solution.pop())
print("输入的顺序为:push(1),pop(),push(2),push(3),top(),pop()")
print("输出的结果为:", list1)
```

4. 运行结果

输入的顺序为：push(1),pop(),push(2),push(3),top(),pop
输出的结果为：[1,2,2]

例 247

用栈模拟汉诺塔问题

1. 问题描述

在经典的汉诺塔问题中，有 3 个塔和 N 个可用来堆砌成塔、不同大小的盘子。要求盘子必须按照从小到大的顺序从上往下堆（即任意一个盘子，必须堆在比它大的盘子上面）。同时，必须满足 3 个限制条件：

① 每次只能移动一个盘子；

② 每个盘子从堆的顶部被移动后，只能置放于下堆中；

③ 每个盘子只能放在比它大的盘子上面。本例写一段程序，将第一堆的盘子移动到最后一堆中。

2. 问题示例

输入 3，输出为：

towers[0]：[]

towers[1]：[]

towers[2]：[2,1,0]

3. 代码实现

```
class Tower():
    #创建三个汉诺塔，索引 i 为 0～2
    def __init__(self, i):
        self.disks = []
    #在汉诺塔上增加一个圆盘
    def add(self, d):
        if len(self.disks) > 0 and self.disks[-1] <= d:
            print("Error placing disk %s" % d)
        else:
            self.disks.append(d)
    #参数 t 是一个汉诺塔
```

```
    #将塔最上面的一个圆盘移动到 t 的顶部
    def move_top_to(self, t):
        t.add(self.disks.pop())
    #参数 n 是一个整数
    #参数 destination 是一个汉诺塔
    #参数 buffer 是一个汉诺塔
    #将 n 个圆盘从此塔通过 buffer 塔移动到 destination 塔
    def move_disks(self, n, destination, buffer):
        if n > 0:
            self.move_disks(n - 1, buffer, destination)
            self.move_top_to(destination)
            buffer.move_disks(n - 1, destination, self)
    def get_disks(self):
        return self.disks
#主函数
if __name__ == "__main__":
    towers = [Tower(0), Tower(1), Tower(2)]
    n = 3
    for i in range(n - 1, -1, -1):
        towers[0].add(i)
    towers[0].move_disks(n, towers[2], towers[1])
    print("初始盘子个数是:", n)
    print("towers[0]:", towers[0].disks, "towers[1]:", towers[1].disks, "towers[2]:", tow-
ers[2].disks)
```

4. 运行结果

初始盘子个数是：3

输出的结果为：

towers[0]：[]

towers[1]：[]

towers[2]：[2,1,0]

例 248

带最小值操作的栈

1. 问题描述

本例将实现一个带有取最小值 *min* 方法的栈，*min* 方法将返回当前栈中的最小值，实现的栈可以支持 *push*、*pop* 和 *min* 操作。如果堆栈中没有数字则不能进行 *min* 方法的调用。

2. 问题示例

push(1)、*pop*()、*push*(2)、*push*(3)、*min*()、*push*(1)、*min*()，应该返回 1,2,1。

3. 代码实现

```
class MinStack:
    def __init__(self):
        self.stack = []
        self.min_stack = []
    def push(self, number):
        self.stack.append(number)
        if not self.min_stack or number <= self.min_stack[-1]:
            self.min_stack.append(number)
    def pop(self):
        number = self.stack.pop()
        if number == self.min_stack[-1]:
            self.min_stack.pop()
        return number
    def min(self):
        return self.min_stack[-1]
#主函数
if __name__ == "__main__":
     minZ = MinStack()
     list = []
     minZ.push(1)
     list.append(minZ.pop())
     minZ.push(2)
```

```
minZ.push(3)
list.append(minZ.min())
minZ.push(1)
list.append(minZ.min())
print("输入的顺序是:push(1),pop(),push(2),push(3),min(),push(1),min()")
print("输出的结果是:",list)
```

4. 运行结果

输入的顺序是：push(1),pop(),push(2),push(3),min(),push(1),min()
输出的结果是：[1,2,1]

例 249

恢复旋转排序数组问题

1. 问题描述

给定一个旋转排序数组，在原地恢复其排序。对于旋转数组，假设原始数组为[1,2,3,4]，则其旋转数组可以是[1,2,3,4]、[2,3,4,1]、[3,4,1,2]、[4,1,2,3]。

2. 问题示例

数组[4,5,1,2,3]，恢复排序后变换为[1,2,3,4,5]。

3. 代码实现

```
#参数 nums 是一个整数数组
#返回排列后的数组
class Solution:
    def recoverRotatedSortedArray(self, nums):
        pos = nums.index(min(nums))
        i = 0
        while i < pos:
            nums.append(nums[0])
            nums.remove(nums[0])
            i += 1
        return nums
#主函数
if __name__ == "__main__":
    nums = [4, 5, 1, 2, 3]
    #创建对象
    solution = Solution()
    print("输入的整数数组是 :", nums)
    print("恢复的数组是:", solution.recoverRotatedSortedArray(nums))
```

4. 运行结果

输入的整数数组是：[4,5,1,2,3]

恢复的数组是：[1,2,3,4,5]

例 250

移动零问题

1. 问题描述

给定一个数组,本例实现将 0 移动到数组的最后面,非零元素保持原数组的顺序。注意必须在原数组上操作,最小化操作数。

2. 问题示例

给出 ***nums***=[0,1,0,3,12],移动零之后 ***nums***=[1,3,12,0,0]。

3. 代码实现

```
#参数 nums 是一个整数数组
#返回排列后的数组
class Solution:
    def moveZeroes(self, nums):
        left, right = 0, 0
        while right < len(nums):
            if nums[right] != 0:
                if left != right:
                    nums[left] = nums[right]
                left += 1
            right += 1
        while left < len(nums):
            if nums[left] != 0:
                nums[left] = 0
            left += 1
        return nums
#主函数
if __name__ == "__main__":
    nums = [0, 1, 0, 3, 12]
    #创建对象
```

```
solution = Solution()
print("输入的整数数组是 :", nums)
nums = solution.moveZeroes(nums)
print("移动零后的数组是:", nums)
```

4. 运行结果

输入的整数数组是：[0,1,0,3,12]
移动零后的数组是：[1,3,12,0,0]

例 251

丢失的间隔问题

1. 问题描述

给定一个排序整数数组，其中元素的取值范围为[*lower*，*upper*]（包括边界），返回数组中缺少的元素范围列表。

2. 问题示例

给出序列 **nums**=[0,1,3,50,75]，**lower**=0 且 **upper**=99，返回["2","4→49","51→74","76→99"]。

3. 代码实现

```
#参数 nums 是一个排序整数数组
#参数 lower 是一个整数
#参数 upper 是一个整数
#返回其缺少范围的列表
class Solution:
    def findMissingRanges(self, nums, lower, upper):
        result = []
        nums = [lower - 1] + nums + [upper + 1]
        for i in range(1, len(nums)):
            l = nums[i - 1]
            h = nums[i]
            if h - l >= 2:
                if h - l == 2:
                    result.append(str(l + 1))
                else:
                    result.append(str(l + 1) + "->" + str(h - 1))
        return result
#主函数
if __name__ == "__main__":
    nums = [0, 1, 3, 50, 75]
    lower = 0
```

```
upper = 99
#创建对象
solution = Solution()
print("输入的整数数组 nums = ", nums, "lower = ",lower, "upper = ",upper)
print("缺少的范围结果是:", solution.findMissingRanges(nums,lower,upper))
```

4. 运行结果

输入的整数数组 nums=[0,1,3,50,75]　lower=0　upper=99
缺少的范围结果是：['2','4->49','51->74','76->99']

例 252

三个数的最大乘积

1. 问题描述

给定一个整数数组，找到其中三个元素，使乘积最大，返回该乘积。注意，数组的长度范围为[3，10^4]，所有的元素范围为[－1000，1000]，任意三个元素的积不会超过 32 位有符号整数的范围。

2. 问题示例

输入[1，2，3]，输出 6；输入[1，2，3，4]，输出 24。

3. 代码实现

```
#nums的类型是整数数组
#返回值的类型是整数
class Solution(object):
    def maximumProduct(self, nums):
        if not nums or len(nums) == 0:
            return 0
        nums.sort()
        res1 = nums[-1] * nums[-2] * nums[-3]
        res2 = nums[0] * nums[1] * nums[-1]
        return max(res1, res2)
#主函数
if __name__ == "__main__":
    nums = [1, 2, 3]
    #创建对象
    solution = Solution()
    print("输入的数组是：", nums)
    print("最大的积是：", solution.maximumProduct(nums))
```

4. 运行结果

输入的数组是：[1，2，3]

最大的积是：6

例 253

用循环数组来实现队列

1. 问题描述

本例将用循环数组来实现队列,需要实现下列方法:*CircularQueue*(*n*),初始化一个大小为 *n* 的循环数组来存储元素;*isFull*(),如果数组满了则返回 True;*isEmpty*(),如果数组为空则返回 True;*enqueue*(*element*),向队列中添加一个元素;*dequeue*(),从队列中弹出一个元素。注意不要在队列满的时候调用 enqueue,同样也不要在队列为空的时候调用*dequeue*。

2. 问题示例

CircularQueue(5);*isFull*(),得到 False;*isEmpty*(),得到 True;*enqueue*(1);*dequeue*(),得到 1。

3. 代码实现

```
#isFull()方法,如果数组为 full,则返回 True
#如果 isEmpty()方法数组中没有元素,则返回 True
#参数 element 是给出将被添加的元素
#返回操作值
class CircularQueue:
    def __init__(self, n):
        self.queue = []
        self.size = n
        self.head = 0
    def isFull(self):
        return len(self.queue) - self.head == self.size
    def isEmpty(self):
        return len(self.queue) - self.head == 0
    def enqueue(self, element):
        self.queue.append(element)
#返回值是队列中弹出的元素
    def dequeue(self):
```

```
        self.head += 1
        return self.queue[self.head - 1]
#主函数
if __name__ == "__main__":
    #创建对象
    cir = CircularQueue(5)
    print("isFull() =>",cir.isFull())
    print("isEmpty() =>",cir.isEmpty())
    cir.enqueue(1)
    print("dequeue() =>",cir.dequeue())
```

4. 运行结果

isFull()=> False
isEmpty() => True
dequeue() => 1

例 254

寻找数据错误

1. 问题描述

集合 ***S*** 原本包含数字[1,n]。但由于数据错误,集合中的一个数重复为另一个数。给定数组 ***nums***,表示发生错误后的数组,以数组的形式返回重复的数值和缺失的数值。注意数组的大小范围为[2,10000],数组元素是无序的。

2. 问题示例

输入 ***nums***=[1,2,2,4],输出[2,3]。

3. 代码实现

```
#参数 nums 是一个数组
#返回值是重复的数值和缺失的数值
class Solution:
    def findErrorNums(self, nums):
        n = len(nums)
        hash = {}
        result = []
        sum = 0
        for num in nums:
            if num in hash:
                result.append(num)
            else:
                hash[num] = 1
                sum += num
        result.append(int(n * (n + 1) / 2) - sum)
        return result
#主函数
if __name__ == "__main__":
```

```
nums = [1, 2, 2, 4]
#创建对象
solution = Solution()
print("输入的初始数组是:", nums)
print("输出的结果是:", solution.findErrorNums(nums))
```

4. 运行结果

输入的初始数组是：[1,2,2,4]
输出的结果是：[2,3]

例 255

数据流中第一个独特数

1. 问题描述

用两个方法实现数据流 DataStream 的数据结构，其中方法 void *add*(*number*)增加一个新的数，方法 int *firstUnique*()返回第一个独特数。注意，在调用 *firstUnique*()方法时，数据流中至少有一个独特数。

2. 问题示例

add(1)

add(2)

firstUnique()，得到 1

add(1)

firstUnique()，得到 2

3. 代码实现

```
class LinkedNode:
    def __init__(self, val = None, next = None):
        self.value = val
        self.next = next
class DataStream:
    def __init__(self):
        # do intialization if necessary
        self.dic = {}
        self.head = LinkedNode()
        self.tail = self.head
        self.visited = set()
#参数 num 是数据流中的下一个数字
#没有返回值
    def add(self, num):
        if num in self.visited:
```

```
                return
            else:
                if num in self.dic:
                    self.remove(num)
                    self.visited.add(num)
                else:
                    self.dic[num] = self.tail # 存的是前一个 node 的信息
                    node = LinkedNode(num)
                    self.tail.next = node
                    self.tail = node
    #返回数据流中第一个独特的数字
    def firstUnique(self):
        # print(self.dic)
        # print(self.head.next.next.value)
        if self.head.next != None:
            return self.head.next.value
        return -1
    def remove(self, num):
        prev = self.dic[num]
        prev.next = prev.next.next
        del self.dic[num]
        #改变 dic 中对应的信息
        if prev.next != None:
            self.dic[prev.next.value] = prev
        else:
            self.tail = prev
#主函数
if __name__ == "__main__":
    list1 = []
    solution = DataStream()
    solution.add(1)
    solution.add(2)
    list1.append(solution.firstUnique())
    solution.add(1)
    list1.append(solution.firstUnique())
    print("输入的内容分别是:add(1),add(2),firstUnique(),add(1),firstUnique()")
    print("最终得到的结果是:",list1)
```

4. 运行结果

输入的内容分别是：add(1),add(2),firstUnique(),add(1),firstUnique()

最终得到的结果是：[1,2]

例 256

数据流中第一个唯一的数字

1. 问题描述

给出一个连续的数据流和一个终止数字，本例将返回终止数字到达时的第一个唯一数字（包括终止数字），如果在终止数字前无唯一数字或者找不到这个终止数字，返回－1。

2. 问题示例

给定数据流[1,2,2,1,3,4,4,5,6]，以及一个终止数字5，返回3。给定数据流[1,2,2,1,3,4,4,5,6]，以及一个终止数字7，返回－1。

3. 代码实现

```
class Solution:
    def firstUniqueNumber(self, nums, number):
        if not nums:
            return - 1
        num_cnt = {}
        ans = None
        for n in nums:
            num_cnt[n] = num_cnt.get(n, 0) + 1
            if n == number:
                break
        for k, v in num_cnt.items():
            if v == 1:
                ans = k
                break
        if ans is None or number not in num_cnt:
            return - 1
        return k
#主函数
if __name__ == "__main__":
```

```
nums = [1, 2, 2, 1, 3, 4, 4, 5, 6]
number = 5
#创建对象
solution = Solution()
print("初始化的数组是:", nums, "给定的终止数字是:", number)
print("终止数字到达时的第一个唯一数字是:", solution.firstUniqueNumber(nums, number))
```

4. 运行结果

初始化的数组是：[1,2,2,1,3,4,4,5,6] 给定的终止数字是 5
终止数字到达时的第一个唯一数字是：3

例 257

二进制中有多少个 1

1. 问题描述

计算在一个 32 位的二进制数中有多少个 1。

2. 问题示例

给定 32 (100000),返回 1；给定 5(101),返回 2；给定 1023 (1111111111),返回 10。

3. 代码实现

```
#采用 UTF-8 编码格式
#参数 num 是一个整数
#返回一个整数,代表 num 里面 1 的总数
class Solution:
    def countOnes(self, num):
        total = 0
        for i in range(32):
            total += num & 1
            num >>= 1
        return total
if __name__ == '__main__':
    temp = Solution()
    nums1 = 32
    nums2 = 15
    print(("输入:" + str(nums1)))
    print(("输出:" + str(temp.countOnes(nums1))))
    print(("输入:" + str(nums2)))
    print(("输出:" + str(temp.countOnes(nums2))))
```

4. 运行结果

输入：32

输出：1

输入：15

输出：4

例 258

找到映射序列

1. 问题描述

给出 **A** 和 **B** 的列表，从 **A** 映射到 **B**，**B** 是通过随机化 **A** 中元素的顺序来实现的。找到一个从 **A** 到 **B** 的指数映射 **P**，映射 **P**[i]=j 表示 **A** 中第 i 个元素，出现在 **B** 中为第 j 个元素。列表 **A** 和 **B** 可能包含重复，如果有多个答案，输出任意一个即可。

2. 问题示例

给定 **A**=[12,28,46,32,50]和 **B**=[50,12,32,46,28]，返回[1,4,3,2,0]。**P**[0]=1，因为 **A** 的第 0 个元素出现在 **B**[1]；**P**[1]=4，因为 **A** 的第一个元素出现在 **B**[4]，以此类推。

3. 代码实现

```
#A的类型是整数数组
#B的类型是整数数组
#返回值的类型是整数数组
class Solution:
    def anagramMappings(self, A, B):
        mapping = {v: k for k, v in enumerate(B)}
        return [mapping[value] for value in A]
#主函数
if __name__ == "__main__":
    A = [12, 28, 46, 32, 50]
    B = [50, 12, 32, 46, 28]
    #创建对象
    solution = Solution()
    print("输入的两个列表是:A = ", A, "B = ", B)
    print("输出的结果是:", solution.anagramMappings(A, B))
```

4. 运行结果

输入的两个列表是：A=[12,28,46,32,50]　B=[50,12,32,46,28]
输出的结果是：[1,4,3,2,0]

例 259

旋转图像

1. 问题描述

给定一个 N 行 N 列的二维矩阵表示图像，本例将 90°顺时针旋转该图像。

2. 问题示例

给出一个矩阵[[1,2],[3,4]],90°顺时针旋转后，返回[[3,1],[4,2]]。

3. 代码实现

```
#参数 matrix 是整数数组的列表
class Solution:
    def rotate(self, matrix):
        n = len(matrix)
        for i in range(n):
            for j in range(i + 1, n):
                matrix[i][j], matrix[j][i] = matrix[j][i], matrix[i][j]
        for i in range(n):
            matrix[i].reverse()
        return matrix
#主函数
if __name__ == "__main__":
    arr = [[1, 2], [3, 4]]
    #创建对象
    solution = Solution()
    print("输入的数组是:", arr)
    print("旋转后的矩阵是:", solution.rotate(arr))
```

4. 运行结果

输入的数组是：[[1,2],[3,4]]

旋转后的矩阵是：[[3,1],[4,2]]

例 260

相反的顺序存储

1. 问题描述

给出一个链表，将链表的值以倒序存储到数组中。注意，不能改变原始链表的结构，ListNode 有两个成员变量 ListNode.val 和 ListNode.next。

2. 问题示例

输入 1→2→3→null，输出[3,2,1]；输入 4→2→1→null，输出[1,2,4]。

3. 代码实现

```
#定义链表
#参数 head 是一个给定的链表
#返回值是一个数组，存储倒序的链表值
class ListNode(object):
    def __init__(self, val, next = None):
        self.val = val
        self.next = next
class Solution:
    def reverseStore(self, head):
        ans = []
        self.helper(head, ans)
        return ans
    def helper(self, head, ans):
        if head is None:
            return
        else:
            self.helper(head.next, ans)
        ans.append(head.val)
#主函数
if __name__ == "__main__":
    node1 = ListNode(1)
    node2 = ListNode(2)
```

```
node3 = ListNode(3)
node1.next = node2
node2.next = node3
list1 = []
#创建对象
solution = Solution()
print("初始链表是:", [node1.val, node2.val, node3.val])
print("倒序存储到数组中的结果是:", solution.reverseStore(node1))
```

4. 运行结果

初始链表是：[1,2,3]
倒序存储到数组中的结果是：[3,2,1]

例 261

太平洋和大西洋的水流

1. 问题描述

给定一个 m 行 n 列的非负矩阵代表一个大洲，矩阵中每个单元格的值代表此处的地形高度，矩阵的左边缘和上边缘是太平洋用"～"表示，下边缘和右边缘是大西洋用"*"表示。

水流只能在四个方向(上、下、左、右)从一个单元格流向另一个海拔与自己相等或比自己低的单元格。本例将找到那些从此处出发的水既可以流到太平洋，又可以流向大西洋单元格的坐标。

2. 问题示例

给定如下的 5×5 的矩阵，返回满足条件的点坐标[[0,4]、[1,3]、[1,4]、[2,2]、[3,0]、[3,1]、[4,0]]。

```
太平洋    ～   ～   ～   ～   ～
     ～   1    2    2    3   (5)   *
     ～   3    2    3   (4)  (4)   *
     ～   2    4   (5)   3    1    *
     ～  (6)  (7)   1    4    5    *
     ～  (5)   1    1    2    4    *
          *    *    *    *    *   大西洋
```

3. 代码实现

```
#参数 matrix 是给定的矩阵
#返回值是网格坐标列表
def inbound(x, y, n, m):
    return 0 <= x < n and 0 <= y < m
class Solution:
    def pacificAtlantic(self, matrix):
        if not matrix or not matrix[0]:
            return []
```

```
        n, m = len(matrix), len(matrix[0])
        p_visited = [[False] * m for _ in range(n)]
        a_visited = [[False] * m for _ in range(n)]
        for i in range(n):
            self.dfs(matrix, i, 0, p_visited)
            self.dfs(matrix, i, m - 1, a_visited)
        for j in range(m):
            self.dfs(matrix, 0, j, p_visited)
            self.dfs(matrix, n - 1, j, a_visited)
        res = []
        for i in range(n):
            for j in range(m):
                if p_visited[i][j] and a_visited[i][j]:
                    res.append([i, j])
        return res
    def dfs(self, matrix, x, y, visited):
        visited[x][y] = True
        dx = [0, 1, 0, -1]
        dy = [1, 0, -1, 0]
        for i in range(4):
            n_x = dx[i] + x
            n_y = dy[i] + y
if not inbound(n_x, n_y, len(matrix), len(matrix[0])) or visited[n_x][n_y] or matrix[n_x][n_
y] < matrix[x][
                y]:
                continue
            self.dfs(matrix, n_x, n_y, visited)
#主函数
if __name__ == '__main__':
    matrix = [[1, 2, 2, 3, 5], [3, 2, 3, 4, 4], [2, 4, 5, 3, 1], [6, 7, 1, 4, 5], [5, 1, 1, 2, 4]]
    solution = Solution()
    print("给定的矩阵是:", matrix)
    print("满足条件的点坐标是:", solution.pacificAtlantic(matrix))
```

4. 运行结果

给定的矩阵是：[[1,2,2,3,5]、[3,2,3,4,4]、[2,4,5,3,1]、[6,7,1,4,5]、[5,1,1,2,4]]
满足条件的点坐标是：[[0,4]、[1,3]、[1,4]、[2,2]、[3,0]，[3,1]、[4,0]]

例 262

不同岛屿的个数

1. 问题描述

给定一个由 0 和 1 组成的非空二维网格代表一个岛屿,一个岛屿是指四个方向(包括横向和纵向)都相连的一组 1,其中 1 表示陆地,0 表示水域。假设网格的四个边缘都被水包围了,找出所有不同岛屿的个数,如果一个岛屿可以被转换(不考虑旋转和翻折)成另外一个岛屿,则认为这两个岛屿是相同的。

2. 问题示例

给定如下网格,返回不同岛屿的个数为 1。

[
[1,1,0,0,0],
[1,1,0,0,0],
[0,0,0,1,1],
[0,0,0,1,1]
]

3. 代码实现

```
DIRECTIONS = [(1, 0), (-1, 0), (0, -1), (0, 1)]
from collections import deque
class Solution:
    def numberofDistinctIslands(self, grid):
#grid的类型是整数数组
#返回值的类型是整数型
        if not grid:
            return 0
        queue, check, ans = deque(), set(), 0
        for i in range(len(grid)):
            for j in range(len(grid[0])):
```

```
                if grid[i][j] == 1:
                    path = " "
                    queue.append((i, j))
                    grid[i][j] = 0
                    while queue:
                        x, y = queue.popleft()
                        for dx, dy in DIRECTIONS:
                            new_x, new_y = x + dx, y + dy
                            if self.is_valid(grid, new_x, new_y):
                                queue.append((new_x, new_y))
                                grid[new_x][new_y] = 0
                                path += str(new_x - i) + str(new_y - j)
                    if path not in check:
                        ans += 1
                        check.add(path)
        return ans
    def is_valid(self, grid, x, y):
        row, col = len(grid), len(grid[0])
        return x >= 0 and x < row and y >= 0 and y < col and grid[x][y] == 1
#主函数
if __name__ == '__main__':
    grid = [
        [1, 1, 0, 0, 0],
        [1, 1, 0, 0, 0],
        [0, 0, 0, 1, 1],
        [0, 0, 0, 1, 1]
    ]
    print("矩阵是:", grid)
    solution = Solution()
    print("不同岛屿的个数是:", solution.numberofDistinctIslands(grid))
```

4. 运行结果

矩阵是：[[1,1,0,0,0],[1,1,0,0,0],[0,0,0,1,1],[0,0,0,1,1]]

不同岛屿的个数是：1

例 263

岛的周长问题

1. 问题描述

给定一张用二维数组表示的网格地图，其中 1 表示陆地单元格，0 表示水域单元格，网格地图中的单元格都为水平/垂直相连(斜向不相连)。这个网格地图四周完全被水域包围，并且其中有且仅有一个岛(岛定义为一块或多块相连的陆地单元格)，这个岛不包含湖(湖定义为不和外围水域相连的水域单元格)。一个地图单元格是一个边长为 1 的正方形；网格地图是一个矩形，并且它的长和宽不超过 100，本例将求出这个岛的周长。

2. 问题示例

如图 1 所示，岛的边界表示为[[0,1,0,0],[1,1,1,0],[0,1,0,0],[1,1,0,0]]，为图中**被标为深色**的边，其周长即为 16。

图 1　边界求解图

3. 代码实现

```
#参数 grid 是一个二维数组
#返回岛的周长
class Solution:
    def islandPerimeter(self, grid):
        if not grid:
            return 0
        m = len(grid)
        n = len(grid[0])
        result = 0
        for i in range(m):
            for j in range(n):
                if grid[i][j] == 1:
                    result += self.checkSingleIsland(i, j, grid)
        return result
    def checkSingleIsland(self, i, j, grid):
        top = 1 - grid[i - 1][j] if i - 1 >= 0 else 1
        bottom = 1 - grid[i + 1][j] if i + 1 < len(grid) else 1
```

```
        left = 1 - grid[i][j - 1] if j - 1 >= 0 else 1
        right = 1 - grid[i][j + 1] if j + 1 < len(grid[0]) else 1
        return top + bottom + left + right
#主函数
if __name__ == "__main__":
    grid = [[0, 1, 0, 0], [1, 1, 1, 0], [0, 1, 0, 0], [1, 1, 0, 0]]
    #创建对象
    solution = Solution()
    print("初始化的数组:", grid)
    print("岛的周长是:", solution.islandPerimeter(grid))
```

4. 运行结果

初始化的数组：[[0,1,0,0],[1,1,1,0],[0,1,0,0],[1,1,0,0]]
岛的周长是：16

例 264

数字三角形

1. 问题描述

给定一个数字三角形,找到从顶部到底部的最小路径和。每前进一步则移动到下面相邻一行的数字上。

2. 问题示例

给出下列数字三角形,从顶到底部的最小路径和为 11,即 2+3+5+1=11。

```
[
     [2],
    [3,4],
   [6,5,7],
  [4,1,8,3]
]
```

3. 代码实现

```
#参数 triangle 是整数列表
#返回一个最小路径和的整数
class Solution:
    def minimumTotal(self, triangle):
        res = [triangle[0]]
        N = len(triangle)
        for i in range(1, len(triangle)):
            res.append([])
            for j in range(len(triangle[i])):
                if j - 1 >= 0 and j < len(triangle[i - 1]):
                    res[i].append(min(res[i - 1][j - 1], res[i - 1][j]) + triangle[i][j])
                elif j - 1 >= 0:
                    res[i].append(res[i - 1][j - 1] + triangle[i][j])
                else:
```

```
                res[i].append(res[i - 1][j] + triangle[i][j])
        minvalue = min(res[N - 1])
        return minvalue
#主函数
if __name__ == '__main__':
    triangle = [
        [2],
        [3, 4],
        [6, 5, 7],
        [4, 1, 8, 3]
    ]
    print("初始数字三角形:")
    for i in range(0,len(triangle)):
        print(triangle[i])
    solution = Solution()
    print("最小路径:", solution.minimumTotal(triangle))
```

4. 运行结果

初始数字三角形：

[2]

[3,4]

[6,5,7]

[4,1,8,3]

最小路径：11

例 265

最大正方形

1. 问题描述

在一个元素为 0 和 1 的二维矩阵中找到全为 1 的最大正方形。

2. 问题示例

给出如下矩阵,返回 4。

[

1 0 1 0 0

1 0 1 1 1

1 1 1 1 1

1 0 0 1 0

]

3. 代码实现

```
#参数 matrix 是由 0 和 1 组成的矩阵
#返回一个整数
class Solution:
    def maxSquare(self, matrix):
        if not matrix or not matrix[0]:
            return 0
        n, m = len(matrix), len(matrix[0])
        #初始化
        f = [[0] * m for _ in range(n)]
        for i in range(m):
            f[0][i] = matrix[0][i]
        edge = max(matrix[0])
        for i in range(1, n):
            f[i][0] = matrix[i][0]
            for j in range(1, m):
```

```
                if matrix[i][j]:
                    f[i][j] = min(f[i - 1][j], f[i][j - 1], f[i - 1][j - 1]) + 1
                else:
                    f[i][j] = 0
            edge = max(edge, max(f[i]))
        return edge * edge
#主函数
if __name__ == '__main__':
    s = [[1, 0, 1, 0, 0], [1, 0, 1, 1, 1], [1, 1, 1, 1, 1], [1, 0, 0, 1, 0]]
    print("初始矩阵:")
    for i in range(0, len(s)):
        print(s[i])
    solution = Solution()
    print("结果:", solution.maxSquare(s))
```

4. 运行结果

初始矩阵：

[1,0,1,0,0]

[1,0,1,1,1]

[1,1,1,1,1]

[1,0,0,1,0]

结果：4

例 266

最大关联集合

1. 问题描述

给出图书列表 **ListA** 与 **ListB**,每本书都有与其关联的书,**ListA**[i]与 **ListB**[i]表示有关联的两本书,输出互相关联的最大集合(输出任意顺序)。注意,保证输出一个最大的集合。

2. 问题示例

给出 **ListA**=["abc","abc","abc"],**ListB**=["bcd","acd","def"],返回["abc","acd","bcd","dfe"]。"abc"和"bcd"有关联,"abc"和"acd"有关联,"abc"和"def"有关联,所以最后构成了一个最大关联集["abc","acd","bcd","dfe"]。

给出 **ListA**=["a","b","d","e","f"],**ListB**=["b","c","e","g","g"],返回["d","e","g","f"]。"a"和"b"有关联,"b"和"c"有关联,"d"和"e"有关联,"e"和"g"有关联,"f"和"g"有关联,所以构成两个关联集[a,b,c],[d,e,g,f],最大关联集是[d,e,g,f]。

3. 代码实现

```
class Solution:
    def maximumAssociationSet(self, ListA, ListB):
        fa = list(range(0, 5009))
        cnt = [1] * 5009
        strlist = [""]
        def gf(u):
            if fa[u] != u:
                fa[u] = gf(fa[u])
            return fa[u]
        dict = {}
        tot = 0
        for i in range(0, len(ListA)):
            a, b = 0, 0
            if ListA[i] not in dict:
                tot += 1
```

```
                dict[ListA[i]] = tot
                strlist.append(ListA[i])
            a = dict[ListA[i]]
            if ListB[i] not in dict:
                tot += 1
                dict[ListB[i]] = tot
                strlist.append(ListB[i])
            b = dict[ListB[i]]
            x, y = gf(a), gf(b)
            if x != y:
                fa[y] = x
                cnt[x] += cnt[y]
        ans = []
        k, flag = 0, 0
        for i in range(0, 5000):
            if k < cnt[gf(i)]:
                k = cnt[gf(i)]
                flag = gf(i)
        for i in range(0, 5000):
            if gf(i) == flag:
                ans.append(strlist[i])
        return ans
if __name__ == '__main__':
    ListA = ["abc", "abc", "abc"]
    ListB = ["bcd", "acd", "def"]
    print("ListA是:", ListA)
    print("ListB是:", ListB)
    solution = Solution()
    print("最大关联集合是:", solution.maximumAssociationSet(ListA, ListB))
```

4. 运行结果

ListA是:['abc','abc','abc']
ListB是:['bcd','acd','def']
最大关联集合是:['abc','bcd','acd','def']

例 267

合并 k 个排序间隔列表

1. 问题描述

将 k 个排序的间隔列表合并到一个排序的间隔列表中，需要合并所有重叠的间隔。

2. 问题示例

给定[[(1,3)、(4,7)、(6,8)]、[(1,2)、(9,10)]]，返回[(1,3)、(4,8)、(9,10)]。

3. 代码实现

```
class Interval(object):
    def __init__(self, start, end):
        self.start = start
        self.end = end
class Solution:
    def mergeKSortedIntervalLists(self, intervals):
        data = []
        for i in intervals:
            data += i
        data.sort(key = lambda t: t.start)
        res = [data[0]]
        for d in data:
            if res[-1].end < d.start:
                res += [d]
            else:
                res[-1].end = max(res[-1].end, d.end)
        return res
if __name__ == '__main__':
    a = Interval(1, 3)
    b = Interval(4, 7)
    c = Interval(6, 8)
    d = Interval(1, 2)
    e = Interval(9, 10)
```

```
intervals0 = [[a, b, c], [d, e]]
print("k个排序的间隔列表为:\n[")
for interval0 in intervals0[0]:
    print("(", interval0.start, ",", interval0.end, ")")
print("]\n[")
for interval0 in intervals0[1]:
    print("(", interval0.start, ",", interval0.end, ")")
print("]")
solution = Solution()
intervals = solution.mergeKSortedIntervalLists(intervals0)
print("合并重叠的间隔:")
for interval in intervals:
    print("(", interval.start, ",", interval.end, ")")
```

4. 运行结果

k个排序的间隔列表为：

[

(1,3)

(4,7)

(6,8)

]

[

(1,2)

(9,10)

]

合并重叠的间隔：

(1,3)

(4,8)

(9,10)

例 268

合并账户

1. 问题描述

给定一个账户列表，每个元素 ***accounts***[i]是字符串列表，其中第一个元素 ***accounts***[i][0]是账户名称，其余元素是这个账户的电子邮件。若两个账户有相同的电子邮件地址，则这两个账户肯定属于同一个人，可以合并这些账户。

注意：即使两个账户具有相同的名称，它们也可能属于不同的人，因为两个不同的人可能会使用相同的名称。一个人可以拥有任意数量的账户，但他的所有账户肯定具有相同的名称。合并账户后，按以下格式返回账户：每个账户的第一个元素是名称，其余元素是按字典序排列后的电子邮件。账户本身可以按任何顺序返回。

2. 问题示例

给定如下账户列表：

```
[
  ["John", "johnsmith@mail. com", "john00@mail. com"],
  ["John", "johnnybravo@mail. com"],
  ["John", "johnsmith@mail. com", "john_newyork@mail. com"],
  ["Mary", "mary@mail. com"]
]
```

返回合并后的列表：

```
[
  ["John", 'john00@mail. com', 'john_newyork@mail. com', 'johnsmith@mail. com'],
  ["John", "johnnybravo@mail. com"],
  ["Mary", "mary@mail. com"]
]
```

第一个和第三个 John 是同一个人，因为他们有共同的电子邮件“johnsmith@mail. com”；第二个 John 和 Mary 是不同的人，因为其他账户都没有使用他们的电子邮件地址。可以按任何顺序返回这些账户，示例如下：

```
[
  ['Mary', 'mary@mail.com'],
  ['John', 'johnnybravo@mail.com'],
  ['John', 'john00@mail.com', 'john_newyork@mail.com', 'johnsmith@mail.com']
]
```

3. 代码实现

```python
#参数 accounts 是一个字符串数组
#返回值是一个字符串数组
class Solution:
    def accountsMerge(self, accounts):
        self.initialize(len(accounts))
        email_to_ids = self.get_email_to_ids(accounts)
        for email, ids in email_to_ids.items():
            root_id = ids[0]
            for id in ids[1:]:
                self.union(id, root_id)
        id_to_email_set = self.get_id_to_email_set(accounts)
        merged_accounts = []
        for user_id, email_set in id_to_email_set.items():
            merged_accounts.append([
                accounts[user_id][0],
                *sorted(email_set),
            ])
        return merged_accounts
    def get_id_to_email_set(self, accounts):
        id_to_email_set = {}
        for user_id, account in enumerate(accounts):
            root_user_id = self.find(user_id)
            email_set = id_to_email_set.get(root_user_id, set())
            for email in account[1:]:
                email_set.add(email)
            id_to_email_set[root_user_id] = email_set
        return id_to_email_set
    def get_email_to_ids(self, accounts):
        email_to_ids = {}
        for i, account in enumerate(accounts):
            for email in account[1:]:
                email_to_ids[email] = email_to_ids.get(email, [])
                email_to_ids[email].append(i)
        return email_to_ids
    def initialize(self, n):
        self.father = {}
```

```
        for i in range(n):
            self.father[i] = i
    def union(self, id1, id2):
        self.father[self.find(id1)] = self.find(id2)
    def find(self, user_id):
        path = []
        while user_id != self.father[user_id]:
            path.append(user_id)
            user_id = self.father[user_id]
        for u in path:
            self.father[u] = user_id
        return user_id
if __name__ == '__main__':
    accounts1 = [["John", "johnsmith@mail.com", "john00@mail.com"],
                 ["John", "johnnybravo@mail.com"],
                 ["John", "johnsmith@mail.com", "john_newyork@mail.com"],
                 ["Mary", "mary@mail.com"]]
    solution = Solution()
    print("合并前的账户是:", accounts1)
    print("合并后的账户是:", solution.accountsMerge(accounts1))
    accounts2 = [['Mary', 'mary@mail.com'],
                 ['John', 'johnnybravo@mail.com'],
                 ['John', 'john00@mail.com', 'john_newyork@mail.com', 'johnsmith@
mail.com']]
    print("合并前的账户是:", accounts2)
    print("合并后的账户是:", solution.accountsMerge(accounts2))
```

4. 运行结果

合并前的账户是：[['John', 'johnsmith@mail.com', 'john00@mail.com'],['John', 'johnnybravo@mail.com'],['John', 'johnsmith@mail.com', 'john_newyork@mail.com'],['Mary', 'mary@mail.com']]

合并后的账户是：[['John', 'john00@mail.com', 'john_newyork@mail.com', 'johnsmith@mail.com'],['John', 'johnnybravo@mail.com'],['Mary', 'mary@mail.com']]

合并前的账户是：[['Mary', 'mary@mail.com'],['John', 'johnnybravo@mail.com'],['John', 'john00@mail.com', 'john_newyork@mail.com', 'johnsmith@mail.com']]

合并后的账户是：[['Mary', 'mary@mail.com'],['John', 'johnnybravo@mail.com'],['John', 'john00@mail.com', 'john_newyork@mail.com', 'johnsmith@mail.com']]

例 269

集合合并

1. 问题描述

有一个集合组成的 *list*，如果两个集合有相同的元素，将他们合并，返回最后还剩下的集合数量。

2. 问题示例

给出 *list*=[[1,2,3]、[3,9,7]、[4,5,10]]，返回 2，合并后剩下[1,2,3,9,7]和[4,5,10]这 2 个集合；给出 *list*=[[1]、[1,2,3]、[4]、[8,7,4,5]]，返回 2，合并后剩下[1,2,3]和[4,5,7,8]这 2 个集合。

3. 代码实现

```
#参数 sets 是一个初始化的集合列表
#返回最后的集合数量
class Solution:
    def find(self, x, f):
        if x != f[x]:
            f[x] = self.find(f[x], f)
        return f[x]
    def setUnion(self, sets):
        f = {}
        for s in sets:
            first = s[0]
            for x in s:
                if not x in f:
                    f[x] = first
                else:
                    fFirst = self.find(first, f)
                    fx = self.find(x, f)
                    if fx != fFirst:
                        f[fx] = fFirst
```

```
        for s in sets:
            for x in s:
                self.find(x, f)
        hashSet = {}
        n = 0
        for val in f.values():
            if not val in hashSet:
                n += 1
                hashSet[val] = val
        return n
if __name__ == '__main__':
    list1 = [[1, 2, 3], [3, 9, 7], [4, 5, 10]]
    print("list1 是:", list1)
    solution = Solution()
    print("合并后的集合是:", solution.setUnion(list1))
    list2 = [[1], [1, 2, 3], [4], [8, 7, 4, 5]]
    print("lis2t 是:", list2)
    print("合并后的集合是:", solution.setUnion(list2))
```

4. 运行结果

list1 是：[[1,2,3],[3,9,7],[4,5,10]]
合并后的集合是：2
list2 是：[[1]、[1,2,3]、[4]、[8,7,4,5]]
合并后的集合是：2

例 270 快乐数判断

1. 问题描述

快乐数定义为：对于一个正整数，每一次将该数替换为其每个位置上的数字平方和，然后重复这个过程，直到这个数变为 1，或是无限循环，但始终变不到 1。如果可以变为 1，那么这个数就是快乐数，本例将判断一个数是不是快乐数。

2. 问题示例

19 就是一个快乐数，判断过程如下，最终变为 1。

$1^2 + 9^2 = 82$

$8^2 + 2^2 = 68$

$6^2 + 8^2 = 100$

$1^2 + 0^2 + 0^2 = 1$

3. 代码实现

```
#参数 n 是一个整数
#返回一个布尔值,如果是一个"快乐数"就返回 True
class Solution:
    def isHappy(self, n):
        d = {}
        while True:
            m = 0
            while n > 0:
                m += (n % 10) ** 2 # 这是得到 n 的各位数字,直接进行平方
                n //= 10 # 是对 n 进行取整
            if m in d:
                return False
            if m == 1:
                return True
            d[m] = m # 如果当前 m 不等于 1,且在字典中不存在,则将其添加到字典中
```

```
            n = m
#主函数
if __name__ == "__main__":
    n = 19
    #创建对象
    solution = Solution()
    print("初始的数字是: ", n)
    print(" 最终结果是:", solution.isHappy(n))
```

4. 运行结果

初始的数字是:19

最终结果是:True

例 271

最多有多少个点在一条直线上

1. 问题描述

给出二维平面上的 n 个点，求最多有多少个点在同一条直线上。

2. 问题示例

给出 4 个点：(1, 2)、(3, 6)、(0, 0)、(1, 3)，一条直线上的点最多有 3 个。

3. 代码实现

```
#一个点的定义
#参数 points 是一个整数数组,是 point 的数组
#返回一个整数
class Point:
    def __init__(self, a = 0, b = 0):
        self.x = a
        self.y = b
class Solution:
    def maxPoints(self, points):
        len_points = len(points)
        if len_points <= 1:
            return len_points
        max_count = 0
        for index1 in range(0, len_points):
            p1 = points[index1]
            gradients = {}
            infinite_count = 0
            duplicate_count = 0
            for index2 in range(index1, len_points):
                p2 = points[index2]
                dx = p2.x - p1.x
                dy = p2.y - p1.y
                if 0 == dx and 0 == dy:
```

```
                    duplicate_count += 1
                if 0 == dx:
                    infinite_count += 1
                else:
                    g = float(dy) / dx
                    gradients[g] = (gradients[g] + 1 if g in gradients else 1)
            if infinite_count > max_count:
                max_count = infinite_count
            for k, v in gradients.items():
                v += duplicate_count
                if v > max_count:
                    max_count = v
        return max_count
#主函数
if __name__ == '__main__':
    point1 = Point(1, 2)
    point2 = Point(3, 6)
    point3 = Point(0, 0)
    point4 = Point(1, 3)
    points = [point1, point2, point3, point4]
    print("初始点:", [[point1.x, point1.y], [point2.x, point2.y], [point3.x, point3.y],
[point4.x, point4.y]])
    solution = Solution()
    print("结果:", solution.maxPoints(points))
```

4. 运行结果

初始点：[[1,2]、[3,6]、[0,0]、[1,3]]
结果:3

例 272

寻找峰值

1. 问题描述

给出一个 n 维整数数组，该数组具有两个特点：①相邻位置的数字是不同的；② $\mathbf{A}[0]<\mathbf{A}[1]$ 并且 $\mathbf{A}[n-2]>\mathbf{A}[n-1]$。假定 P 是峰值的位置，则满足 $\mathbf{A}[\boldsymbol{P}]>\mathbf{A}[P-1]$ 且 $\mathbf{A}[P]>\mathbf{A}[P+1]$，返回数组中任意一个峰值的位置。

2. 问题示例

给出数组[1, 2, 1, 3, 4, 5, 7, 6]，返回 1，即数值 2 所在位置，或者 6，即数值 7 所在位置。

3. 代码实现

```
#采用 UTF-8 编码格式
#参数 A 是一个整数数组
#返回值是任何一个峰值的位置
class Solution:
    def findPeak(self, A):
        start, end = 1, len(A) - 2
        while start + 1 < end:
            mid = (start + end) // 2
            if A[mid] < A[mid - 1]:
                end = mid
            elif A[mid] < A[mid + 1]:
                start = mid
            else:
                end = mid
        if A[start] < A[end]:
            return end
        else:
            return start
```

```
if __name__ == '__main__':
    temp = Solution()
    List1 = [2,5,3,4,6,7,5]
    print(("输入:" + str(List1)))
    print(("输出:" + str(temp.findPeak(List1))))
```

4. 运行结果

输入：[2,5,3,4,6,7,5]

输出：5

例 273

电灯切换

1. 问题描述

一个房间中有 n 盏灯最初是开着的，并且墙上有 4 个开关。在对开关进行 m 次未知的操作后，返回这 n 盏灯有多少种不同的状态。假设 n 盏灯的标号为[1, 2, 3, …, n]，4 个开关的功能如下：

开关 1：将所有灯从开变成关，从关变成开；

天并 2：将标号为偶数的灯从开变成关，从关变成开；

开关 3：将标号为奇数的灯从开变成关，从关变成开；

开关 4：将标号为($3k+1$)的灯从开变成关，从关变成开，$k=0,1,2,\cdots$

2. 问题示例

给出 $n=1,m=1$，返回 2，状态可以是[on]、[off]；给出 $n=2,m=1$，返回 3，状态可以是[on, off]、[off, on]、[off, off]。

3. 代码实现

```
#参数 n 是灯的数量
#参数 m 是操作的数量
#返回状态的数量
class Solution:
    def flipLights(self, n, m):
        if m == 0 or n == 0:
            return 1
        if n == 1:
            return 2
        elif n == 2:
            if m == 1:
                return 3
            elif m > 1:
                return 4
```

```
        elif n >= 3:
            if m == 1:
                return 4
            elif m == 2:
                return 7
            elif m > 2:
                return 8
#主函数
if __name__ == '__main__':
    n = 2
    m = 1
    print("初始值:n = {},m = {}".format(n, m))
    solution = Solution()
    print("结果:", solution.flipLights(n, m))
```

4. 运行结果

初始值：n=2,m=1
结果：3

例 274

第 k 个质数

1. 问题描述

给出质数 n,输出它是质数序列表中的第几个质数。

2. 问题示例

输入 $n=3$,输出 2,质数序列[2,3,5],3 是第 2 个质数;输入 $n=11$,输出 5,质数序列[2,3,5,7,11],11 是第 5 个质数。

3. 代码实现

```
#参数 n 是一个数字
#返回数字是第几个质数
class Solution:
    def kthPrime(self, n):
        prime = [0] * 100009;
        for i in range(2, n):
            if prime[i] == 0:
                for j in range(2 * i, n, i):
                    prime[j] = 1;
        ans = 1;
        for i in range(2, n):
            if prime[i] == 0:
                ans += 1
        return ans
#主函数
if __name__ == '__main__':
    n = 11
    print("初始质数:", n)
    solution = Solution()
    print("结果:第{}个质数".format(solution.kthPrime(n)))
```

4. 运行结果

初始质数:11

结果:第 5 个质数

例 275

最小调整代价

1. 问题描述

给定一个整数数组，调整每个数的大小，使得相邻两个数的差不大于一个给定的整数 *target*，调整每个数的代价为调整前后差的绝对值，求调整代价之和的最小值。

2. 问题示例

对于数组[1, 4, 2, 3]和 *target*=1，最小的方案是调整为[2, 3, 2, 3]，调整代价之和是2，返回 2。

3. 代码实现

```
#参数 A 是一个整数数组
#参数 target 是一个整数
import sys
class Solution:
    def MinAdjustmentCost(self, A, target):
        f = [[sys.maxsize for j in range(101)] for i in range(len(A) + 1)]
        for i in range(101):
            f[0][i] = 0
        n = len(A)
        for i in range(1, n + 1):
            for j in range(101):
                if f[i - 1][j] != sys.maxsize:
                    for k in range(101):
                        if abs(j - k) <= target:
                            f[i][k] = min(f[i][k], f[i - 1][j] + abs(A[i - 1] - k))
        ans = f[n][100]
        for i in range(101):
            if f[n][i] < ans:
                ans = f[n][i]
        return ans
#主函数
```

```
if __name__ == '__main__':
    A = [1, 4, 2, 3]
    target = 1
    print("初始数组:", A)
    print("相邻两个数的最大值:", target)
    solution = Solution()
    print("最小调整代价:", solution.MinAdjustmentCost(A, target))
```

4. 运行结果

初始数组：[1,4,2,3]
相邻两个数的最大值：1
最小调整代价：2

例 276

背包问题

1. 问题描述

给定背包的大小为 m,物品的数量为 n,每个物品的大小为 $\mathbf{A}[i]$,求出背包最多能装满的空间大小。

2. 问题示例

给定 4 个物品[2, 3, 5, 7],如果背包的大小为 11,则可以选择[2, 3, 5]装入背包,最多可以装满 10 的空间;如果背包的大小为 12,则可以选择[2, 3, 7]装入背包,最多可以装满 12 的空间。

3. 代码实现

```
#参数 m 是一个整数,代表背包的大小
#参数 A 是一个数组,给出 n 个物体的大小为 A[i]
#返回最多能装满的空间大小
class Solution:
    def backPack(self, m, A):
        n = len(A)
        f = [[False] * (m + 1) for _ in range(n + 1)]
        f[0][0] = True
        for i in range(1, n + 1):
            f[i][0] = True
            for j in range(1, m + 1):
                if j >= A[i - 1]:
                    f[i][j] = f[i - 1][j] or f[i - 1][j - A[i - 1]]
                else:
                    f[i][j] = f[i - 1][j]
        for i in range(m, -1, -1):
            if f[n][i]:
                return i
        return 0
```

```
#主函数
if __name__ == '__main__':
    m = 11
    A = [2, 3, 5, 7]
    print("背包大小:", m)
    print("每个物品大小:", A)
    solution = Solution()
    print("最多装满的空间:", solution.backPack(m, A))
```

4. 运行结果

背包大小：11

每个物品大小：[2,3,5,7]

最多装满的空间：10

例 277

爬 楼 梯

1. 问题描述

假设正在爬楼梯，需要 n 步才能到达顶部，但每次只能爬一步或者两步，求出爬到楼顶的方法总数。

2. 问题示例

$n=3$，$1+1+1=1+2=2+1=3$，共有 3 种不同的方法，返回 3。

3. 代码实现

```
#参数 n 为一个整数
#返回一个整数
class Solution:
    def climbStairs(self, n):
        if n == 0:
            return 1
        if n <= 2:
            return n
        result = [1, 2]
        for i in range(n - 2):
            result.append(result[-2] + result[-1])
        return result[-1]
#主函数
if __name__ == '__main__':
    n = 3
    print("爬的步数:", n)
    solution = Solution()
    print("结果:", solution.climbStairs(n))
```

4. 运行结果

爬的步数：3

结果：3

例 278

被围绕的区域

1. 问题描述

给定一个二维矩阵,其中包含'X'和'O',本例将找到所有被'X'围绕的区域,并用'X'填充满。

2. 问题示例

给出如下二维矩阵:

X X X X

X O O X

X X O X

X O X X

把被'X'围绕的区域填充之后得到如下矩阵:

X X X X

X X X X

X X X X

X O X X

3. 代码实现

```
#参数 board 是一个包括'X'和'O'的二维面板
#返回填充后的形状
class Solution:
    def surroundedRegions(self, board):
        if not any(board):
            return
        n, m = len(board), len(board[0])
        q = [ij for k in range(max(n, m)) for ij in ((0, k), (n - 1, k), (k, 0), (k, m - 1))]
        while q:
            i, j = q.pop()
```

```
            if 0 <= i < n and 0 <= j < m and board[i][j] == 'O':
                board[i][j] = 'W'
                q += (i, j - 1), (i, j + 1), (i - 1, j), (i + 1, j)
        board[:] = [['XO'[c == 'W'] for c in row] for row in board]
#主函数
if __name__ == '__main__':
    board = [["X", "X", "X", "X"],
             ["X", "O", "O", "X"],
             ["X", "X", "O", "X"],
             ["X", "O", "X", "X"]]
    print("board 形状是:", board)
    solution = Solution()
    solution.surroundedRegions(board)
    print("修改后的形状是:", board)
```

4. 运行结果

board 形状是：[['X','X','X','X']、['X','O','O','X']、['X','X','O','X']、['X','O','X','X']]

修改后的形状是：[['X','X','X','X']、['X','X','X','X']、['X','X','X','X']、['X','O','X','X']]

例 279

编辑距离

1. 问题描述

给出两个单词 *word1* 和 *word2*，计算将 *word1* 转换为 *word2* 的最少操作次数。总共有三种操作方法：

① 插入一个字符；

② 删除一个字符；

③ 替换一个字符。

2. 问题示例

给出 *word1*="mart"和 *word2*="karma"，返回 3。

3. 代码实现

```
#采用 UTF-8 编码格式
#参数 word1 是一个字符串
#参数 word2 是一个字符串
#返回值是最少操作次数
class Solution:
    def minDistance(self, word1, word2):
        n, m = len(word1), len(word2)
        f = [[0] * (m + 1) for _ in range(n + 1)]
        for i in range(n + 1):
            f[i][0] = i
        for j in range(m + 1):
            f[0][j] = j
        for i in range(1, n + 1):
            for j in range(1, m + 1):
                if word1[i - 1] == word2[j - 1]:
                    f[i][j] = min(f[i - 1][j - 1], f[i - 1][j] + 1, f[i][j - 1] + 1)
                    # equivalent to f[i][j] = f[i - 1][j - 1]
```

```
                else:
                    f[i][j] = min(f[i - 1][j - 1], f[i - 1][j], f[i][j - 1]) + 1
        return f[n][m]
if __name__ == '__main__':
    temp = Solution()
    string1 = "hello"
    string2 = "world"
    print(("输入:" + string1 + " " + string2))
    print(("输出:" + str(temp.minDistance(string1,string2))))
```

4. 运行结果

输入：hello world

输出：4

例 280

最 大 间 距

1. 问题描述

给定一个未经排序的数组,找出其排序表中连续两个元素的最大间距,如果数组中的元素少于 2 个,则返回 0。

2. 问题示例

给定数组[1, 9, 2, 5],其排序表为[1, 2, 5, 9],在 5 和 9 之间最大间距为 4。

3. 代码实现

```
#采用 UTF-8 编码格式
#参数 nums 是一个整数数组
#返回最大间距
class Solution:
    def maximumGap(self, nums):
        if (len(nums)<2): return 0
        minNum = -1
        maxNum = -1
        n = len(nums)
        for i in range(n):
            minNum = self.min(nums[i], minNum)
            maxNum = self.max(nums[i], maxNum)
        if maxNum == minNum: return 0
        average = (maxNum - minNum) * 1.0 / (n - 1)
        if average == 0: average += 1
        localMin = []
        localMax = []
        for i in range(n):
            localMin.append(-1)
            localMax.append(-1)
        for i in range(n):
            t = int((nums[i] - minNum) / average)
```

```
                localMin[t] = self.min(localMin[t], nums[i])
                localMax[t] = self.max(localMax[t], nums[i])
            ans = average
            left = 0
            right = 1
            while left < n - 1:
                while right < n and localMin[right] == -1: right += 1
                if right >= n: break
                ans = self.max(ans, localMin[right] - localMax[left])
                left = right
                right += 1
            return ans
        def min(self, a, b):
            if (a == -1): return b
            elif (b == -1): return a
            elif (a < b): return a
            else: return b
        def max(self, a, b):
            if (a == -1): return b
            elif (b == -1): return a
            elif (a > b): return a
            else: return b
if __name__ == '__main__':
    temp = Solution()
    List1 = [1, 5, 4, 8]
    List2 = [6, 5, 9, 1]
    print(("输入:" + str(List1)))
    print(("输出:" + str(temp.maximumGap(List1))))
    print(("输入:" + str(str(List2))))
    print(("输出:" + str(temp.maximumGap(List2))))
```

4. 运行结果

输入：[1,5,4,8]

输出：3

输入：[6,5,9,1]

输出：4

例 281

堆化操作

1. 问题描述

给出一个整数数组,堆化操作就是把它变成一个最小堆数组。对于堆数组 **A**,**A**[0]是堆的根,并且对于每个 **A**[i],**A**[$i\times2+1$]是 **A**[i]的左子树,**A**[$i\times2+2$]是 **A**[i]的右子树。

2. 问题示例

给出[3,2,1,4,5],返回[1,2,3,4,5]或者任何一个合法的堆数组。

3. 代码实现

```
#参数 A 是一个给定的整数数组
#返回堆化后的数组
import heapq
class Solution:
    def heapify(self, A):
        heapq.heapify(A)
if __name__ == '__main__':
    A = [3, 2, 1, 4, 5]
    print("输入的堆数组是:", A)
    solution = Solution()
    solution.heapify(A)
    print("堆化后的数组是:", A)
```

4. 运行结果

输入的堆数组是:[3,2,1,4,5]
堆化后的数组是:[1,2,3,4,5]

例 282

外轮廓线

1. 问题描述

水平面上有 N 座大楼，每座大楼都是矩阵的形状，外轮廓线用若干三元组表示，每个三元组包含三个数字(*start*, *end*, *height*)，分别代表这段轮廓的起始位置、终止位置和高度。从远处看，大楼之间可能会重叠，求出 N 座大楼的外轮廓线，如图 1 所示。

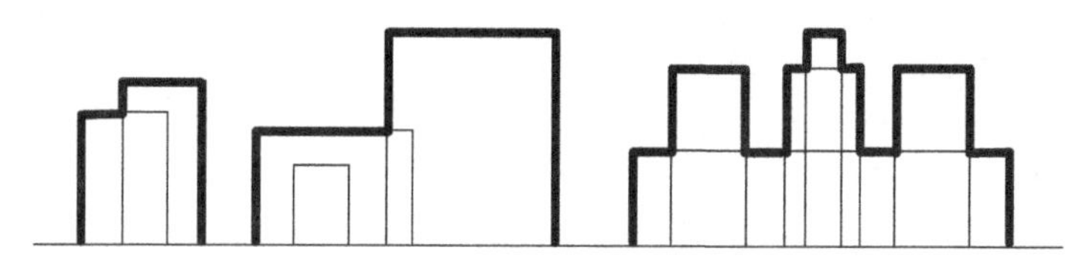

图 1　外轮廓线

2. 问题示例

给出三座大楼：[[1, 3, 3]、[2, 4, 4]、[5, 6, 1]]，外轮廓线为：[[1, 2, 3]、[2, 4, 4]、[5, 6, 1]]。

3. 代码实现

```
class HashHeap:
    def __init__(self, desc=False):
        self.hash = dict()
        self.heap = []
        self.desc = desc
    @property
    def size(self):
        return len(self.heap)
    def push(self, item):
        self.heap.append(item)
        self.hash[item] = self.size - 1
        self._sift_up(self.size - 1)
```

```
    def pop(self):
        item = self.heap[0]
        self.remove(item)
        return item
    def top(self):
        return self.heap[0]
    def remove(self, item):
        if item not in self.hash:
            return
        index = self.hash[item]
        self._swap(index, self.size - 1)
        del self.hash[item]
        self.heap.pop()
        #如果删除的是最后一项
        if index < self.size:
            self._sift_up(index)
            self._sift_down(index)
    def _smaller(self, left, right):
        return right < left if self.desc else left < right
    def _sift_up(self, index):
        while index != 0:
            parent = (index - 1) // 2
            if self._smaller(self.heap[parent], self.heap[index]):
                break
            self._swap(parent, index)
            index = parent
    def _sift_down(self, index):
        if index is None:
            return
        while index * 2 + 1 < self.size:
            smallest = index
            left = index * 2 + 1
            right = index * 2 + 2
            if self._smaller(self.heap[left], self.heap[smallest]):
                smallest = left
            if right < self.size and self._smaller(self.heap[right], self.heap[smallest]):
                smallest = right
            if smallest == index:
                break
            self._swap(index, smallest)
            index = smallest
    def _swap(self, i, j):
        elem1 = self.heap[i]
        elem2 = self.heap[j]
        self.heap[i] = elem2
        self.heap[j] = elem1
        self.hash[elem1] = j
```

```
            self.hash[elem2] = i
class Solution:
#参数 buildings 是一个整数数组
#返回值是这个 buildings 的轮廓
    def buildingOutline(self, buildings):
        points = []
        for index, (start, end, height) in enumerate(buildings):
            points.append((start, height, index, True))
            points.append((end, height, index, False))
        points = sorted(points)
        maxheap = HashHeap(desc = True)
        intervals = []
        last_position = None
        for position, height, index, is_start in points:
            max_height = maxheap.top()[0] if maxheap.size else 0
            self.merge_to(intervals, last_position, position, max_height)
            if is_start:
                maxheap.push((height, index))
            else:
                maxheap.remove((height, index))
            last_position = position
        return intervals
    def merge_to(self, intervals, start, end, height):
        if start is None or height == 0 or start == end:
            return
        if not intervals:
            intervals.append([start, end, height])
            return
        _, prev_end, prev_height = intervals[-1]
        if prev_height == height and prev_end == start:
            intervals[-1][1] = end
            return
        intervals.append([start, end, height])
if __name__ == '__main__':
    buildings = [[1, 3, 3],
                 [2, 4, 4],
                 [5, 6, 1]]
    print("三座大楼分别是:", buildings)
    solution = Solution()
    print("外轮廓线是:", solution.buildingOutline(buildings))
```

4. 运行结果

三座大楼分别是：[[1,3,3]、[2,4,4]、[5,6,1]]

外轮廓线是：[[1,2,3]、[2,4,4]、[5,6,1]]

例 283

格 雷 编 码

1. 问题描述

格雷编码是一个二进制数字系统，在该系统中，两个连续的数值之间仅有一位二进制的差异。给定一个非负整数 n，本例将找出其格雷编码顺序，一个格雷编码顺序必须从 0 开始，并覆盖所有 2^n 个整数。

2. 问题示例

给定 $n=2$，返回[0,1,3,2]，其格雷编码顺序为：00 表示 0，01 表示 1，11 表示 3，10 表示 2。

3. 代码实现

```
#参数 n 是一个数字
#返回格雷编码
class Solution:
    def grayCode(self, n):
        if n == 0:
            return [0]
        result = self.grayCode(n - 1)
        seq = list(result)
        for i in reversed(result):
            seq.append((1 << (n - 1)) | i)
        return seq
#主函数
if __name__ == '__main__':
    n = int(input("请输入一个非负整数:"))
    solution = Solution()
    print("格雷编码的结果是:", solution.grayCode(n))
```

4. 运行结果

请输入一个非负整数：2

格雷编码的结果是：[0,1,3,2]

例 284

能否到达终点

1. 问题描述

给定一个 m 行 n 列的矩阵表示地图，1 代表空地，0 代表障碍物，9 代表终点。判断从(0, 0)开始能否到达终点，若能到达终点则返回 True，否则返回 False。

2. 问题示例

输入[[1,1,1]、[1,1,1]、[1,1,9]]，输出 True。

3. 代码实现

```
import queue as Queue
DIRECTIONS = [(-1, 0), (1, 0), (0, 1), (0, -1)]
SAPCE = 1
OBSTACLE = 0
ENDPOINT = 9
class Solution:
#参数 map 是一个地图
#返回一个布尔值，判断是否能到达终点
    def reachEndpoint(self, map):
        if not map or not map[0]:
            return False
        self.n = len(map)
        self.m = len(map[0])
        queue = Queue.Queue()
        queue.put((0, 0))
        while not queue.empty():
            curr = queue.get()
            for i in range(4):
                x = curr[0] + DIRECTIONS[i][0]
                y = curr[1] + DIRECTIONS[i][1]
                if not self.isValid(x, y, map):
                    continue
```

```
                if map[x][y] == ENDPOINT:
                    return True
                queue.put((x, y))
                map[x][y] = OBSTACLE
        return False
    def isValid(self, x, y, map):
        if x < 0 or x >= self.n or y < 0 or y >= self.m:
            return False
        if map[x][y] == OBSTACLE:
            return False
        return True
#主函数
if __name__ == '__main__':
    map = [[1, 1, 1], [1, 1, 1], [1, 1, 9]]
    print("地图是:", map)
    solution = Solution()
    print("能否到达终点:", solution.reachEndpoint(map))
```

4. 运行结果

地图是：[[1,1,1]，[1,1,1],[1,1,9]]
能否到达终点：True

例 285

恢复 IP 地址

1. 问题描述

给定一个由数字组成的字符串,求出其所有可能的 IP 地址。

2. 问题示例

给出字符串"25525511135",所有可能的 IP 地址为:

```
[
  "255.255.11.135",
  "255.255.111.35"
]
```

3. 代码实现

```
#参数 s 是一个字符串
#返回一个字符串数组
class Solution:
    def restoreIpAddresses(self, s):
        def dfs(s, sub, ips, ip):
            if sub == 4: # should be 4 parts
                if s == '':
                    ips.append(ip[1:]) # remove first '.'
                return
            for i in range(1, 4): # the three ifs' order cannot be changed!
                if i <= len(s): # if i > len(s), s[:i] will make false!!!!
                    if int(s[:i]) <= 255:
                        dfs(s[i:], sub + 1, ips, ip + '.' + s[:i])
             if s[0] == '0': break # make sure that res just can be '0.0.0.0' and remove like '00
'

        ips = []
        dfs(s, 0, ips, '')
        return ips
```

```
#主函数
if __name__ == '__main__':
    solution = Solution()
    S = "25525511135"
    print("字符串S是:", S)
    print("所有可能的IP地址为:", solution.restoreIpAddresses(S))
```

4. 运行结果

字符串S是:25525511135

所有可能的IP地址为:['255.255.11.135','255.255.111.35']

例 286

斐波纳契数列

1. 问题描述

查找斐波纳契数列中第 N 个数。所谓的斐波纳契数列是指：前 2 个数是 0 和 1；第 i 个数是第 $i-1$ 和第 $i-2$ 个数的和；斐波纳契数列的前 10 个数字是：0、1、1、2、3、5、8、13、21、34。

2. 问题示例

输入 1，输出 0，斐波那契的第一个数字是 0；输入 2，输出 1，斐波那契的第二个数字是 1。

3. 代码实现

```
#采用 UTF-8 编码格式
class Solution:
    def fibonacci(self, n):
        a = 0
        b = 1
        for i in range(n - 1):
            a, b = b, a + b
        return a
if __name__ == '__main__':
    temp = Solution()
    nums1 = 5
    nums2 = 15
    print ("输入:" + str(nums1))
    print ("输出:" + str(temp.fibonacci(nums1)))
    print ("输入:" + str(nums2))
    print ("输出:" + str(temp.fibonacci(nums2)))
```

4. 运行结果

输入：5

输出：3

输入：15

输出：377

例 287

最长公共前缀

1. 问题描述

给出 k 个字符串,求出它们的最长公共前缀(LCP)。

2. 问题示例

在"ABCD"、"ABEF"和"ACEF"中,LCP 为"A";在"ABCDEFG"、"ABCEFG"和"ABCEFA"中,LCP 为"ABC"。

3. 代码实现

```
#参数 strs 是一个字符串数组
#返回最长公共前缀
class Solution:
    def longestCommonPrefix(self, strs):
        if len(strs) <= 1:
            return strs[0] if len(strs) == 1 else ""
        end, minl = 0, min([len(s) for s in strs])
        while end < minl:
            for i in range(1, len(strs)):
                if strs[i][end] != strs[i-1][end]:
                    return strs[0][:end]
            end = end + 1
        return strs[0][:end]
if __name__ == '__main__':
    temp = Solution()
    nums1 = ["ABCD","ABEF","ACEF"]
    nums2 = ["BCD","BEF","BCEF"]
    print ("输入的数组:" + "['ABCD','ABEF','ACEF']")
    print ("输出:" + str(temp.longestCommonPrefix(nums1)))
```

```
    print ("输入的数组:" + '["BCD","BEF","BCEF"]')
print ("输出:" + str(temp.longestCommonPrefix(nums2)))
```

4. 运行结果

输入的数组:['ABCD','ABEF','ACEF']
输出：A
输入的数组：["BCD","BEF","BCEF"]
输出：B

例 288

解码方法

1. 问题描述

有一个消息包含 A～Z,并通过以下规则编码,'A'→1,'B'→2,…,'Z'→26。现在给定一个加密后的消息,求出所有解码方式的数量。

2. 问题示例

给定的消息为 12,有两种方式解码,AB(12)或者 L(12),所以返回 2。

3. 代码实现

```
#采用 UTF-8 编码格式
#参数 s 是一个字符串,代表编码信息
#返回值是一个整数,代表解码方式的数量
class Solution:
    def numDecodings(self, s):
        if s == "" or s[0] == '0':
            return 0
        dp = [1,1]
        for i in range(2,len(s) + 1):
            if 10 <= int(s[i - 2 : i]) <= 26 and s[i - 1] != '0':
                dp.append(dp[i - 1] + dp[i - 2])
            elif int(s[i-2 : i]) == 10 or int(s[i - 2 : i]) == 20:
                dp.append(dp[i - 2])
            elif s[i-1] != '0':
                dp.append(dp[i-1])
            else:
                return 0
        return dp[len(s)]
if __name__ == '__main__':
    temp = Solution()
    string1 = "1"
    string2 = "23"
```

```
print(("输入:" + string1))
print(("输出:" + str(temp.numDecodings(string1))))
print(("输入:" + string2))
print(("输出:" + str(temp.numDecodings(string2))))
```

4. 运行结果

输入：1

输出：1

输入：23

输出：2

例 289

吹 气 球

1. 问题描述

有 n 个气球，编号为 0 到 $n-1$，每个气球都有一个分数，记录在 ***nums*** 数组中。每次吹气球 i 可以得到的分数为 ***nums***[$left$]×***nums***[i]×***nums***[$right$]，$left$ 和 $right$ 分别表示与 i 气球左右相邻的两个气球。当 i 气球被吹爆后，其左右两气球即为相邻。需要吹爆所有气球，求出能够得到的最大总得分。

2. 问题示例

给出[4, 1, 5, 10]，返回 270。***nums***=[4, 1, 5, 10]，吹爆 1，得分 4×1×5=20；***nums***=[4, 5, 10]，吹爆 5，得分 4×5×10=200；***nums***=[4, 10]，吹爆 4，得分 1×4×10=40；***nums***=[10]，吹爆 10，得分 1×10×1=10；总共的分数为 20+200+40+10=270。

3. 代码实现

```
#参数 nums 是整数序列
#返回最大得分
class Solution:
    def maxCoins(self, nums):
        if not nums:
            return 0
        nums = [1, *nums, 1]
        n = len(nums)
        dp = [[0] * n for _ in range(n)]
        for i in range(n - 1, -1, -1):
            for j in range(i + 2, n):
                for k in range(i + 1, j):
 dp[i][j] = max(dp[i][j], dp[i][k] + dp[k][j] + nums[i] * nums[k] * nums[j])
        return dp[0][n - 1]
#主函数
```

```
if __name__ == '__main__':
    nums = [4, 1, 5, 10]
    print("初始数组:", nums)
    solution = Solution()
    print("最多分数:", solution.maxCoins(nums))
```

4. 运行结果

初始数组：[4,1,5,10]
最多分数：270

例 290

生成括号

1. 问题描述

给定 n 对括号，将这些括号任意组合，生成新的括号组合，并返回所有组合结果。

2. 问题示例

给定 $n=3$，可生成的组合为："((()))", "(()())", "(())()", "()(())", "()()()"。

3. 代码实现

```
#采用 UTF-8 编码格式
#参数 n 是一个整数
#返回一个字符串列表
class Solution:
    def helpler(self, l, r, item, res):
        if r < l:
            return
        if l == 0 and r == 0:
            res.append(item)
        if l > 0:
            self.helpler(l - 1, r, item + '(', res)
        if r > 0:
            self.helpler(l, r - 1, item + ')', res)
    def generateParenthesis(self, n):
        if n == 0:
            return []
        res = []
        self.helpler(n, n, '', res)
        return res
if __name__ == '__main__':
    temp = Solution()
    nums1 = 1
    nums2 = 2
```

```
print(("输入:" + str(nums1)))
print(("输出:" + str(temp.generateParenthesis(nums1))))
print(("输入:" + str(nums2)))
print(("输出:" + str(temp.generateParenthesis(nums2))))
```

4. 运行结果

输入：1

输出：['()']

输入：2

输出：['(())', '()()']

例 291

正则表达式匹配

1. 问题描述

本例将实现支持'.'和'*'的正则表达式匹配。要求为:①'.'匹配任意一个字母;②'*'匹配零个或者多个前面的元素;③匹配应该覆盖整个输入字符串,而不仅仅是一部分。

2. 问题示例

isMatch("aa","a")→false;isMatch("aa","aa")→true;isMatch("aaa","aa")→false;isMatch("aa", "a*")→true;isMatch("aa", ".*")→true;isMatch("ab", ".*")→true;isMatch("aab", "c*a*b")→true。

3. 代码实现

```
#参数 s 是一个字符串
#参数 p 是一个包含"." 和"*"的字符串
#返回一个布尔值,表示正则表达式是否匹配
class Solution:
    def isMatch(self, source, pattern):
        return self.is_match_helper(source, 0, pattern, 0, {})
    # source 从 i 开始的后缀能否匹配 pattern 从 j 开始的后缀
    def is_match_helper(self, source, i, pattern, j, memo):
        if (i, j) in memo:
            return memo[(i, j)]
        # source 是空
        if len(source) == i:
            return self.is_empty(pattern[j:])
        if len(pattern) == j:
            return False
        if j + 1 < len(pattern) and pattern[j + 1] == '*':
            matched = self.is_match_char(source[i], pattern[j]) and self.is_match_helper
(source, i + 1, pattern, j,
                    self.is_match_helper(source, i, pattern, j + 2, memo))
```

```
        else:
            matched = self.is_match_char(source[i], pattern[j]) and \
                      self.is_match_helper(source, i + 1, pattern, j + 1, memo)
        memo[(i, j)] = matched
        return matched
    def is_match_char(self, s, p):
        return s == p or p == '.'
    def is_empty(self, pattern):
        if len(pattern) % 2 == 1:
            return False
        for i in range(len(pattern) // 2):
            if pattern[i * 2 + 1] != '*':
                return False
        return True
#主函数
if __name__ == '__main__':
    solution = Solution()
    StringA = "aaa"
    StringB = "aa"
    print("StringA 是:", StringA, ",StringB 是:", StringB, ",它们是否匹配:", solution.
isMatch(StringA,StringB))
    StringC = "aab"
    StringD = "c*a*b"
    print("StringC 是:", StringC, ",StringD 是:", StringD, ",它们是否匹配:", solution.
isMatch(StringC,StringD))
```

4. 运行结果

StringA 是：aaa,StringB 是：aa ,它们是否匹配：False

StringC 是：aab,StringD 是：c*a*b,它们是否匹配：True

例 292

分割标签

1. 问题描述

给出一个由小写字母组成的字符串 S,将这个字符串分割成尽可能多的部分,使得每个字母最多只出现在分割后的一个部分中,并且返回每部分的长度。

2. 问题示例

输入 S="ababcbacadefegdehijhklij",输出[9,7,8],原字符串分割为"ababcbaca"、"defegde"和"hijhklij"。这样的分割使得每个字母最多出现在一部分里。将原字符串分为"ababcbacadefegde"和"hijhklij"是不正确的,因为它没有将 S 分割成尽可能多的部分。

3. 代码实现

```
#采用 UTF-8 编码格式
class Solution(object):
    def partitionLabels(self, S):
        last = {c: i for i, c in enumerate(S)}
        right = left = 0
        ans = []
        for i, c in enumerate(S):
            right = max(right, last[c])
            if i == right:
                ans.append(i - left + 1)
                left = i + 1
        return ans
if __name__ == '__main__':
    temp = Solution()
    string1 = "ababcbacadefegdehijhklij"
    print("输入:",string 1)
    print(("输出:" + str(temp.partitionLabels(string1))))
```

4. 运行结果

输入:"ababcbacadefegdehijhklij"

输出:[9,7,8]

例 293

装最多水的容器

1. 问题描述

给定 n 个非负整数 $a_1,a_2,\cdots,a_n$,每个数代表坐标中的一个点(i, a_i)。画 n 条垂直线,使得垂直线 i 的两个端点分别为(i, a_i)和$(i, 0)$。找到其中两条垂直线,使其与 x 轴共同构成一个容器,以容纳最多水。

2. 问题示例

给出[1,3,2],最大的储水面积是 2。

3. 代码实现

```
#采用 UTF-8 编码格式
#任取两个 a[i]、a[j]使得 min(a[i], a[j]) * abs(i - j)最大化
#用两个指针从两侧向中间扫描,每次移动数值较小的指针
#用反证法可以证明,总是可以得到最优答案
class Solution(object):
    def maxArea(self, height):
        left, right = 0, len(height) - 1
        ans = 0
        while left < right:
            if height[left] < height[right]:
                area = height[left] * (right - left)
                left += 1
            else:
                area = height[right] * (right - left)
                right -= 1
            ans = max(ans, area)
        return ans
if __name__ == '__main__':
    temp = Solution()
    List1 = [1,2,3]
    List2 = [2,5,1,3]
```

```
print(("输入:" + str(List1)))
print(("输出:" + str(temp.maxArea(List1))))
print(("输入:" + str(List2)))
print(("输出:" + str(temp.maxArea(List2))))
```

4. 运行结果

输入：[1,2,3]

输出：2

输入：[2,5,1,3]

输出：6

例 294

接雨水

1. 问题描述

给出 n 个非负整数，代表海拔图中每个宽度为 1 的区域的海拔，计算这个海拔图最多能接住多少(面积)雨水。

2. 问题示例

如下图所示，海拔分别为[0,1,0,2,1,0,1,3,2,1,2,1]，返回 6。

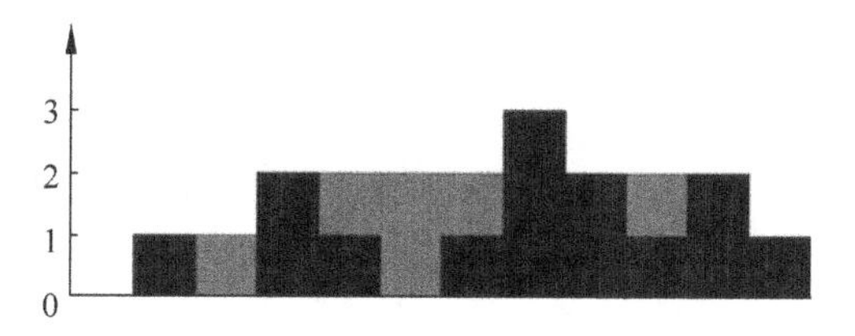

3. 代码实现

```
#采用 UTF-8 编码格式
#参数 heights 是一个整数数组
#返回一个整数
class Solution:
    def trapRainWater(self, heights):
        if not heights:
            return 0
        left, right = 0, len(heights) - 1
        left_max, right_max = heights[left], heights[right]
        water = 0
        while left <= right:
            if left_max < right_max:
                left_max = max(left_max, heights[left])
                water += left_max - heights[left]
                left += 1
```

```
            else:
                right_max = max(right_max, heights[right])
                water += right_max - heights[right]
                right -= 1
        return water
if __name__ == '__main__':
    temp = Solution()
    List1 = [0,1,0,2,1,0,1,3,2,1,2,1]
    print(("输入:" + str(List1)))
    print(("输出:" + str(temp.trapRainWater(List1))))
```

4. 运行结果

输入：[0,1,0,2,1,0,1,3,2,1,2,1]

输出：6

例 295

加 油 站

1. 问题描述

在一条环路上有 N 个加油站，其中第 i 个加油站有汽油 ***gas***[i]，并且从第 i 个加油站前往第 $i+1$ 个加油站需要消耗汽油 ***cost***[i]。有一辆油箱容量无限大的汽车，现在要从某一个加油站出发环绕环路一周，一开始油箱为空。求出可以环绕环路一周时出发的加油站编号，若不存在可行的方案，则返回－1。

2. 问题示例

现在有 4 个加油站，汽油量 ***gas***[i]=[1, 1, 3, 1]，环路旅行时消耗的汽油量 ***cost***[i]=[2, 2, 1, 1]，则出发的加油站编号为 2。

3. 代码实现

```
#采用 UTF-8 编码格式
#参数 gas 是一个整数数组
#参数 cost 是一个整数数组
#返回一个整数
class Solution:
    def canCompleteCircuit(self, gas, cost):
        n = len(gas)
        diff = []
        for i in range(n): diff.append(gas[i] - cost[i])
        for i in range(n): diff.append(gas[i] - cost[i])
        if n == 1:
            if diff[0]>= 0: return 0
            else: return -1
        st = 0
        now = 1
        tot = diff[0]
        while st < n:
            while tot < 0:
```

```
                st = now
                now += 1
                tot = diff[st]
                if st > n: return -1
            while now!= st + n and tot >= 0:
                tot += diff[now]
                now += 1
            if now == st + n and tot >= 0: return st
        return -1
if __name__ == '__main__':
    temp = Solution()
    List1 = [1, 1, 3, 1]
    List2 = [2, 2, 1, 1]
    print(("输入:" + str(List1) + " " + str(List2)))
    print(("输出:" + str(temp.canCompleteCircuit(List1,List2))))
```

4. 运行结果

输入：[1,1,3,1] [2,2,1,1]

输出：2

例 296

分糖果

1. 问题描述

有 N 个小孩站成一列，每个小孩有一个评级。按照要求给小孩分糖果：①每个小孩至少得到一颗糖果；②评级越高的小孩比他相邻的两个小孩得到的糖越多。求出最少需要准备的糖果数。

2. 问题示例

给定评级 ***ratings***=[1，2]，返回 3；给定评级 ***ratings***=[1，1，1]，返回 3；给定评级 ***ratings***=[1，2，2]，返回 4([1,2,1])。

3. 代码实现

```
#采用 UTF-8 编码格式
#参数 ratings 是一个整数数组
#返回一个整数
class Solution:
    def candy(self, ratings):
        candynum = [1 for i in range(len(ratings))]
        for i in range(1, len(ratings)):
            if ratings[i] > ratings[i-1]:
                candynum[i] = candynum[i-1] + 1
        for i in range(len(ratings)-2, -1, -1):
            if ratings[i+1] < ratings[i] and candynum[i+1] >= candynum[i]:
                candynum[i] = candynum[i+1] + 1
        return sum(candynum)
if __name__ == '__main__':
    temp = Solution()
    List1 = [2,3,1,1,4]
    List2 = [1,4,2,2,3]
    print(("输入:" + str(List1)))
```

```
    print(("输出:" + str(temp.candy(List1))))
    print(("输入:" + str(str(List2))))
    print(("输出:" + str(temp.candy(List2))))
```

4. 运行结果

输入：[2,3,1,1,4]

输出：7

输入：[1,4,2,2,3]

输出：7

例 297

建立邮局

1. 问题描述

给出一个二维网格，每一格可以代表墙(2)、房子(1)和空(0)，在网格中找到一个空的位置建立邮局，使得所有的房子到邮局的距离和是最小的。返回所有房子到邮局的最小距离和，如果没有地方建立邮局，则返回－1。

2. 问题示例

给出如下网格，返回 8，在(1,1)处建立邮局，所有房子到邮局的距离是最近的。

0 1 0 0 0

1 0 0 2 1

0 1 0 0 0

3. 代码实现

```
#参数 grid 是一个二维网格
#返回值是一个整数
from collections import deque
import sys
class Solution:
    def shortestDistance(self, grid):
        if not grid:
            return 0
        m = len(grid)
        n = len(grid[0])
        dist = [[sys.maxsize for j in range(n)] for i in range(m)]
        reachable_count = [[0 for j in range(n)] for i in range(m)]
        min_dist = sys.maxsize
        buildings = 0
        for i in range(m):
            for j in range(n):
                if grid[i][j] == 1:
```

```
                    self.bfs(grid, i, j, dist, m, n, reachable_count)
                    buildings += 1
        for i in range(m):
            for j in range(n):
                if reachable_count[i][j] == buildings and dist[i][j] < min_dist:
                    min_dist = dist[i][j]
        return min_dist if min_dist != sys.maxsize else -1
    def bfs(self, grid, i, j, dist, m, n, reachable_count):
        visited = [[False for y in range(n)] for x in range(m)]
        visited[i][j] = True
        q = deque([(i, j, 0)])
        while q:
            i, j, l = q.popleft()
            if dist[i][j] == sys.maxsize:
                dist[i][j] = 0
            dist[i][j] += 1
            for x, y in ((1, 0), (-1, 0), (0, 1), (0, -1)):
                nx, ny = i + x, j + y
                if -1 < nx < m and -1 < ny < n and not visited[nx][ny]:
                    visited[nx][ny] = True
                    if grid[nx][ny] == 0:
                        q.append((nx, ny, l + 1))
                        reachable_count[nx][ny] += 1
#主函数
if __name__ == '__main__':
    grid = [[0, 1, 0, 0, 0], [1, 0, 0, 2, 1], [0, 1, 0, 0, 0]]
    print("网格是:", grid)
    solution = Solution()
    print("最近的距离是:", solution.shortestDistance(grid))
```

4. 运行结果

网格是：[[0,1,0,0,0],[1,0,0,2,1],[0,1,0,0,0]]
最近的距离是：8

例 298

寻找最便宜的航行旅途

1. 问题描述

有 n 个城市被 m 条航班所连接，每个航班 (u,v,w) 从城市 u 出发，到达城市 v，航班价格为 w。任务是找到从出发站 src 到终点站 dst 的最便宜线路，旅途中最多经停 k 次，即最多能经过 k 个中转机场，如果没有找到合适的线路，则输出 -1。

2. 问题示例

给定城市总数为 3，每条线路的价格为[[0,1,100],[1,2,100],[0,2,500]]，出发站为 0，终点站为 2，中转站为 1，则输出价格为 200。

3. 代码实现

```
#参数 n 是一个整数
#参数 glights 是一个二维的数组
#参数 src 是一个整数
#参数 dst 是一个整数
#参数 K 是一个整数
#返回值是一个整数
import heapq
class Solution:
    def findCheapestPrice(self, n, flights, src, dst, K):
        map = {}
        for start, end, cost in flights:
            if start not in map:
                map[start] = [(cost, end)]
            else:
                map[start].append((cost, end))
        if src not in map:
            return -1
        hq = []
        for cost, next_stop in map[src]:
```

```
                heapq.heappush(hq, (cost, next_stop, 0))
        while hq:
            cml_cost, cur_stop, level = heapq.heappop(hq)
            if level > K:
                continue
            elif cur_stop == dst:
                return cml_cost
            if cur_stop in map:
                for next_cost, next_stop in map[cur_stop]:
                    heapq.heappush(hq, (cml_cost + next_cost, next_stop, level + 1))
        return -1
#主函数
if __name__ == '__main__':
    n = 3
    flights = [[0, 1, 100], [1, 2, 100], [0, 2, 500]]
    src = 0
    dst = 2
    k = 1
    print("城市总数 = ", n, "每条线路的价格 = ", flights, "出发站 = ", src, "终点站 = ",
dst, "中转站 = ", k)
    solution = Solution()
    print("航班的价格是:", solution.findCheapestPrice(n, flights, src, dst, k))
```

4. 运行结果

城市总数=3,每条线路的价格=[[0,1,100]、[1,2,100]、[0,2,500]],出发站=0,终点站=2,中转站=1

航班的价格是:200

例 299

UTF-8 编码检查

1. 问题描述

UTF-8 编码中，一个字符的长度可以是 1～4 字节。UTF-8 编码符合如下规则：对于单字节的字符，第 1 位是'0'，后续二进制为其 unicode 编码；对于 n 字节的字符，第一个字节的前 n 位全是'1'，然后是'0'及其 unicode 编码，对于后续的 n-1 字节，每个字节最高两位是'10'，然后是其 unicode 编码。以下是字符编号范围与 UTF-8 编码对应表：

字符编号范围 （十六进制形式）	UTF-8 编码的八位组序列 （二进制形式）
0000 0000—0000 007F	0xxxxxxx
0000 0080—0000 07FF	110xxxxx 10xxxxxx
0000 0800—0000 FFFF	1110xxxx 10xxxxxx 10xxxxxx
0001 0000—0010 FFFF	11110xxx 10xxxxxx 10xxxxxx 10xxxxxx

给定一个用来表示数据的整数数组，判断其是否为一个合法的 UTF-8 编码。

2. 问题示例

data ＝ [197，130，1]，代表八位组序列为：11000101 10000010 00000001，返回 True。这是一个合法的 UTF-8 编码，在双字节编码的字符之后跟了一个单字节编码的字符。

data＝[235，140，4]，代表的八位组序列为：11101011 10001100 00000100，返回 False。前三位都是'1'，第四位是'0'说明这是一个三字节编码的字符。第二个字节是一个后续的字节，它以"10"起始，此处没问题。但是第三个字节，也就是第二个后续的字节没有从"10"起始，所以这个编码不合法。

3. 代码实现

```
#采用 UTF - 8 编码格式
def check(nums, start, size):
```

```
    for i in range(start + 1, start + size + 1):
        if i >= len(nums) or (nums[i] >> 6) != 0b10:
            return False
    return True
class Solution(object):
    def validUtf8(self, nums, start = 0):
        while start < len(nums):
            first = nums[start]
            if (first >> 3) == 0b11110 and check(nums, start, 3):
                start += 4
            elif (first >> 4) == 0b1110 and check(nums, start, 2):
                start += 3
            elif (first >> 5) == 0b110 and check(nums, start, 1):
                start += 2
            elif (first >> 7) == 0:
                start += 1
            else:
                return False
        return True
if __name__ == '__main__':
    temp = Solution()
    nums1 = [235,140,138]
    nums2 = [250,125,125]
    print(("输入:" + str(nums1)))
    print(("输出:" + str(temp.validUtf8(nums1))))
    print(("输入:" + str(nums2)))
    print(("输出:" + str(temp.validUtf8(nums2))))
```

4. 运行结果

输入：[235,140,138]

输出：True

输入：[250,125,125]

输出：False

例 300 哈希函数

1. 问题描述

在数据结构中，哈希函数是用来将一个字符串(或任何其他类型)转化为小于哈希表大小且大于等于零的整数。一个好的哈希函数应该尽可能没有冲突。一种广泛使用的哈希函数算法是使用数值 33，假设任何字符串都是基于 33 的一个大整数，例如：

$$\begin{aligned}\text{hashcode("abcd")} &= (\text{ascii(a)} * 33^3 + \text{ascii(b)} * 33^2 + \text{ascii(c)} * 33 + \text{ascii(d)})\ \%\ \text{HASH\_SIZE}\\ &= (97 * 33^3 + 98 * 33^2 + 99 * 33 + 100)\ \%\ \text{HASH\_SIZE}\\ &= 3595978\ \%\ \text{HASH\_SIZE}\end{aligned}$$

其中 *HASH_SIZE* 表示哈希表的大小，假设一个哈希表就是一个索引为[0，*HASH_SIZE*-1]的数组。给出一个字符串作为 *key* 和一个哈希表的大小，返回这个字符串的哈希值。注意，没有必要设计自己的哈希算法或考虑任何冲突问题，只需要按照描述实现算法。

2. 问题示例

对于 *key*="abcd"并且 *size*=100，返回 78。

3. 代码实现

```
#参数 key 是需要哈希化的字符串
#参数 HASH_SIZE 是一个整数
#返回一个整数
class Solution:
    def hashCode(self, key, HASH_SIZE):
        ans = 0
        for x in key:
            ans = (ans * 33 + ord(x)) % HASH_SIZE
        return ans
#主函数
if __name__ == "__main__":
    key = "abcd"
    size = 100
```

```
#创建对象
solution = Solution()
print("输入的字符串是 ", key, "哈希表的大小是:", size)
print("输出的结果是:", solution.hashCode(key, size))
```

4. 运行结果

输入的字符串是：abcd　哈希表的大小是：100
输出的结果是：78

图书资源支持

感谢您一直以来对清华版图书的支持和爱护。为了配合本书的使用，本书提供配套的资源，有需求的读者请扫描下方的“清华电子”微信公众号二维码，在图书专区下载，也可以拨打电话或发送电子邮件咨询。

如果您在使用本书的过程中遇到了什么问题，或者有相关图书出版计划，也请您发邮件告诉我们，以便我们更好地为您服务。

我们的联系方式：

地　　址：北京市海淀区双清路学研大厦 A 座 701

邮　　编：100084

电　　话：010－62770175－4608

资源下载：http://www.tup.com.cn

客服邮箱：tupjsj@vip.163.com

QQ：2301891038（请写明您的单位和姓名）

教学交流、课程交流

清华电子

扫一扫，获取最新目录

用微信扫一扫右边的二维码，即可关注清华大学出版社公众号“清华电子”。